企業管理研究與創新

主　編　胡亞會、李光緒
副主編　張艷莉、羅　潔、薛　君、匡　敏、湯佳音

前　言

科學、前沿的企業管理知識和水準對於現代企業來說尤為重要，可以確保企業在競爭激烈的市場上立於不敗之地。而創新又是現代企業管理的靈魂，是企業發展的驅動力，是企業可持續發展的核心競爭力。

本書精選了近十年來我院教師在企業管理的研究與創新方面的成果。這些成果主要集中在企業財務管理、人力資源管理、風險管理和企業核心競爭力四個專題的研究。財務管理專題主要從企業資金管理、企業內部審計評價、企業財務預警體系構建、企業財務價值鏈與流程構建和上市公司融資行為等方面進行了研究；人力資源管理專題主要從企業人力資源規劃分析、企業績效管理、公司治理績效實證研究、上市公司股權結構與公司績效關係研究等方面展開了討論；風險管理專題主要是對商業銀行風險控制系統設計、商業銀行人員操作風險控制以及小微企業風險控制進行了研究；企業核心競爭力專題主要從產業鏈競爭力的形成與提升、公司治理對核心能力培育的激勵性研究和企業核心能力體系實證研究等方面進行了研究。

由於本書的論文時間跨度比較久，用當前的視野和角度來看肯定有深度不夠、論述不清等問題，且準備較為倉促，不當之處敬請專家和廣大讀者批評指正。

編者

目　錄

企業管理研究與創新

財務管理專題

3	川菜企業資金管理中存在的問題及對策	李光緒
7	對財務比率分析中有關問題的探討	羅潔　郭銳
13	工薪所得個人所得稅合理避稅方法的探討	張豔莉
18	會計信息生態系統的問題及對策探究	薛軍　廖曉莉
26	基於層次分析法的企業內部審計評價研究	李光緒
38	樂山市旅遊企業財務預警體系構建探究	羅潔
43	旅遊企業財務價值鏈與流程構建	李光緒
50	綠色建築企業成本控制的研究	羅潔
53	飼料企業的信息化財務管理應用	薛軍　廖曉莉
60	探討有關川菜企業財務預警系統指標體系問題	李光緒
65	中國上市公司融資行為及其原因分析	湯佳音
69	優化中小企業成本管理的探討	羅潔
73	盈餘管理演變為會計舞弊的破解路徑	薛軍
78	中小企業會計人員的現狀及對策分析	張豔莉
83	中小企業營運資金管理的問題及對策	羅潔
90	資產組減值測試相關問題的探討	廖曉莉

人力資源管理專題

97	從企業戰略管理層面分析人力資源規劃	匡 敏　曲玲玲
102	國有煤炭企業績效管理十大誤區評述	熊 豔　章 璇　張同建
106	國有煤炭上市企業的公司治理績效實證研究	張豔莉　張同建
112	基於因子分析法的企業戰略績效評價	
	——以白酒行業為例	張仁萍　劉軍榮　羅 潔
119	企業集成創新中知識轉化微觀機理解析	胡亞會　蘇 虹　張同建
128	上市公司董事會治理績效實證研究	
	——來自旅遊行業的數據	張豔莉　高文香　張同建
135	上市公司獨立董事治理績效影響因素實證研究	李光緒　廖曉莉　張同建
142	上市公司股權結構與公司績效關係研究	李光緒
149	上市企業公司治理績效影響因素實證研究	李光緒　廖曉莉　張同建
156	上市企業公司治理評價體系實證研究	任文舉　廖曉莉　張同建

風險管理專題

163	國有商業銀行信息能力培育與風險控制的相關性研究	
		熊 豔　謝 豔　張同建
173	基於IT建設與組織學習的商業銀行風險控制系統研究	
		蘇 虹　謝 豔　張同建
181	基於行際差異的國有商業銀行人員操作風險控制研究	
		廖曉莉　張同建　董曉波
187	基於信息能力視角的國有商業銀行操作風險控制研究	
		蘇 虹　胡亞會　張同建
193	美國、以色列和巴西農業旱災風險管理的經驗借鑑	薛 軍　廖曉莉
201	淺析「後危機時代」微型企業發展的「危」與「機」	楊小川

企業核心競爭力專題

211	產業鏈競爭力的形成與提升研究	
	——以四川樂山多晶硅產業為例	任文舉

216	公司治理對核心能力培育的激勵性研究		
	——基於農業類上市公司的數據檢驗	廖曉莉	張同建
223	國有股份制銀行 CRM 戰略與核心能力培育相關性研究		
		蘇 虹 胡亞會	張同建
232	基於系統視角的核心能力研究評述	廖曉莉 李 訊	張同建
242	四大商業銀行知識轉化對核心能力的促進機理研究	熊 豔 楊春麗	張同建
252	中國汽車企業核心能力體系實證研究	李光緒 葉 紅	張豔莉
258	中國商業銀行知識管理與核心能力形成相關性分析	蘇 虹 葉 紅	張同建

財務管理專題

川菜企業資金管理中存在的問題及對策

李光緒

摘要：本文在對二十多家川菜企業進行財務調查的基礎上，指出了川菜企業在資金管理方面存在的財務信息失真、資金管理散亂、財務監控不力及舞弊行為常見等突出問題。並針對此類問題，提出了加強企業資金控制和管理的關鍵是實現資金的集中管理，採取多種監督方式，實現高效率的信息化管理，把好用人關、制度關、票據簽章關等。

關鍵詞：川菜企業；信息失真；結算中心；帳外循環

我們在對川菜企業的前期財務調查中發現，川菜企業存在的問題突出表現在資金管理上。川菜企業要想在市場中保持競爭力，必須把資金管理放在首要位置，深切體會理財之道，並身體力行地制定出一套適合自己企業的財務管理方法，把握好資金的週轉環節，才能讓企業保持足夠的活力，在市場中才能經久不衰。

一、川菜企業財務資金管理的不合理之處

目前，川菜企業管理中的財務管理問題日益凸顯，已經成為制約企業發展的一大問題。該問題主要體現在預算不夠準確，資金管理不夠集中，監督環節顯得薄弱，並且在管理方面效率不高等方面。具體體現在以下幾點：

（一）財務信息不準確，不足以依據其而做出決策

信息戰略在現代企業管理中有著極其重要的作用，可以說企業成長所賴以生存的就是即時準確的信息。但是，當今很多川菜企業卻存在著信息失真且不集中的現象。這在一定程度上造成了企業的管理層無法及時獲得有價值的信息，導致搞不清企業的情況，這對企業的傷害是巨大的。從調查的情況來看，80%以上的川菜企業的會計信息存在不同程度的失真[1]。

（二）資金利用率不高

當今川菜企業資金分散的現象越來越明顯，已成為制約企業發展的突出問題。原因有以下幾方面：首先，下屬公司開戶太多，資金無法有效控制；其次，一些川菜企業盲目投資，而不從自身情況出發，給原本資金緊缺的企業帶來更大的麻煩；最後，企業庫存過多，資金積壓，流動資金不足，難以靈活週轉，欠款過多，

破壞了企業的信用。

（三）缺乏有效的財務監控管理制度

許多川菜企業對資金的監督力度不夠，甚至發生內部員工掌控資金的現象。雖然現在很多企業制定了一系列的財務管理監督制度，但是執行力度不夠，使得這些制度徒有形式。

（四）舞弊常見，應嚴加防範

川菜企業資金管理，主要的舞弊情況表現在以下兩個方面：

第一，舞弊情況問題體現在現金收支方面的主要有：①私自篡改票據。②票據前後不一致。③隱瞞票據真相，隨意撕毀票據。④假開發票，亂填內容。⑤故意少寫金額，中飽私囊。有關工作人員在現金付款時，故意在金額收取項中少寫，而在財務支出部分多寫，將差額放入自己腰包。造成這種現象的主要原因是資金管理監督力度不夠，未能嚴格地跟蹤資金流。除此之外，人員牽制制度執行不夠嚴格也是造成這種事件的重要原因。⑥挪用公款。相關人員採取自行篡改票據的方法將日期項故意填錯，從而導致有些錢款沒有及時入帳，然後將這部分錢私自挪用，挪用後進行帳外循環。造成這種問題的主要原因是會計監督不嚴，未能及時地進行帳面稽核[2]。

第二，舞弊情況體現在銀行存款方面的主要有：①隱瞞公司私自提款。②將公款存入個人戶頭。③多頭開戶，分散公款管理。④轉讓公款。會計人員將收到的轉帳支票、銀行匯票、商業匯票及銀行本票等票據私自轉讓給私人的公司或與自己有關係的私人單位，從而將公司財產慢慢轉成私人財產，侵吞公款。出現這種現象是因為相關工作人員掌管了公司財務的全部印章。⑤出租、出借支票。出現這種現象主要是因為監督不力，銀行帳號管理不當等。⑥挪用公司的銀行存款。出納人員盜取公司印章，在月初提取部分公司存款，作為自己的循環資金，到月底再歸還這部分欠款。這樣往往可以瞞過銀行的每月對帳，從而達到自己不可告人的目的。造成這種現象的主要原因在於公司財務印章保管不嚴。

二、川菜企業在資金管理方面要注意的主要問題

所謂資金管理，就是設法使資金有效地利用及靈活地週轉。為了達到這個目標，現代川菜企業資金管理必須做好以下幾點：

（一）加快資金的籌集速度

在現代市場經濟體制下，企業大都是自主經營、自負盈虧的，難免會出現資金緊張及週轉不靈的現象。針對這一現象，企業必須做到加快庫存及帳款的變現速度，另外，還必須考慮如何從別處籌備資金以供不時之需。

（二）從整體上把握資金的運用

川菜企業應把重點放在加強內部管理，挖掘資金運行潛力上，力爭做好以下幾方面的工作：①做好資金回籠工作，按時收回欠款，並堅決做到「先款後貨」。②抓好採購方面的工作，盡量減少採購途徑不當而引起的資金浪費。③有效規劃

庫存管理工作，做到庫存有條理，貨物不積壓。④在投資新項目時，要做好各方面研究及市場調查工作，以防出現決策不當引起投資失敗[3]。

（三）合理地利用安排資金，對員工採取按勞分配、多種分配方式共存的方案

如何對資金進行有效分配對川菜企業的經營有著極其重要的影響。在商業競爭愈發激烈的今天，川菜企業的發展策略也發生了重大的變化，怎樣對企業的收入做出合理的分配也變得更加重要。現代川菜企業的收益分配問題日益凸顯，對企業收益分配應當堅持多勞多得、多種形式並存的原則，做到褒貶得當，解決員工內部矛盾，提高員工工作積極性，使得企業更具凝聚力，走上良性發展道路。

（四）核定資金系統的管理

川菜企業應堅持需要與節約兼顧為核資的基本原則，採用科學計算方法，確定資金的合理需要量。這是進行資金管理的基礎，如何確定資金的合理需要量是其中的關鍵點，也是難點。為了提高財務管理的穩定性，定時制定出資金的預投資計劃及預使用計劃是目前認為解決核資存在問題的最好辦法。

三、抓好川菜企業資金的控制工作

（一）企業資金集中管理，把握好資金的各方面利用

1. 完善財務制度，做好資金的集中管理工作

川菜企業要建立結算中心制度，嚴格控制多頭開戶和資金的不合理利用，確保資金管理的集中統一，防止出現資金分散管理的不安全性。如果資金管理不夠集中，不僅會造成企業在需要資金時出現週轉不靈，還會造成企業內部的腐敗現象，對企業的長期發展極為不利。所以說，要確保企業健康穩健發展，採取資金管理集中化制度勢在必行。

2. 合理規劃資金用途，避免資金利用不當現象的發生

川菜企業應當做好資金跟蹤工作，隨時隨地做好資金管理，嚴格控制資金的出入關口，做到資金利用最大化。合理規劃資金用途，積極做好企業的市場調查工作，哪些項目的投資對企業有利，就必須把資金花在哪裡，做到有的放矢，絕不胡亂投資，造成鋪張浪費。

3. 在企業財務管理中採用全面預算方法，在資金使用的各個環節嚴格把控，讓資金流動更具條理、有序

預算方面要採用預算編製、審批、監督的全面預算管理的方法。預算範圍由過去單一的經營資金計劃擴大到生產經營、基建、投資等全面資金預算，由主業的資金預算擴大到包括多種經營、二級核算單位在內的全方位資金預算。預算編製應當層層審批、層層相扣，防止出現內部腐敗現象，而一旦確定了預算，在企業中就應樹立權威性，不經公司允許不能隨意改變。

（二）嚴格監督，避免出現員工挪用資金現象

加強對資金的跟蹤管理，嚴格監督資金運用的各個環節，採取有效的監督措施，防止員工挪用資金，造成企業損失。

（三）建立健全內部控制系統，嚴懲作弊行為

（1）人員安排必須可靠、疑人不用。一個企業員工素質的高低在一定程度上決定了這個企業的形象和發展潛力，也直接關係到企業內部工作的執行問題。所以說，企業必須在不同的崗位安排素質不同的人員，因才施崗，比如財務部門就必須安排素質高且工作踏實、為人誠實的工作人員。因此，川菜企業要做到從自身角度出發，結合自身情況，合理用人，這樣才能讓企業「健康長壽」。

（2）把好制度關。川菜企業要根據《中華人民共和國會計法》及有關法律法規，結合自身實際情況制定出符合自身管理特點的規章制度，這些制度應當包括人員牽制制度、工作監督制度等。在人員牽制制度中，最關鍵的是要做到錢帳分管，並且明確財務人員的工作職責和分工，以防出現權力集中，造成財務風險；在工作監督制度中，必須明確相關人員的工作職責，對財務人員進行定時或者不定時的工作抽查，並認真審核，以查看其經手的帳務是否屬實合法。

（3）管理好票據和印章。川菜企業在票據、印章方面的管理要加大力度，安排不同人員對票據、印章進行分開管理，明確各種票據的購買、保管、使用、背書轉讓及註銷等環節的職責權限和程序，印章專人保管，每用必寫說明，以防出現私人盜用票據、印章現象。

（4）嚴格監督。川菜企業應該設立專門的稽核部門，並且規定好稽核人員的工作職責，時刻保持對其他各部門的有效監督，並落實到工作的每個方面。

總之，加強對川菜企業的財務管理制度的整改，優化資金結構，不斷擴寬資金的來源途徑，提高資金使用效率，已經成為目前川菜企業所面臨的主要問題。川菜企業必須在資金管理上運用更科學、更有效的管理辦法，做到追根究底、明察秋毫，讓企業資金得到最有效的利用，使川菜企業在現代社會中經久不衰、不斷前進。

參考文獻：

[1] 吳聯生. 會計信息失真的三分法：理論、框架與證據 [J]. 會計研究，2003（1）：25-30.

[2] 蔣占華. 科研院所轉制中應研究的財務會計問題 [C] // 中國會計學會. 1999 年會計學論文選. 北京：中國財政經濟出版社，2001.

[3] SMITH A. An Inquiry into the Nature and Causes of the Wealth of Nations [M]. Oxford: Oxford University Press, 1998.

對財務比率分析中有關問題的探討

羅潔　郭銳

摘要：財務比率分析是一種基本的財務報表分析方法，也是財務分析的核心。但在實際運用中，財務比率分析仍存在著許多不足，很多指標在計算和分析時存在一定的局限性，會計政策和會計處理方法也會對財務比率分析產生影響。本文就其存在的問題進行了具體的探討並提出了一些建議。

關鍵詞：財務比率；財務比率分析；局限性；會計政策；經濟內涵

財務比率分析法是企業財務分析的一種十分重要的方法，通過各種比率的計算和分析，基本上能夠反應出一個企業的償債能力、盈利能力、營運能力以及盈餘的分配情況，具有簡明扼要、通俗易懂的特點，是使用最廣泛的一種分析方法。

一、財務比率分析的意義

隨著中國社會主義市場經濟的不斷發展與完善，財務比率分析被廣泛應用，在財務分析中有著重要的意義。第一，運用財務比率分析能夠將資產負債表、利潤表、現金流量表有機地聯繫起來，能夠充分地將財務報表之間嚴密的勾稽關係展現出來。第二，運用財務比率分析能夠更好地綜合體現企業的財務狀況、經營成果及現金流量情況，有效的財務比率還能將財務報表數據與企業的基本經營因素盡可能地聯繫起來。第三，運用財務比率分析能夠滿足不同的主體出於不同的利益考慮而對財務信息提出的不同要求。第四，運用財務比率分析可以消除規模帶來的影響，用來比較不同企業之間的收益與風險，從而有助於投資者和債權人做出理智的決策。

二、財務比率分析中存在的問題

（一）財務比率分析具有一定的局限性

財務比率分析由於受到各種限制，具有很明顯的局限性。其大致可以從三個方面進行探討。

1. 資料來源具有局限性

財務比率分析的主要依據是企業編製的財務報表，而財務報表及其所提供的

數據具有一定的局限性，因為財務報表數據是歷史性的帳面價值數據，難以反應物價水準變動的影響，同時這對於預測企業的未來狀況並非絕對合理可靠。具體來說，首先，財務報表中的許多數據都是通過合計、匯總而來的，是將不同時點的貨幣數據簡單相加，或者是若干交易和事項的金額匯總、抵銷所形成的，這種通過合計、匯總而來的數據其本身就存在著問題，由這些數據計算得來的財務比率必然會存在一些問題。其次，在企業形成其財務報表之前，往往會對信息使用者所關注的財務狀況以及對信息的偏好進行仔細分析與研究，並盡力滿足信息使用者對企業財務狀況的期望，其結果極有可能導致信息使用者所看到的報表信息與企業實際狀況相距甚遠，也就不能正確地反應企業的實際狀況。最後，財務報表的數據還會受到通貨膨脹的影響，從而直接影響到數據的可靠性和準確性。

2. 分析方法具有局限性

由於財務比率分析法常常是大量單純數量指標的堆砌，而忽視了對問題本質的剖析，在分析方法上也存在著一定的局限性。第一，從本質上講，財務比率分析方法本身並不嚴謹。其主要體現在比率的選擇、比率的確切定義以及比率的解釋在很大程度上帶有判斷和假定的主觀色彩。例如當我們用損益表中的某個數值與資產負債表中的某一個數值計算比率時，這一問題就表現得非常突出。因為資產負債表反應的是會計期末這一時點的指標，而損益表反應的是整個會計期間的指標，如果資產負債表的數值在該會計期間不具有代表性，那麼就會導致計算出來的結果不可避免地與實際情況產生偏差。例如產權比率、權益乘數以及資產利潤率等。第二，財務比率體系結構不嚴密。財務比率分析是以單個比率為單位的，每一種比率只能反應企業財務狀況或者經營狀況的某一方面，例如流動比率反應償債能力，資產週轉率反應資產管理效率，營業利潤率反應盈利能力等。正是因為財務比率分析是以單個比率為中心，每一種比率都過於強調本身所反應的方面，所以導致了整個財務比率指標體系的不嚴密。第三，財務比率分析屬於靜態分析，難以分析動態方面的情況。財務比率分析的依據是一些運用數據計算出來的靜態的指標，它們只能反應某一時點的狀態，而不能反應企業財務狀況的變化過程，例如流動比率、速動比率以及資產負債率等。第四，財務比率分析側重於發現問題，而不能提出解決問題的對策和方法。財務比率分析只能根據計算出來的財務比率，分析企業存在的一些問題。財務比率本身只能作為一種分析的線索，指出企業的優勢和劣勢所在，一般不能直接解釋形成差異的原因，即財務比率分析本身不能提供答案，也不具有預測功能。

3. 分析指標的局限性

第一，比率分析中的很多財務比率都存在著一定的缺陷，在實際運用中並不能絕對說明問題。例如資產負債率，它是一個靜態指標，反應企業在某一特定時間負債占資產的比重，但是卻不能反應企業全年平均的償債水準，也不能反應企業的償債風險，更不能反應企業償債能力的高低。第二，有些比率並不能完全揭示企業的實際情況。例如，如果企業在結帳之前就償還了短期借款，結帳後再借

入款項，那麼就會造成負債較低、流動性增強的假象。第三，幾乎所有比率都會有一個共同的限制，就是其計算結果的數字大小，並不能說明絕對的好壞。例如就資產負債率的分析來說，一般情況下，資產負債率越小，表明企業的長期償債能力越強。但是，資產負債率的計算結果並不能表明絕對的好壞。對於債權人來說，該指標越小，則表明該企業的償債越有保障；對企業的所有者來說，如果該指標較大，則說明利用較少的自由資本投資形成了較多的生產經營用資產，不僅擴大了生產經營規模，而且在經營狀況良好的情況下，還可以利用財務槓桿的原理，得到較多的投資利潤，如果該指標過小則表明企業對財務槓桿利用不夠。但資產負債率過大，則表明企業的債務負擔重，企業的資金實力不強，不僅對債權人不利，而且企業也會有瀕臨倒閉的危險。所以它的計算結果並不能絕對說明問題，而這一現象是幾乎所有財務比率都存在的。第四，各種比率計算結果的合理性沒有標準化，因此給分析和運用帶來了很多麻煩。例如在分析流動比率的時候，一般情況下，流動比率越高，反應企業的短期償債能力越強，債權人的權益越有保證，但是流動比率也不宜過高，過高則說明企業流動資產佔用較多，會影響資金的使用效率和企業的籌資成本，進而影響獲利能力。究竟需要保持多高水準的流動比率，主要視企業對待風險的態度而確定。另外，流動比率是否合理，不同的企業以及同一企業不同時期的評價標準是不同的，故不存在統一的標準來評價各企業的流動比率合理與否。同樣，速動比率以及資產負債率等指標也存在相同的問題。第五，缺少反應無形資產的指標。無形資產包括知識產權、商譽以及特許權等，它們對於企業的價值往往很難準確計量，但是對於企業來說，無形資產的價值是不容忽視的。企業在分析償債能力、盈利能力等時，並沒有考慮無形資產的影響，這樣對某些無形資產在總資產中佔很大比重的企業來說，分析的結果往往並不可靠，容易給信息使用者帶來錯誤的信息。

（二）財務比率分析中存在的其他具體的問題

1. 資產減值對財務比率計算與分析的影響

首先，反應償債能力的財務比率在計算和分析時應當使用資產「淨額」。反應短期償債能力的財務比率，例如「速動比率」，還有反應長期償債能力的財務比率，例如「資產負債率」，計算時均應當使用資產的「淨額」。因為資產的減值部分已經不具有償債的價值或者為債務提供價值保障的基礎，如果使用資產「總額」計算反應償債的財務比率，就會造成這一財務指標量的虛增，進而誤導財務信息的使用者。其次，反應營運能力的財務比率在計算和分析時應當使用資產「總額」。以「應收帳款週轉率」為例，企業對外披露的財務報表上列示的應收帳款是已經提取了減值準備後的淨額，但是銷售收入卻並沒有相應地減少，就會導致提取資產減值準備越多，應收帳款週轉率就越高，其週轉天數將會變得越少。顯然，這種週轉率的提高或者週轉天數的減少不能說明企業取得了好的業績，只能說明應收帳款管理不善。當然，對於其他涉及反應營運能力的各類週轉率的計算，道理也是相同的。

2. 存貨週轉率計算與分析存在的問題

首先，營業收入和營業成本對存貨週轉率的影響。在計算存貨週轉率時，對於「營業收入」或者「營業成本」作為週轉額一直都存在著爭議，專家在各類教科書上對此的解釋也沒有統一的標準。一般來說，使用「銷售成本」的居多，因為這樣能使分子分母在計算口徑上保持一致。我們認為，使用「銷售收入」還是「銷售成本」主要取決於財務比率分析所要達到的目的。對於短期償債的分析，使用「銷售收入」較為合理，這樣就可以更加精確地計算存貨轉換為現金的數量和時間，有利於進一步評估資產的變現能力；對於評價存貨管理的業績，使用「銷售成本」較為合理，顯然分子分母在計算口徑上保持一致的狀態下用於評價存貨管理業績，要比使用「銷售收入」更為合理。其次，經濟形勢變化對存貨週轉率未來發展趨勢的影響。由於社會主義市場經濟的迅猛發展，社會新型分工——「物流」這一新興產業異軍突起，企業管理水準有大幅度提高，管理也不斷地推陳出新。例如存貨外包業務，使得傳統存貨管理的方式及理念受到了衝擊，「零庫存管理」在一步步變為現實。以前那種先儲備好材料再生產，加工好庫存產品後再銷售的傳統生產經營方式在根本上發生了變化。在這種形勢下，傳統存貨週轉率分析的實際意義已經不大，因此，應當賦予存貨週轉率新的含義，而且應對其以後在實際應用上的把握進行深入思考。

三、關於財務比率分析存在問題的一些建議

（一）除了掌握財務比率的會計內涵，還應當加深對其經濟內涵的認識

在運用財務比率的時候，我們不僅應該去瞭解它在會計上的意義，還應該對其經濟內涵深入探究，以便更好地進行財務比率分析。每種財務比率都有其經濟含義，這樣才能將企業的經營活動與財務比率更好地聯繫起來，進一步分析企業在經營戰略上的得失。例如，應收帳款週轉率，從經濟角度上來說，可以反應應收帳款在質量和流動性上的高低，而不僅僅是反應企業在營運上的能力。應收帳款週轉率高，發生壞帳的可能性就小，當然質量就高。如果貨幣市場靈活，當企業缺少現金時就很容易進行貼現，其流動性也會變高；如果應收帳款週轉率低，反應出質量和流動性較差，這可能是企業在收帳上存在問題，在信用政策上也存在一些問題，也可能是購貨方陷入財務困難，或者是經濟環境變差等。瞭解了財務比率的經濟含義，就能解讀其背後的內涵，從而更好地應用財務比率進行分析。

（二）增加一些非傳統的比率指標

隨著經濟的快速發展，許多其他非財務影響因素影響著企業的發展，傳統的財務比率指標不能對這些影響因素進行分析，我們可以增加一些合理的非傳統指標進行分析。例如，可以借鑑平衡記分測評法，圍繞財務、顧客、內部業務和成長與學習四個方面設計合理的測評指標，充分體現出企業的潛在發展能力以及潛在的影響因素。具體來說，我們可以對市場佔有率、產品壽命週期設立指標進行分析，另外，對無形資產也應設立相關的指標，因為在大多數企業中，無形資產

佔有重要的地位，對企業的發展發揮著至關重要的作用。

(三) 將財務比率指標進行組合分析

由於單個的財務比率意義不大，具有片面性，往往難以說明問題，應注意將財務比率進行組合分析，這樣才能更好地瞭解公司所處的經濟週期，在行業內以及相對以往公司業績的升降趨勢，從而更系統地從整體上把握公司的狀況。所謂組合分析，即創造出不同形式的財務比率的關聯組合，達到特定的分析目的。在財務比率分析中，杜邦分析是最典型的指標組合分析。它通過將企業績效評價核心指標「淨資產收益率」不斷地向下層層分解，直至一些最基本的財務比率，形成一個「樹根狀」的財務指標體系，通過揭示各種財務比率之間的層次關係，達到綜合評價企業績效和為改進企業績效指明方向的目的。例如，在對資產負債率的分析中，可以將資產負債率與獲利能力指標結合起來分析，因為企業的償債能力與獲利能力是密切相關的，將它們結合起來分析，能夠更好地進行綜合分析，對企業的財務狀況才能更好地瞭解和掌握。再者，將財務比率指標進行組合分析能夠很好地避免單個指標在運用分析時存在的局限性。

(四) 結合企業實際情況以及所處的經濟環境進行分析

會計的發展與經濟的發展密切相關，我們不能僅僅從幾個財務指標比率的高低判斷企業的優劣，而應結合企業的歷史情況和現狀，以及企業的生產經營特點、市場的發展等方面，進行綜合分析，才能對企業進行全面系統的評價。具體來說，我們在進行財務比率分析之前，應該對企業的情況有個概貌性的瞭解，盡量避免財務分析中的誤判行為。分析人員應該對企業的以下情況進行全面瞭解：一是企業經營者的誠信度以及綜合素質；二是企業的文化理念和企業的人力資源情況；三是企業的投資、經營環境，以及企業的資源情況；四是企業現時所處的發展階段；五是企業的發展戰略及其長遠目標；六是企業的管理制度及其他的遵循情況。當然，對現時企業所處的經濟環境的瞭解也是非常重要的，因為無論是通貨膨脹還是通貨緊縮，都會影響企業的經營狀況。

(五) 與其他的分析方法結合起來應用

財務報表中的任何一種分析方法都不可能證實全部的調查結果或是滿足各種類型使用者的需要，單一地進行財務比率分析更不能完全說明問題，應與其他的分析方法結合起來應用，才能更好地把握企業的狀況。一般來說，財務分析的方法主要包括趨勢分析法、比率分析法、因素分析法、比較分析法以及綜合分析法。這些方法本身具有共同點，我們可以根據實際情況將某些分析方法結合起來，例如，比率分析法可以與比較分析法結合起來，以便取長補短，使財務分析的總體功能效應能得到更好地發揮。

(六) 建立綜合評價法

我們可以建立一種綜合評價法，從整體出發，而不是追求單個財務比率的最優。首先，我們在選擇評價企業財務狀況的財務比率時，要注意財務比率的全面性、代表性，要能夠說明問題，並具有一致性。其次，再確定各種財務比率的標

準值。所謂標準值，是指各項財務比率在本企業現實狀況下最理想的數值。在制定標準值時，也應當遵循以下原則：第一，有國際通行的標準指標時，則應以通行的標準指標為基礎確定其標準值。第二，在行業相差不大又缺乏通行的標準時，可以行業標準為基礎確定其指標值。第三，對各項財務比率評分值的上限、下限進行嚴格規定，避免個別財務比率的異常給總分帶來影響。第四，計算出財務比率的實際分數。第五，應用實際分數與標準分數進行比較和分析。綜合分析法的應用可以盡量避免財務比率自身存在的局限性，從而使分析結果更加準確。

參考文獻：

[1] 羅芳. 改進現行財務分析指標體系的相關思考 [J]. 財會月刊，2010 (10)：6-7.

[2] 趙睿霞. 財務報表分析方法研究 [J]. 遼寧經濟，2010 (6)：80-81.

[3] 董寶芳，李愛華，徐晶晶. 中國財務報告的局限性及改進建議 [J]. 中國集體經濟，2010 (13)：158-159.

[4] 張慧玲. 財務分析中存在的問題及建議 [J]. 山西財稅，2010 (4)：34-35.

[5] 劉清軍. 基於財務分析方法的相關探討 [J]. 新疆農墾經濟，2010 (8)：73-76.

[6] 趙淑芹，楊振東. 財務比率分析方法的局限性及改進措施 [J]. 現代商業，2008 (29)：244-246.

[7] 劉震宇，賈茜. 財務比率分析的局限性及改進措施 [J]. 西安財經學院學報，2006 (5)：74-76.

[8] ROBERT F, et al. Finanical Accounting [M]. New York：McGraw-Hill, 2009.

工薪所得個人所得稅合理避稅方法的探討

張豔莉

摘要：依法納稅是每個公民應盡的義務，而作為追求自身利益最大化的理性經濟人，每個納稅義務人都有在法律允許的範圍內通過合理避稅減輕自身稅負，追求利益最大化的權利。本文主要對與每個公民納稅人切身利益相關的工資、薪金所得個人所得稅的合理避稅方法進行了探討，以期對減輕公民納稅人稅負，實現利益最大化有所幫助。

關鍵詞：個人所得稅；工資薪金所得；避稅；稅務籌劃

隨著中國經濟的發展，個人收入的增加，越來越多的人成為個人所得稅的納稅人，相應地，財政收入中來源於個人所得稅的比重也呈逐年上升的趨勢。有關資料顯示：中國20%的富人擁有收入份額的50%，但繳納的個稅不到總額的10%，工薪階層卻貢獻了個稅總額的65%以上，並保持穩定增長。這樣一來，違背了稅收公平原則，從而拉大了貧富差距。因此，從維護納稅人個人的切身利益、減輕稅收負擔的角度出發，每個工薪階層的納稅人在稅法規定的範圍內履行納稅義務，積極納稅的同時，尋求合理避稅的途徑是非常現實，且很有必要的。

一、避稅概述

避稅是納稅人在熟知相關稅境的稅收法規的基礎上，在不直接觸犯稅法的前提下，利用稅法等有關法律的疏漏、模糊之處，通過對有關涉稅事務進行的精心安排，達到規避或減輕稅負的行為。避稅可分為：正當避稅和非法避稅兩種。

（一）正當避稅

正當避稅，也稱合法避稅或稅務籌劃，有兩種形式：一是順法意識避稅。它是指在法律允許的範圍內最少地繳納稅款，符合稅收法律政策和政府的政策導向，是政府鼓勵和倡導的，與稅法的法律意圖一致的行為。二是逆法意識避稅。它是指納稅人利用現有稅法的缺陷或漏洞，規避納稅義務，以減輕稅負，是介於合法避稅和偷稅之間的灰色地帶，既不違法，也不合法，與稅法的法律意圖不一致，但不影響或削弱稅法的法律地位，有利於稅收法律的進一步完善。儘管此種避稅方法本質上不同於偷稅，但它也是在鑽法律的空子，納稅人對此應該謹慎對待。

可見，合理避稅其實就是在法律的邊緣做文章，是在鑽法律的空子，但形式上從法律的角度又難以挑剔。

（二）非法避稅

非法避稅，就是偷稅，它違反了稅收法律和政策，違背了政府的政策導向，必須予以堅決嚴厲地打擊。

二、合理避稅的原則

（一）成本效益原則

合理避稅不能孤立進行，必須綜合考慮影響稅負的各種因素，將節約的稅負與增加的成本費用進行權衡，選擇最佳方案。比如，某項避稅行為取得了節稅效果，但同時增加了其他方面的支出，如果節約的稅負超過了增加的支出，則該避稅方法就可行，可以採納；否則，就不可行，應予以摒棄。

（二）超前性原則

超前性是指在納稅行為發生之前，對涉稅活動或事項進行事先的規劃、設計、安排，達到減輕稅負的目的。任何一項具體的避稅行為都必須在涉稅活動或事項發生之前進行。如果涉稅活動或事項已經發生，再想通過某種方法或手段實現少交稅，就不是避稅，而是掩蓋事實真相，屬於偷稅漏稅，為此納稅人將承擔相應的法律責任。

三、工薪所得個人所得稅合理避稅的常見方法

（一）均衡收入合理避稅

中國對於工資薪金所得採取的是七級超額累進稅率，也就是說，納稅人的收入越高，適用的稅率就越高，稅收負擔也就越重。由於中國對於工資薪金的發放並沒有規定具體的發放時間和方式，這就為納稅人進行合理避稅提供了潛在的空間。在一定時期內納稅人收入總額既定的情況下，可以將其工薪分攤到各個月，使每月的收入盡量均衡，從而減少納稅人的稅收負擔。對於那些職工取得的工資薪金所得，實行按年計算、分月預繳方式徵收個人所得稅的企業，比如，採掘業、遠洋運輸業、遠洋捕撈業、職工工資收入波動幅度較大以及實行年薪制的企業，均可以通過合理調節職工獎金的發放時間，均衡每月收入，降低納稅人的稅負，提高職工的實際收入。

（二）利用職工福利合理避稅

中國稅法規定：凡是以現金形式發放的通信補貼、交通費補貼、誤餐補貼、旅遊費和高溫補助等相關費用，均應納入工資、薪金所得，計算繳納個人所得稅。由於中國目前對工資、薪金所得在徵稅時，按固定的費用扣除標準進行扣除，沒有考慮個人的實際支出水準，而住房支出、通信支出、交通費支出、培訓支出等都已成為現代人必不可少的支出項目，納稅人用稅後工資支付這些費用不能抵減個稅，但如果企業替納稅人個人支付，則可作為費用減少應納稅所得額。這就為

利用非貨幣支出進行合理避稅提供了可能。

在納稅人工薪總額一定的前提下，企業可以採用非貨幣支出的辦法提高職工的福利支出，為職工支付一定的服務費用，並把支付的這些費用從應付給職工的貨幣工資中扣除，減少職工的貨幣工資，降低職工的名義收入，有效抵減個人所得稅。比如，企業免費為職工提供宿舍、提供免費午餐、提供和安排免費醫療、免費提供交通工具、為員工提供培訓機會、為職工子女提供獎學金、多繳公積金等。企業把這些支出變為對職工的福利支出，這些支出作為費用，一方面可以在計算企業所得稅時按計稅工資總額的一定比例從稅前扣除，減少企業所得稅的應納稅所得額，從而減少企業所得稅；另一方面可以減少個人的名義所得和名義支出，在實際工資水準未下降的情況下，減少了職工的個人稅負，提高了職工的實際可支配收入，可謂企業個人雙方共同受益。

(三) 利用費用報銷合理避稅

中國稅法規定：凡是根據經濟業務發生實質，並取得合法發票實報實銷的，屬於企業正常的經營費用，不需要繳納個人所得稅。所以，納稅人在發生通信費、交通費、差旅費、誤餐費時，應以實際、合法、有效的發票為依據，據實列支實報實銷，即通過用合法發票給職工報銷費用的方式，將錢發給職工。這樣，企業的實際費用沒有增加，只是將職工工資費用轉化為了其他相關服務費用，與此同時，職工的收入增加，稅負減少了，達到了避稅的目的。

(四) 利用年終獎合理避稅

年終獎包括個人取得的全年一次性獎金、年終加薪、實行年薪制和績效工資辦法考核兌現的年薪和績效工資。個人當月取得的工資薪金所得與年終獎金應分別計算繳納個人所得稅。年終獎應單獨作為一個月的工資薪金所得計算繳納個人所得稅。年終獎平均到全年 12 個月確定稅率和速算扣除數，年終一次納稅，不做任何扣除。對於年終獎的優惠計算辦法，在一個納稅年度內，對同一個人，該計算納稅辦法只允許採用一次。對於全年考核，分次發放獎金的，該辦法也只能採用一次。如果納稅人在一個年度內既有全年一次性獎金，又有季度獎、半年獎、加班獎、先進獎、考勤獎等的，則季度獎等不再單獨作為一個月的收入納稅，一律並入其取得當月的工資薪金收入中，按稅法規定繳納個人所得稅。年終獎的優惠計算辦法無疑為納稅人提供了避稅的空間。納稅人在全年工薪一定的情況下，可以根據實際情況，將工資薪金在月薪與年終獎之間進行合理地分配，均衡收入，達到減輕個人稅負的目的。

(五) 利用稅收優惠政策合理避稅

按照中國現行稅法的規定，對個人投資者買賣股票或基金取得的差價收入、個人取得的儲蓄存款利息、國債利息、國家發行的金融債券利息以及保險賠款，免徵個人所得稅。因此，納稅人選擇投資股票、基金、國家發行的金融債券、國債或者購買保險，既可以合理分散資產、增加收益，還能實現合理避稅。

按照國家或省級地方政府規定比例繳付的住房公積金、基本醫療保險金、基

本養老保險金和失業保險金，準予從稅前全額扣除，免徵個人所得稅。因此，企業可以在國家或省級地方政府規定的繳付比例範圍內通過提高相關項目的繳付比例，增大扣除項目金額，降低職工稅負，變相增加職工收入。實際生活中，提高社保和公積金的繳付標準是一種較好且有效的避稅辦法。

（六）利用繳納補充住房公積金合理避稅

根據中國稅法規定，工薪階層個人每月按標準繳納的住房公積金準予從稅前全額扣除，是不用納稅的，同時，職工又可以繳納補充住房公積金。所以，工薪納稅人可以在單位繳存住房公積金的基礎上，在國家或省級地方政府規定的繳付比例範圍內繳納補充住房公積金，提高住房公積金的繳存金額，增大扣除項目金額，降低稅負。

（七）利用捐贈進行合理避稅

中國稅法規定，個人將其所得通過中國境內的社會團體、國家機關向教育和其他社會公益事業以及遭受嚴重自然災害地區、貧困地區的捐贈，捐贈額未超過納稅人申報的應納稅所得額30%的部分，可以從其應納稅所得額中扣除；個人向紅十字事業、公益性青少年活動場所、非營利性老年服務機構捐贈的，可全額扣除。可見，個人在捐贈時，必須在捐贈方式、捐贈款投向、捐贈額度上同時符合法規規定，才能使這部分捐贈款免繳個人所得稅。由於捐贈有扣除限額，給稅收籌劃帶來了空間。利用捐贈進行合理避稅的方法一般有以下兩種：

（1）分次捐贈。法律規定，捐贈額是在捐贈當期應納稅所得額的30%以內扣除。對於當期不能全額扣除的捐贈，納稅人可以採取分次進行捐贈。在捐贈額一定的情況下，通過分次捐贈，分次扣除，可以擴大扣除限額，減少應納稅額，增加納稅人的淨收益。

（2）分項捐贈。由於中國個人所得稅目前實行分類所得稅制，在計算捐贈扣除額時，屬哪項所得捐贈的，就應從哪項應納稅所得額中扣除捐贈款項，然後按適用稅率計算繳納個人所得稅。因此，在計算捐贈扣除額時，納稅人應當對捐贈額進行適當地劃分，將捐贈額分散在各個應稅所得項目之中，盡可能擴大減除費用額度，使捐贈額得到充分扣除，最大限度地享受稅前扣除。比如，納稅人本期取得的收入包括工資薪金收入、稿酬收入、偶然收入、財產租賃收入等，屬於不同的應稅項目，那麼，納稅人就可以根據實際情況對捐贈額進行適當地劃分，按不同的收入項目分別捐贈，分別確定每個應稅項目允許扣除的捐贈額，增大扣除額，降低個人所得稅。

（八）利用稅目轉換合理避稅

工資薪金與勞務報酬在某些時候其實只存在一點差異，即支付報酬者與提供勞務者之間是否存在穩定的雇傭與被雇傭關係。由於這兩項個人所得稅稅目的稅率不相同，從而為納稅人提供了合理避稅的空間。納稅人在進行個人所得稅的稅務籌劃時，就可以考慮在這兩項稅目之間進行轉換，以達到減輕自身個人所得稅稅負的目的。如果納稅人與企業之間存在穩定的雇傭與被雇傭關係，則該納稅人

從企業取得的收入應當按照工資薪金所得，適用七級超額累進稅率，計繳個人所得稅；如果納稅人與企業之間不存在穩定的雇傭與被雇傭關係，則該納稅人從企業取得的收入應當按照勞務報酬所得，分次計繳個人所得稅。納稅人應根據自己從企業取得收入的多少，確定是否應該與企業簽訂穩定的用工合同，以達到在收入不變的情況下，稅負最低，收益最大。

四、結束語

對工薪所得個人所得稅進行合理避稅，不僅為納稅人增加個人收入提供了合法的渠道，而且增強了納稅人的納稅意識，客觀上減少了納稅人偷、漏稅等稅收違法行為的發生。同時，稅收徵管部門又可以通過納稅人的合理避稅活動發現稅收法律法規中存在的不足，並加以修改補充，從而不斷健全和完善稅收法律法規，有利於促進社會的和諧發展。

在實際生活中，進行工薪所得個人所得稅的合理避稅時，一方面，必須綜合考慮影響個人所得稅的各方面因素，密切關注與稅收相關的法律法規及其最新動向，準確把握未來經濟形勢，避開或者降低合理避稅中存在的風險項目，促使納稅人自覺地履行納稅義務；另一方面，還應將納稅人的自身情況、工作性質、收益與風險等主客觀因素一併加以考慮，以尋求最佳的工薪所得個人所得稅的避稅方法，合理、合法地減輕工薪所得個人所得稅稅負，實現利益最大化。

參考文獻：

［1］王素榮. 稅務會計與稅務籌劃［M］. 3 版. 北京：機械工業出版社，2011.

［2］張春穎，孟麗君. 論個人所得稅中工資薪金的納稅籌劃［J］. 長春大學學報，2013 (1)：14-16.

［3］田雷. 個人所得稅納稅籌劃 36 計［M］. 大連：東北財經大學出版社，2009.

［4］田發. 合理節稅——如何進行個人所得稅納稅籌劃［M］. 上海：上海財經大學出版社，2009.

會計信息生態系統的問題及對策探究

薛　軍　廖曉莉

摘要：近年來，會計信息質量對世界經濟的平穩和發展造成極大的影響。當前，會計信息失真、信息滯後等問題極其嚴重和普遍，這不但限制了經濟的快速發展，還影響了整個信息體系的完整性。在此情況下，會計信息生態系統逐漸被越來越多的人所重視，其應用與多個領域相結合，極大地提高了會計信息準確性和實用性，為會計信息使用者提供了必要的幫助。以信息生態相關理論為根本，分析和研究人與信息環境、企業內部因素之間的關係等，通過會計信息不同流程的產生、傳遞及使用情況等規律，瞭解信息生態現狀，解決信息生態存在的問題，有效確保會計信息生態系統的平穩發展，對提高信息生態系統運作有著重要的意義。本文概述了會計信息生態理論，結合案例分析了當前中國會計信息生態系統的危機及成因，最後提出了生態平衡目標下會計信息生態的規範化對策。

關鍵詞：會計信息；信息生態；信息倫理

一、信息生態理論概述

（一）信息生態概念及特徵

信息生態主要是指信息主體以時間和空間為基本點，在特定的信息環境影響下以信息資源作為重要紐帶，通過合理利用信息來源對信息進行有效傳遞，借此達到平衡目標的一種狀態。其主要是通過信息生態理論的引入將系統內部各因素相關聯，並形成整體的分析研究對象。

信息生態特徵主要表現在四個方面：

其一，信息主體具有重要的核心性。其對整個信息生態系統的存在價值進行全面分析，重點強調滿足信息使用者的要求和具體需求，將信息主體作為信息生態系統的主要服務核心。信息主體是整個信息生態系統的能動因素，其對信息的不同需求使得信息生態系統發生變化和適當調整。信息生態系統中的信息主體在整個信息環節中必然存在，且不同信息主體具備的技能各不相同，這也使得信息主體在信息過程中對不同信息產生不同判斷。信息主體與信息生態系統、信息環境相結合，其是信息生態系統中重要的因素之一。

其二，信息生態具有整體性。信息生態作為系統存在，不能對其中某一因素進行單獨研究，要將涉及的各個因素相關聯，並使其能夠與信息生態系統相結合成為一個整體。信息主體在信息生態系統中與各個相關因素彼此結合，並對信息生態系統內部相關因素進行全面分析，讓內部系統中各相關因素彼此之間磨合和互動，進而充分發揮其重要作用。

其三，信息生態具有複雜性。信息生態系統由不同因素共同組成，進而使得整個信息生態系統根據外界環境的變化而變化，使得整個信息生態系統的研究更加複雜化。同時信息生態環境中還包括了人性化、社會化等相關影響因素，使得信息主體在需求信息數據時需要面對和處理相關複雜的外界環境和經濟局勢，根據實際情況選擇適當的處理方式，進而達到自身需求和主要目的。

其四，信息生態具有地域性。信息生態系統的運行主要通過信息主體來實現，使信息和信息環境兩者之間進行互動交流，更好地維持整個信息生態系統的運行和發展[1]。信息環境是社會環境的重要組成部分，其隨著社會環境的變化而不斷發生變化，然而不同地區的社會環境表現出不同特性，而信息生態系統又是在信息環境中生成，因此，其也隨著信息環境的不同而表現出不同的特點。

(二) 信息生態理論

生態學是由生物學發展而來的，是指在特定環境下，對生物的生存情況和未來發展方向等展開分析和研究的具體學科。生態學是以系統論和系統方法為根本，並在此基礎上發展而成的，其為生態系統研究提供了依據。生態學理論經過不斷地變化和發展，其逐漸形成當前的信息生態系統理論。信息生態系統主要是指由信息、信息主體以及信息環境三方面要素之間彼此相互關聯而逐漸形成的一種有機結合體，進而使得整個社會信息能夠通過系統整合產生變化和一定影響。信息生態系統主要以生態學理論為根本，對整個信息及信息所處環境進行系統的、全面的分析與研究，進而滿足不同信息主體對信息的需求[2]。

(三) 會計信息生態系統

1. 構成及關係分析

會計信息生態系統主要是由會計信息、信息主體以及信息環境這三方面所構成的一個完整的系統。會計信息、信息主體及信息環境三者之間並不是獨立存在的，它們彼此之間相互關聯且相互依存。會計信息生產者為滿足會計信息主體而存在，並為信息需求者和使用者提供準確的會計信息。同時，也正是因為會計信息生產者的存在才能夠把這些數據轉化成為會計信息，其是會計信息形成的根本。在會計信息生態系統中，會計信息生產者產生的會計信息能夠滿足各個環節的需求。會計信息生產者主要指企業會計工作人員。會計工作人員的專業水準和業務能力直接對會計信息質量起到了決定性的作用。而會計信息的間接生產者主要是指企業管理者。企業的會計政策、方法等選擇也從一定程度上影響了會計信息質量。

2. 會計信息系統生態平衡分析

完整的會計信息生態系統主要由會計信息生產者、信息、信息環境、信息使用者和信息反饋共同組成。會計信息系統中的每個環節的作用和功能都應當同信息生態理論中信息生態因素的相關理念相同，因此，通過借鑑相關信息生態研究成果，確保會計信息生態系統平衡，全面分析會計信息生態系統中的各個要素，並對各要素存在的問題進行改善和調整，從而更有效地調節各個要素彼此之間存在的關聯關係。會計信息傳播工作人員，應當時刻保持與加強會計信息資源建設的靈敏度，根據國家相關法律法規要求對會計信息進行調整，與具體理論要求相一致[3]。同時在會計信息環境建設過程中，針對整個會計信息系統中的不同環節，要對會計信息主體在專業水準和操作能力方面進行加強。只有提升工作人員的自身能力和業務水準，才能更好地處理存在的問題，解決相關危機，協調會計信息與環境之間的關係，確保會計信息系統良性運作。

二、會計信息生態系統危機

（一）會計信息生態系統生態危機的表徵

1. 信息超載

信息超載主要是指客觀存在的信息超過人們能夠接受的範圍，進而不能對信息進行合理、有效的優化和利用的一種資源浪費現象。隨著高科技的不斷發展和完善，計算機網絡逐漸變得與人們的生活、工作和學習息息相關，信息存儲、傳遞、應用等也逐漸實現了網絡化。一方面，信息通過計算機網絡加快其增長的數量，以滿足不同信息者需求。由於經濟的快速發展，各新興行業中的企業大量產生，特別是近年來，隨著相關會計法律法規內容的不斷完善，越來越多的企業對自身的經營情況、財務狀況、現金流量等信息對外進行披露。另一方面，會計信息通過計算機網絡加快其傳遞速度。會計信息使用者不但可以自己在網上收集所需會計信息，還能夠通過網絡將會計信息與其他使用者進行共享。然而會計信息的網絡傳遞，往往令會計信息使用者需要耗費大量的成本和時間才能將所需的會計信息進行吸收和充分利用，降低了會計信息利用率，進而造成非生態平衡現象。

例如中國A股上市公司熱衷於事後對財務報告進行更正。根據同花順數據統計，2013年發過公告更正的上市公司達1,324家，公告更正文件數量達2,389份，其中財務報告更正公告達113份。這種行為使得信息使用者難以及時更新對財經信息的分析和理解，在網絡信息快速傳遞的時代容易因信息量更新太快而造成信息混亂。這反應了中國上市公司財務報告信息披露質量需要進一步提高。

2. 信息差距

會計信息環境的生態變化，使得不同地區的會計信息資源存在明顯差距。當前信息時代下，由於絕大多數會計信息通過計算機網絡來實現存儲，其會計信息通過不同傳遞方式來實現共享和交流，進而滿足不同會計信息使用者對會計信息方面的不同需求。然而，不同會計信息使用者在能力、素質等方面存在不同，不

同能力的會計信息使用者對會計信息的使用和控制存在差異，因此，在對會計信息資源利用過程中，容易造成信息差距化。這種差距主要是由人為因素造成的，為了實現相關目的而對會計信息進行分析和應用，因此會計信息的這種差異性會對社會經濟發展造成一定的阻礙和影響。除此之外，會計信息使用者的素質不同，對所接受的會計信息資源使用也會產生不同影響。經濟收入的不同會使得會計信息使用者所重視的會計信息內容各不相同，受教育水準的不同也會使得會計信息使用者對會計信息的重視和分析角度不同，而專業知識能力的不同更會使會計信息質量、應用等方面存在明顯不同，這些客觀因素的存在，使得會計信息之間差距變得明顯化。

中國很多上市公司往往在年度報告中過度宣傳未來的盈利前景，例如通過自身轉型、併購重組、重大交易事項等事件，來渲染未來發展和盈利概念，誇大未來的盈利預期。然而盈利空間是否真如上市公司所說的那樣巨大，未來盈利預期是否真的能如上市公司所宣揚的那般豐厚？這只能有待未來發展實踐的檢驗。目前只有相關專家學者進行專業分析才能得出較客觀的結論。普通投資者由於學識有限，是無法對此進行專業判斷的，這就容易被上市公司所拋出的盈利概念和「虛構」的盈利前景蠱惑，紛紛炒作股票，而且從單純賺取差價變為炒預期、炒概念，不僅加大自身的非理性行為，也推高了股價，使得市盈率變為「市夢率」，增加股市風險。

3. 信息污染

會計信息生態系統信息污染主要表現在虛假會計信息、冗餘會計信息和過時會計信息三個方面。隨著計算機網絡化的快速發展和全面普及，會計信息能夠根據不同渠道進行分析和傳遞，而由於每個會計信息使用者能力和知識水準的不同使得他們對會計信息領悟和理解存在差異，同時信息使用者還會通過網絡將大量信息進行共享和交流，這使得大量錯誤信息在網絡傳播，給一些會計信息使用者帶來極大的困擾。會計信息使用者往往需要耗費大量的精力、財力對會計信息進行分析和整理，從中找出對自身有價值和能夠使用的正確會計信息。與此同時，企業對外披露相關財務報表時希望通過對財務信息的披露產生一定的經濟收益。企業對外披露會計信息越充分越能夠增強自身的市場競爭實力，占據更多的市場銷售份額。然而，這種認識存在一定的局限性，不同資本市場環境下的會計信息取得的效果不同。企業對外披露的會計信息越多，越可能給一些專業能力和操作水準差的會計信息使用者造成困擾，過多的會計信息只會造成信息浪費和污染，這對信息生態系統下的會計信息應用非常不利。

會計信息污染的典型表現就是會計舞弊。其會導致會計系統生成的信息必然帶有虛假性，使得會計信息披露也必然存在不真實問題。另外誤導性陳述、虛假披露，這些主要體現在信息披露文字的不當使用和故意脫離實際的描述上，也會對相關利益人帶來誤導進而產生負面效果。上市公司披露不真實的例子有很多，例如近年的皖江物流2012—2013年通過虛增收入使虛增利潤達到了上億元；南紡

股份在2006—2010年連續5年虛構利潤,而且虛構利潤占全部利潤的比重逐年升高,實際上南紡股份這幾年真實經營績效為虧損,2010年虛構利潤達到了5,800多萬元,而這一財務造假僅受到證監會的行政處罰。

4. 信息壟斷

信息壟斷是由於信息資源存在獨享性和專屬性特徵而產生的一種狀態。信息壟斷與其他壟斷形式相比,同樣具有一定的危害性和非公正性,會嚴重阻礙社會經濟的發展與進步。由於使用者與生產者的存在,使得會計信息分配存在不均衡性,導致一部分人慢慢失去相關的會計信息資源,而另一部分人資源的掌握程度大幅度增加,這種情況的快速發展形成了會計信息壟斷。會計信息內部人主要是由收集、分析和處理企業財務信息的管理者和會計工作人員組成,企業其他人員則視為外部人。由於企業內部人比外部人更多地瞭解和掌握企業會計信息,因此能夠主導會計信息的發展方向。內部人通過利用會計信息數據來取得不法收入的,會損害企業或外部人的經濟利益,進而影響和破壞整個市場經濟的公平、公正,降低會計信息的利用率和準確性。

相關法律法規、會計規範要求企業的經營信息均應在財務報告中予以披露,要做到內容充分、完整。但在實際披露中存在以下問題:第一,披露有關信息時說法和措辭含糊、模棱兩可、避重就輕,對關鍵問題含糊其辭。第二,選擇性披露,不利的事實不披露,對公司利好的信息過分披露。很多上市公司在信息披露中存在選擇性披露的問題,使得信息披露不完整,且摻雜很多無關信息。第三,對於重大事項和關聯事項的披露,存在語焉不詳、披露不充分的問題,這容易對信息使用者造成誤導,導致對上市公司經營判斷出現失誤。

近年的典型案例有:上市公司青鳥華光在2007—2012年沒有按照規定披露公司的實際控制人,另外對於關聯方與子公司的購銷交易這一無商業實質的關聯方交易並沒有加以披露,導致這幾年的營業收入被虛增,屬於信息披露違法。上市公司上海超日沒有按照規定披露境外收購光伏電站項目和境外簽訂的協議,以及銀行貸款股權質押情況等信息也沒有披露,而且對於已售太陽能組件調減價格也並未及時對外公告,違反了重大事項應當及時披露的法律規定。紫鑫藥業隱匿與7家公司的關聯交易而受到證監會處罰,等等。

(二) 會計信息生態系統危機的危害

其一,降低會計信息利用率。會計信息生態系統達到平衡狀態時,信息主體與信息環境之間才能彼此實現相互協調,才能充分發揮出會計信息資料的重要作用。一旦會計信息生態系統這種平衡狀態被破壞,則會極大地降低會計信息資源的應用效果。會計信息利用率受信息污染程度的影響,信息污染程度越嚴重,取得的有用會計信息越需要耗費更多的成本和時間,從而阻礙彼此交流,損害合法利益。其二,會計信息生態平衡的打破,使得會計信息正常傳遞和應用受到極大的限制和阻礙。信息作為信息主體和信息環境彼此相關聯的重要紐帶,其一旦出現問題,則會使得整個紐帶出現斷鏈現象。會計信息的超載、失真、冗餘等會計

信息問題，降低了會計信息的價值，進而制約了信息有用性，誤導會計信息使用者的正常應用。其三，破壞市場公平原則。由於會計信息的信用性是在市場經濟環境下形成的，其需要在公平競爭的市場環境中進行。虛假會計信息流入市場經濟中，則會破壞市場公平原則，進而影響並破壞整個市場經濟的持續、穩定發展。

(三) 會計生態系統危機的成因

首先，中國會計準則存在同國際會計準則趨同的傾向。在實際經營權和所有權不相同的情況下，會計準則指導企業經營管理者向企業股東或信息使用者所提供的相關會計信息。會計準則作為規範企業經營的重要標準，其制定應視當前國家的經濟形勢和國情而定。然而，由於當前會計環境要素的複雜化和多元化，使得很多企業盲目追求利益最大化，對不同時期、不同地區的社會經濟情況較為忽視，法律、法規等相關制度難免受到一定程度的影響。中國會計準則如果只是為了趨同而趨同，並不從實際國情和經濟環境方面考慮，則在會計信息產生過程中帶來極大的阻礙和問題。

其次，外部監督管理力度不足。中國政府通過立法和執法對會計信息生態系統各流程進行了合理化規範，然而，由於一些執法部門職能重複導致政出多頭，反而監管責任不明確，其在會計信息監督管理方面存在明顯問題，致使外部監督管理力度不足，未能充分發揮其監督管理的重要作用，不能為會計信息質量提供保障。當前很多上市公司、企業存在會計信息虛假現象，其為達到某些目的或使實際經濟收益最大化而粉飾財務報表，對外披露虛假會計信息，誤導會計信息使用者，使社會群眾遭受巨大經濟損失。

最後，會計信息倫理失衡。會計信息倫理失衡對信息生態穩定造成重大影響。信息倫理對道德層面的信息活動、人的行為等方面有著一定的約束力，進而協調信息相關者彼此之間的關係。科學地規範會計信息倫理，才能提供準確、有效的會計信息，也才能對會計信息行為展開靈活運用。會計信息倫理規範標準的形成和發展，與社會道德面貌和文化氣息有著重要關係。在會計信息倫理規範體系尚未建立和完善前，不規範的會計信息行為不能對職業道德進行較好的約束，進而造成大量會計信息污染，對會計信息的正確應用和傳播造成困擾。

現如今，財務造假和信息披露違規已成為 A 股上市公司的痼疾，難以治愈。違法違規的成本極低，導致不少上市公司喪失會計倫理，通過財務造假實現不當獲利目的。另外中國資本市場上投資者對於上市公司的監督意識也不夠，反過來，上市公司對作為股東的投資者也缺乏起碼的尊重。這形成了一種惡性循環，投資者不關心公司經營活動，上市公司大股東漠視甚至故意踐踏投資者利益。這些因素導致很多上市公司敢於進行會計造假來製造虛假財務信息。

三、生態平衡目標下會計信息生態的規範化對策

(一) 構建會計主體能力的生態保障

首先，應當強化會計信息生產者的職業道德。會計信息生產者作為會計信息

產生的根本，其是會計信息活動的初始。因此，對會計信息生產者進行合理有效的監管，會對整個會計信息的產生和傳遞起到重要的作用。相關監管部門應通過採取適當的控制措施，確保會計信息在傳遞過程中的準確性和真實可靠性。比如，制定規範的相關會計準則、工作流程和方法，嚴格要求真實、全面地對外披露相關會計信息內容，特別是滿足會計信息使用者對信息質量和內容的要求，以國家相關會計法律法規和職業道德規範為基準，提供有效的會計信息進而滿足會計信息使用者的需求。其次，提高會計信息傳播者的能力。會計信息在生產者到需求者之間存在一個重要環節，這個環節對會計信息質量起到了決定性的作用，即會計信息的傳播者。會計信息傳播者及時接受來自外部的全部信息，並根據信息使用者需求提供不同的相關會計信息，對相關會計信息進行優化和處理。最後，完善會計信息監管者職能。建立健全會計信息監督管理體系，通過發揮監督管理職能來有效解決會計信息存在的主要問題，建立統一的監督管理部門，對接收到的全部會計信息進行分類和檢查，進而確保和提高會計信息的真實性、完整性。通過對會計信息的全面檢查，將會計信息進行再分解和過濾，從而將虛假、污染的會計信息排除，保持和提高會計信息的質量。另外，要提高中國社會民眾對於上市公司財務舞弊的自覺維權意識，通過發動群眾的力量來實施全方位無死角的舞弊監管體系，例如「吹哨人制度」就是一個很好的群眾監管方式。

（二）會計信息資源生態構建

其一，樹立會計信息開發利用的生態化意識。全球經濟一體化進程的不斷發展，使得相關法律法規也不斷隨之完善，會計信息資源的開發和利用逐漸轉向專業化和價值最大化。加強會計信息的應用，充分發揮其重要價值和作用。政府應把實事求是原則作為會計信息資源生態構建的基礎，並以此建立符合中國當前國情和經濟情況的規範要求。對外披露相關會計信息的生產者應對難以理解和解決的問題進行處理，並對數據信息進行合理化整合，通過附註或註釋的方式來滿足會計信息使用者對會計信息的需求。其二，構建會計信息開發利用的生態模式。在開發會計信息資源過程中，應當針對不同會計信息的傳遞採取合理的防範和有效的控制，確保會計信息真實、可靠。也就是說，應當對會計信息資源的取得渠道，進行科學的、有效的篩選，防止會計資源被拷貝或污染現象發生，杜絕和防止錯誤信息流入會計信息資源中，進而確保會計信息質量。其三，構建會計信息共享的網絡體系。隨著計算機網絡技術的不斷發展和廣泛應用，越來越多的企業選擇利用計算機網絡來取得、存儲和分析相關會計信息，並通過構建會計信息網絡體系，實現信息的共享和交流，方便會計信息使用者取得相關信息和對其進行分析。要強化中國註冊會計師審計制度，充分發揮註冊會計師對會計工作和報表的審查能力，尤其要注重對註冊會計師違規審計責任的追究，使其能夠切實起到對會計信息的審查、分析等再加工作用。應當修訂現行的《中華人民共和國註冊會計師法》，促使註冊會計師實行自我監督，有效保證審計質量。同時，整合現有法律法規，學習國外的先進經驗，將會計責任和審計責任納入到更高級的法律體

系中來。

（三）會計信息生態環境的構建

會計信息生態環境構建應從兩方面加強。一方面，應當制定合理的會計制度倫理。在會計制度制定中以倫理精神為核心，並確保其具備公平性、公正性和合理性。加強會計工作人員的職業道德建設，形成良好的社會道德環境和風範，提高會計信息生態系統工作水準。以中國當前實際國情為出發點，在宏觀經濟方面，加強會計信息披露質量，維繫市場經濟環境秩序和構建健康的社會道德環境，從整體上對會計信息生態道德環境建設進行加強。另一方面，實現會計信息交流多元化。會計信息的傳播和使用取決於相應的會計信息傳遞方式，會計信息交流方式把信息使用者與信息聯繫在一起，對會計信息生態平衡起到決定性作用。現代化科學技術的發展和完善，極大地加快了會計信息的取得速度和運用範圍。我們應通過利用多元化渠道來充分發揮信息傳播的時效性和影響力，進而提高信息生態系統下的會計信息的開發與傳播，促進社會經濟和企業的良性發展。

參考文獻：

[1] 靳能泉. 中國會計生態化發展的表現和經驗 [J]. 企業經濟，2010（10）：160-164.

[2] 靳能泉. 會計生態的問題分析及改善對策 [J]. 生態經濟（學術版），2009（1）：191-195.

[3] 施小閩. 關於會計生態的問題分析及改善對策 [J]. 現代行銷（學苑版），2012（1）：124-125.

基於層次分析法的企業內部審計評價研究

李光緒

一、中國企業內部審計質量的現狀

（一）內部審計模式滯後

傳統的監督型審計正在向管理型審計轉變。企業內部審計工作的重點不應僅僅是監督，還應為企業管理決策提供支持，這就要求事後審計向事前審計、事中審計延伸，將內部審計覆蓋整個企業管理活動，將審計的「秋後算帳」轉變為「防患於未然」「防微杜漸」，這對於降低企業損失和提高內部審計的有效性都具有重要意義。根據對兩湖地區432家企業內部審計的調查問卷的統計情況顯示，約21.88%的企業只進行事後內部審計，其中，沒有獨立的內部審計的企業有50.12%；以事後審計為主，部分業務採用事中審計、事前審計的企業占到49.78%；只有28.34%的企業建立起了較為系統的事前、事中、事後審計，基本達到全面審計的要求。由此可見，中國企業內部審計在審計模式上總體上比較滯後，影響了企業內部審計工作質量的提高。

（二）內部審計準則的執行情況

中國會計準則是由財政部組織制定並頒布實施的。外部審計準則由中國註冊會計師協會制定，財政部頒布實施，與此不同的是，中國內部審計準則由中國內部審計協會制定並發布實施，不具有強制性和權威性，這也導致內部審計準則的執行情況不容樂觀。儘管多數企業制定了內部審計制度，但落到實處的企業並不多，企業內部審計與內部控制一樣往往淪為一種擺設。

（三）內部審計機構的設置情況

通過內部審計機構的設置情況，可大體上瞭解企業內部審計的獨立性。機構獨立與人員獨立是保證內部審計獨立性的兩個基本條件。從問卷調查的情況來看，設置獨立的內部審計機構的企業有63家，占被調查企業總數的18.98%，將內部審計與其他部門合併設置的有169家，占被調查企業總數的50.87%，而沒有設置內部審計機構的企業占30.15%。與此相對應的是，內部審計人員的配置不能滿足獨立審計的要求，其內部審計人員往往隸屬於財務部門，其工作受到財務部門、紀檢部門的領導，很難做到獨立審計。由此可見，內部審計獨立性不強的問題仍然

比較突出，是導致內部審計質量不高的重要因素。

從中國企業內部審計的現狀看，內部審計質量總體不高，發展不平衡的特點比較突出。一些企業充分認識到了內部審計的重要性，能夠對內部審計準確定位，從制度上、機構設置上保證內部審計的獨立性，實現了由財務審計向效益審計的轉變，也有部分企業正在向風險導向型審計轉變。但未設置內部審計機構，或者雖設置了內部審計機構但其獨立性不強的問題仍然比較突出，這些都成為制約內部審計發揮其作用的障礙。

探索和開展以效率和效益提升為目標的內部審計工作，提高內部審計質量成為當前企業內部控制工作的重點，而面臨複雜多變的經營管理環境，做好內部審計評價顯得尤為重要。內部審計工作具有計劃性強、目標明確、專業技術性強等特徵，在內部審計工作中引入績效管理，開展內部審計績效評價和考核，對於提高審計效率，實現內部審計的價值增值功能具有重要意義。基於上述考慮，本文在研究過程中側重於從內部審計效率和內部審計效益兩個方面來考察和衡量內部審計績效，其中，內部審計效率側重於從內部審計自身來提取指標，是一種直接評價；而內部審計效益側重於從內部審計的價值增值方面來衡量，是一種間接評價。通過這些指標，能夠較為全面地反應企業內部審計績效，為內部審計質量控制提供參考。

二、內部審計評價模型選擇與構建

（一）層次分析法原理及特點

層次分析法的基本原理是按照人們決策的基本過程，即分解、判斷、綜合，將問題層次化，最高層次為要解決的問題，即層次分析法的目標，然後按照問題的性質將其分解為下一層次，再根據研究需要進一步分解，從而形成一個多層次的分析結果模型。層次分析法的關鍵在於確定各指標相對於其上一指標的重要性權值，其測度原理是按照指標兩兩比較的相對重要程度，實現對不可定量因素的計量。

層次分析法具有如下特點：①系統性強。層次分析法要求使用者理清分析對象的各個影響因素，並按照彼此之間的聯繫建立起層次遞進的系統結構，以清晰地反應各相關因素的相互關係，這與系統分析原則是一致的。②適用性廣。企業管理決策往往涉及許多無法計量的因素，層次分析法通過相對重要性的測度方法，實現了定性和定量的結合，使得其應用範圍大大擴展。③簡便易用。層次分析法的評判過程通俗易懂，且在計算機及相關軟件的輔助下，層次分析法的計算快速、方便，結果簡單明確，易於掌握應用。

（二）層次分析法的一般步驟

（1）建立系統的遞階層次結構。這是層次分析法的關鍵步驟，影響因素提取是否準確，分類是否合理，都直接影響著層次分析的結果。層次結構的方法即可以由最高的目標層向下層次分解，也可以將影響目標的因素逐一列出，然後根據

屬性將其歸類。

(2) 構造判斷矩陣。在確定層次結構後，確定了上下層之間的隸屬關係，然後，需要做的工作就是確定某一層次的影響因素 A 下屬的 A_1, A_2, ……, A_n 等影響因素的值。層次分析法採用 1~9 標度法（見表1）來解決這一問題。

表 1　　　　　　　　　　層次分析法 1~9 標度法

標度	定義及說明
1	兩個元素對某個屬性具有同樣重要性
3	兩個元素比較，一元素比另一元素稍微重要
5	兩個元素比較，一元素比另一元素明顯重要
7	兩個元素比較，一元素比另一元素重要得多
9	兩個元素比較，一元素比另一元素極端重要
2、4、6、8	表示需要在上述兩個標準之間折中時的標度
$1/a_{ij}$	兩個元素的反比較

根據上述方法構造判斷矩陣：

$$A = \begin{bmatrix} a_{11} & \cdots & a_{1n} \\ \vdots & \ddots & \vdots \\ a_{m1} & \cdots & a_{mn} \end{bmatrix}$$

其中，a_{ij} 表示第 i 個因素相對於第 j 個因素對屬性 A 的相對重要性程度，並按照 1~9 標度法確定其近似值。當 $a_{ij} > 0$，$a_{ij} \times a_{ji} = 1$，顯然，當 $i = j$ 時，$a_{ij} = 1$。

(3) 確定各因素的相對權重。在得到判斷矩陣 A 後，通過方程：$Aw = \lambda_{max} w$ 求得最大特徵值 λ_{max} 和特徵向量 w，並根據正規化後的 w 作為元素 A_1, A_2, ……, A_n 在準則 A 下的排序權重。

(4) 一致性檢驗。對排序結構的合理性進行檢驗，檢驗指標包括：

①一致性指標 C.I.。

$C.I. = \dfrac{\lambda_{max} - n}{n - 1}$，其中 n 為判斷矩陣的階數

②平均隨機一次性指標。

R.I.通過查表獲得，見表2。

表 2　　　　　　　平均隨機一致性指標 R.I.

階數	1	2	3	4	5	6	7	8	9	10	11	12
R.I.	0	0.01	0.52	0.89	1.12	1.26	1.36	1.41	1.46	1.49	1.52	1.54

③一致性比例。

$C.R. = \dfrac{C.I.}{R.I.}$

當 C.R. < 0.1 時，認為判斷矩陣具有令人滿意的一致性，否則，需要對判斷矩陣進行調整。

（5）確定各層次因素的組合權重。通過計算得到各因素相對於總目標的優先順序權重，在經過一致性檢驗後可據以進行比較決策。

三、內部審計績效評價指標的選擇

（一）構建目標與原則

構建內部審計績效評價的目標是保證內部審計工作與企業經營目標的一致性，通過提高內部審計工作效率，實現其價值增值功能。為此，在構建內部審計評價體系時需要遵循以下原則：①價值增值原則。內部審計評價必須以實現組織價值增值為導向，這是內部審計績效評價、考核的根本出發點和落腳點。②戰略導向原則。內部審計評價必須服務於企業戰略目標，這也是導致企業由內部控制審計向內部風險管理轉變的重要原因。③可操作性原則。可操作性是指內部審計評價必須有可靠的指標作為支撐，而且這類指標能夠有足夠的基礎信息作為支持。這就要求內部審計評價指標必須與企業生產經營實際相適應，使指標具有代表性，從而既能兼顧全局又能突出重點。④成本效益原則。企業實施內部審計評價的收益大於其成本。只有一項成本支出所獲得的收益大於成本，該項支出才是合理的。⑤動態修正原則。內外部經營環境的變化、組織目標的調整都要求內部審計評價體系具有一定的彈性，從而更好地服務於企業經營管理需要。⑥定量定性結合原則。定性指標信息含量大、表達方式靈活、多樣，定量指標直觀、可對比，要客觀公正地反應內部審計績效水準，就必須將兩者有機結合起來發揮各自的優勢。

（二）內部審計績效指標體系的設立

在考慮內部審計績效時，本文主要從內部審計效率和內部審計效益兩個方面來考慮。內部審計要發揮作用，必須保證自身的合規性、效率性，然後才能實現其效益性，其中，合規性、效率性是對內部審計自身的要求，而效益性則是內部審計價值增值功能的體現。同時，結合國內外有關內部審計績效的研究，在內部審計「3E」（即經濟性、效率性和效果性）的基礎上，將內部審計績效考評指標劃分為審計效率指標和審計效益指標。根據內部審計特點、實施情況等，在審計效率指標下設置審計範圍、審計計劃完成率、審計執行率、審計建議採納率、審計整改率、被審計部門反饋率6個下級指標。在審計效益指標下，設置審查出違規金率、審查出損失浪費金率、資源節約率、經濟增收率、經濟損失降低率5個下級指標。各個層級指標名稱級說明見表3、表4和表5，在進行上述劃分後，就形成了由這些指標構成的層次結構模型。其中，內部審計績效作為整個評價體系的最終目標構成目標層，審計效率和審計效益構成影響目標決策的準則層，影響決策目標的各個詳細指標構成指標層。

表 3　　　　　　　　　　內部審計評價目標層與準則層

評估項目	指標名稱	指標說明
內部會計審計評價	審計效率	衡量內部審計的運行效率如何，是對企業審計的直接評價指標
	審計效益	衡量內部審計對企業經濟收益的促進作用，是對企業審計的間接評價指標

表 4　　　　　　　　　　內部審計效率指標體系及說明

評估項目	指標名稱	指標說明
內部審計效率	內部審計範圍	企業內部審計部門審計範圍的大小
	內部審計計劃完成率	企業內部審計部門對年度審計計劃的完成情況
	內部審計執行率	企業內部審計部門對年度計劃外的審計業務的執行情況
	內部審計建議率	企業內部審計部門通過核查發現問題並提出整改方案的數量占審計部門數量的比率
	內部審計整改率	企業內部審計部門通過提出的審計整改建議被執行的數量占所有整改建議的比率
	內部審計反饋率	被審計部門和單位對企業內部審計提出反饋建議的比率

表 5　　　　　　　　　　內部審計效益指標及說明

評估項目	指標名稱	指標說明
內部審計效益評價	審查出違規金率	反應內部審計通過審計活動發現企業內部存在違規使用資金的情況
	審查出損失浪費金率	反應企業內部審計部門發現企業內部存在的資金使用不科學、不合理的情況
	資源節約率	反應內部審計活動帶來的日常經營活動資金節省情況，側重於從成本降低角度考察
	經濟增收率	反應內部審計活動帶來的日常經營活動資金增加情況，側重於從收益增加角度考察
	經濟損益率	反應內部審計活動帶來的非日常經營活動損失或利得的變化情況

四、基於 AHP 法的企業內部審計評價過程

（一）企業內部審計績效指標的量化處理

我們將內部審計績效的關鍵指標分為四個等級，即優、良、中和差，由於初始指標不具備可比性，無法對內部審計績效進行綜合評價。設初始指標為 n，從而量化指標 $r_n = 1 - 0.2_n$（$n = 1, 2, 3, 4$），得到的量化指標值見表 6。

基於層次分析法的企業內部審計評價研究

表6　　　　　　　　　　　　量化指標值

n	優	良	中	差
r_n	0.8	0.6	0.4	0.2

對照量化指標值，定量處理指標值，根據問卷調查的結果，求得企業內部審計各關鍵指標，計算公式為：

$$r=(\sum_{i=1}^{n} r_n)/n$$

計算結果見表7。

表7　　　　　　　　　內部審計關鍵指標的量化結果

績效指標	1	2	3	4	5	6	7	8	9	10	11
r	0.46	0.52	0.61	0.43	0.54	0.56	0.42	0.48	0.61	0.61	0.44

（二）內部審計績效指標的判斷矩陣構造

層次分析法的第一步是將每一層次下各影響因素相對於其所屬指標的重要程度進行兩兩比較，並按照1-9標度法進行賦值，通過參考國內內部審計績效評價的有關研究結論，並結合國內內部審計專家的意見，將所得數據進行整理得到如下有關內部審計效率、內部審計效益以及內部審計績效的判斷矩陣（分別見表8、表9和表10）。

表8　　　　　　　　　　　審計效率判斷矩陣

審計效率	內部審計範圍	內部審計範圍	內部審計範圍	內部審計範圍	內部審計範圍	內部審計範圍
內部審計範圍	1	0.85	0.47	0.84	0.33	0.49
內部審計計劃完成率	1.17	1	0.48	0.81	0.53	2.86
內部審計執行率	2.13	2.08	1	0.87	0.47	0.75
內部審計建議率	1.19	1.23	1.19	1	1.12	1.49
內部審計整改率	3.07	1.89	2.13	0.89	1	3.03
內部審計反饋率	2.03	0.35	1.33	0.67	0.33	1

表9　　　　　　　　　　　審計效益判斷矩陣

審計效益	審查出違規金率	審查出違規金率	審查出違規金率	審查出違規金率	審查出違規金率
審查出違規金率	1	2.63	1.27	2.7	2.04
審查出損失浪費金率	0.38	1	0.88	1.75	1.28
資源節約率	0.79	1.13	1	0.36	0.92
經濟增收率	0.37	0.57	2.78	1	0.69
經濟損益率	0.49	0.78	1.09	1.45	1

表 10　　　　　　　　　　內部審計績效判斷矩陣

關鍵領域	審計效率	審計效益
審計效率	1	2.87
審計效益	0.35	1

（三）內部審計績效評價指標權重

設內部審計效率判斷矩陣為 A，矩陣特徵向量為 λ_{max}，特徵向量為 w，計算相關指標的權重，過程如下：

（1）審計效率指標權重。第一，設定審計效率判斷矩陣為 A，採用和積法將判斷矩陣 A 列規範化（見表 11）：

表 11　　　　　　　　　　判斷矩陣

0.094,327	0.153,258	0.084,131	0.178,435	0.062,144	0.049,732
0.112,782	0.147,493	0.074,103	0.167,446	0.145,103	0.296,224
0.234,133	0.202,641	0.150,935	0.168,201	0.127,063	0.072,164
0.132,372	0.161,069	0.179,612	0.197,559	0.291,173	0.157,729
0.279,896	0.252,461	0.322,491	0.170,928	0.269,644	0.315,389
0.191,691	0.046,727	0.201,743	0.137,665	0.084,983	0.101,787

第二，計算判斷矩陣的特徵向量 W。

$$\overline{W}_1 = \sum_{j=1}^{6} \overline{a}_{1j} = 0.574,8$$

$$\overline{W}_1 = \sum_{j=1}^{6} \overline{a}_{1j} = 0.926,1$$

$$\overline{W}_1 = \sum_{j=1}^{6} \overline{a}_{1j} = 1.020,1$$

$$\overline{W}_1 = \sum_{j=1}^{6} \overline{a}_{1j} = 1.117,8$$

$$\overline{W}_1 = \sum_{j=1}^{6} \overline{a}_{1j} = 1.592,3$$

$$\overline{W}_1 = \sum_{j=1}^{6} \overline{a}_{1j} = 0.697,8$$

$$\overline{W}_1 = \sum_{j=1}^{6} \overline{a}_{1j} = 0.574,8$$

由此可得向量 W

$$\overline{W} = [\,0.574,8\quad 0.926,1\quad 1.020,1\quad 1.117,8\quad 1.159,2\quad 0.697,8\,]^T$$

正規化後所得特徵向量：

$$\overline{W} = [\,0.097,4\quad 0.152,7\quad 0.167,0\quad 0.184,9\quad 0.270,6\quad 0.127,4\,]^T$$

第三，計算判斷矩陣的最大特徵根 λ_{max}。

由 $AW = \begin{bmatrix} 0.612,6 \\ 1.004,4 \\ 1.070,4 \\ 1.181,6 \\ 1.764,7 \\ 0.813,9 \end{bmatrix}$ 得到：

$\lambda_{max} = \sum_{j=1}^{6} \frac{(AW)_i}{6W_i} = 0.612,6/(6 \times 0.097,4) + 1.004,4/(6 \times 0.152,7) + 1.070,4/(6 \times 0.167,0) + 1.181,6/(6 \times 0.184,9) + 1.764,7/(6 \times 0.270,6) + 0.813,9/(6 \times 0.127,4) = 6.234,7$

第四，一致性檢驗。

$C.I. = \frac{\lambda_{max} - n}{n - 1} = (6.234,7-6)/5 = 0.046,9$

查表4.2平均隨機一致性指標 R.I.，由 n=6 查得 R.I.=1.26，求得 C.R.值：
C.R.=C.I./R.I.=0.046,9/1.26=0.037,2<0.1，符合一致性檢驗。

第五，確定內部審計效率指標權重（見表12）。

表 12　　　　　　　　內部審計效率指標權重

審計效率	指標權重值	權重百分比
內部審計範圍	0.095,8	9.03%
內部審計計劃完成率	0.163,4	14.17%
內部審計執行率	0.171,2	17.61%
內部審計建議率	0.193,1	18.49%
內部審計整改率	0.240,8	27.16%
內部審計反饋率	0.135,7	13.54%

$\lambda_{max}=6.519,3$, C.I.=0.103,8, R.I.=1.26, C.R.=0.082,4<0.1，符合一致性檢驗。

（2）內部審計效益指標權重。根據企業內部審計經濟效益指標的重要性權重表和內部審計績效關鍵領域的重要性權重表分別如表13和表14所示。

表 13　　　　　　　　內部審計經濟效益指標權重

經濟效益	指標權重值	權重百分比
違規金率	0.341,1	33.24%
損失浪費金率	0.169,9	18.34%
資源節約率	0.160,1	15.75%
經濟增收率	0.169,3	17.41%
經濟損益率	0.159,6	15.26%

λ_{max} = 5.406,8，C.I. = 0.101,7，R.I. = 1.12，C.R. = 0.090,8<0.1，符合一致性檢驗。

表 14　　　　　　　　　內部審計績效指標權重表

關鍵指標	指標權重值	權重百分比
審計效率	0.742,7	74.27%
審計效益	0.257,3	25.73%

λ_{max} = 2.012,4，C.I. = 0.012,4，C.R. = 0.0，滿足一致性指標。

（3）各指標的綜合權重。根據上述計算確定內部審計評價指標權重，見表15。

表 15　　　　　　　　　內部審計績效評價指標的權重

準則層	權重	指標層	權重
審計效率	74.27%	內部審計範圍	9.03%
		內部審計計劃完成率	14.17%
		內部審計執行率	17.61%
		內部審計建議率	18.49%
		內部審計整改率	27.16%
		內部審計反饋率	13.54%
審計效益	25.73%	違規金率	33.24%
		損失浪費金率	18.34%
		資源節約率	15.75%
		經濟增收率	17.41%
		經濟損益率	15.26%

（4）企業內部審計績效綜合評價。結合上述表格內容，M公司內部審計評價值：p = 74.27% × (0.47 × 9.03% + 0.53 × 14.17% + 0.60 × 17.61% + 0.44 × 18.49% + 0.53 × 27.16% + 0.57 × 13.54%) + 25.73% × (0.4 × 33.24% + 0.47 × 18.34% + 0.62 × 15.75% + 0.6 × 17.41% + 0.47 × 15.26%) = 0.501,402。

（四）內部審計評價結論總體結果

從企業內部審計績效評價值來看，所選擇樣本企業的得分為0.501,402，滿分為1，表明樣本企業的內部審計績效總體水準一般，這與中國企業內部審計現狀基本吻合。

具體指標的分析如下：

（1）審計效率。從具體指標權重值來看，審計效率權重為74.27%，審計效益權重為25.73%，這表明內部審計要實現其價值增值功能，必須從提高內部審計質量入手。

在影響審計效率的指標當中，內部審計整改率所占比例最高，為27.16%，這

表明內部審計效率的提高必須堅決抓落實，看行動，否則，內部審計的建議與整改方案只能是一紙空文。內部審計建議率權重為 18.49%，表明內部審計必須盡快實現職能轉變，不僅要能發現問題，還應能夠為解決問題出謀劃策。內部審計反饋率的權重為 13.54%，表明接受內部審計的部門如果能夠與內部審計部門密切配合，將能大大提高內部審計工作質量，這也是為什麼提倡全員審計的原因之一。內部審計劃完成率與內部審計執行率反應一個企業內部審計部門在處理常規、計劃業務與非常規、突發性業務時的能力，從權重指標來看，應對突發性、非常規審計業務的能力比企業執行常規審計劃能力更重要，因為，很多違規、違法業務都考慮了如何規避日常審計。

（2）審計效益指標。審計違規使用資金、不合理使用資金情況所占的比重分別為 33.24% 和 18.34%，這表明保證企業業務的合規性、合理性仍是內部審計工作的基礎，這項工作搞不好，不僅不能實現價值增值，還會造成企業資產流失，給企業帶來極大損害。資源節約率、經濟增收率、經濟損益率三項指標分別反應了內部審計在降低成本、增加收入和非經常性損益方面的作用，從三項指標的比重看，三者具有同等重要的作用，但需要注意的是降低成本和增加收入作為日常性經營項目，其基數大，而非經常性項目發生概率小，因此基數小，這說明非經常性項目在內部審計過程中更敏感，應該作為內部審計重點進行審計。

五、企業內部審計質量提高的對策建議

（一）內部審計機構設置

目前，中國企業內部審計機構多數與財務、紀檢部門合併設立，並隸屬於其他部門，這種隸屬關係導致內部審計工作受到多方關係的影響，缺少開展獨立審計的權限。因此，在內部審計機構設置上要努力保證內部審計機構的獨立性，這是提高內部審計質量，發揮內部審計作用的組織保證。內部審計機構獨立性的提高要求企業管理層充分認識內部審計的重要性，重視和支持內部審計工作建設，科學定位內部審計地位。企業要加強對內部審計工作的宣傳，使企業員工充分認識內部審計的作用，對其價值增值功能、管理職能有清醒的認識，尤其是隨著企業規模的擴大，內部審計在企業組織管理中的作用將會越來越大。提高企業對內部審計的支持，形成全員參與、貫穿全程的內部審計體系是提高內部權威性、獨立性的重要外部條件。應提高內部審計機構的組織地位，將內部審計部門作為直屬於企業董事會的機構，設置內部審計委員會，制訂並實施年度審計計劃，按照董事會的要求實施各項專項審計。內部審計委員會應設置內部審計長一名，內部審計專員若干，內部審計機構規模應根據企業業務活動數量、企業規模等確定。

（二）內部審計人員配備

內部審計工作的組織實施都離不開內部審計人員的努力，只有配備高水準的人才才能發揮內部審計的最大效用。針對當前內部審計人員存在的突出問題，內部審計工作要從人員配備上入手，從而提高內部審計工作質量。①內部審計人員

的任用。內部審計人員任用要解決好人才選拔和使用的問題。內部審計職能的轉變對內部審計人員提出了新的要求。內部審計人員要適應工作要求，不斷提升自身的業務素質，使自己的角色由監督者向管理者轉變。企業應重視內部審計人員的選拔、任用，改變將內部審計作為閒置人員安置崗的情況，將責任心強、業務能力強的人員安排到內部審計崗位上。人員的選用應綜合權衡，既要重視外部引進，也要重視內部培養。②重視內部審計人員的培訓。企業業務活動是不斷變化的、複雜多樣的，內部審計人員必須通過持續學習進行知識更新，才能適應工作需要。因此，加強內部審計人員的培訓是內部審計隊伍建設的重點。內部審計人員的培訓包括職業道德素質教育和專業技能培訓兩個方面。加強內部審計人員的職業道德教育是提高內部審計人員思想素質，恪守審計原則的必要保證，使其在內部審計工作中真正做到獨立、客觀。業務能力培訓是保證內部審計人員更新審計業務知識、增強審計技能的客觀要求。在組織實施培訓工作時，要力求實現知識最新、技能最優，保證內部審計人員瞭解和掌握最前沿的審計知識和技能，還要根據企業實際情況開設課程。內部審計人員的培訓還應重視外部培訓，鼓勵內部審計人員參加專業性的審計培訓、講座、遠程教育等，條件具備的，還可以參加當地審計協會組織，參加內部審計協會組織的各種培訓。

(三) 內部審計質量控制程序

內部審計質量控制程序主要包括以下幾方面內容：①內部審計計劃準備控制。內部審計計劃準備包括項目選擇、時間安排、任務分解、人員安排及相關資料收集等方面。計劃準備工作是否到位不僅會影響到內部審計工作的效率，進而影響內部審計工作進度，還會影響到內部審計工作的質量。在做好內部審計計劃準備工作的基礎上，內部審計要抓住重點，以點帶面，將企業有限的內部審計資源用於企業關鍵的內部審計項目上。要嚴格按照審計計劃的安排，按照進度開展各項工作，統籌規劃，促進各項工作齊頭並進。要做好各項內部審計工作的分解，明確不同人員的責任，明確分工，合理安排。②內部審計實施過程控制。內部審計實施過程就是內部審計證據收集整理的過程。證據收集要根據每項項目的難易程度、時間安排、重要程度，制定內部審計證據收集的範圍和技術方法等。要做好內部審計日記和審計工作底稿，加強內部審計軌跡和過程的記錄，是降低內部審計風險的有效措施。審計日記有利於進行審計計劃執行情況的檢查，有利於對以往審計事項進行核查、反饋，以更好地發現問題，及時解決問題。審計工作底稿應載明內部審計通知書、項目審計計劃、審計方案和調整記錄。要記錄審計程序的執行過程和結果、獲取的各種類型的審計證據以及其他與審計事項有關的內容。做好內部審計工作底稿的分級復核工作，確保審計計劃完成。③內部審計報告控制。內部審計報告的編製要本著客觀、公正的原則，清晰、明確地對審計項目事實和問題進行描述，對內部審計結果定位要恰當，出具的審計建議要具有可行性，能夠對企業經營管理活動的改進具有指導作用。內部審計報告要體現質量控制的原則，保證內部審計報告的完整性，通過項目小組、內部審計負責人、總經理三

個層次的復核制度明確責任，落實措施。要建立內部審計事項跟蹤報告制度，不僅要發現存在的問題，還要提出解決方案，並對問題的解決情況進行跟蹤調查，這是強調內部審計執行力的客觀要求，只有加強內部審計執行情況的跟蹤檢查和報告，才能真正解決問題。內部審計部門可以建立內部審計事項執行情況跟蹤表，可與內部審計三級復核制度結合，由內審負責人、企業總經理填寫，有利於相關負責人瞭解問題的解決情況。

（四）內部審計質量控制考評

內部審計質量控制考評主要包括兩點。①建立內部審計質量責任制度。內部審計質量控制考評責任制度的建立是提高內部審計質量的推動力量，在做好內部審計計劃安排的同時，明確每位內部審計人員、各職能部門負責人在內部審計工作中的權限和義務，從而做到分工明確、責任到位。內部審計工作的完成需要每一位企業員工的通力合作，保證每個步驟、每個環節的完成，在發生問題時能夠找到直接責任人，避免推諉責任的情況出現。內部審計質量責任制度的建立可以在企業內部形成一種無形的壓力，促使內部審計人員審慎、負責地處理審計業務，也促使其他部門積極配合內部審計部門進行審計工作，有利於形成全員參與的良好局面。②健全內部審計責任考評體系。落實責任必須依靠獎懲進行激勵和約束，進行獎懲則必須依靠科學的考評結果。為此，企業必須在明確責任的基礎上，制定企業內部審計責任考評體系。內部審計責任考評體系應包括以下內容：一是內部審計責任考評指標。考評指標應本著定量指標與定性指標相結合的原則，其中定量指標包括內部審計範圍、內部審計計劃完成率、內部審計執行率、內部審計建議率等，定性指標包括內部審計機構制定建設、內部審計人員職業道德素質等。二是定期考評與不定期抽查。內部審計責任考評必須作為一項長期工作堅定不移地執行下去，必須保證內部審計考評的規範化、制度化，只有持續地考評才能起到有效的激勵和約束作用。同時，內部審計考評中也不能忽視突擊檢查的作用，對於一些違規、違紀行為必須要出其不意地進行突擊檢查，因此，制度化的定期考評與臨時性的突擊檢查應該結合運用。三是依據考評實施獎懲。企業應根據考評結果，按照指定的獎懲制度實施必要的獎勵和懲罰。要注意獎懲的多樣性，可以採用物質形式獎勵，如獎金、罰款等，也可以通過非物質的獎勵，例如晉升、免職等。

參考文獻：

[1] 王光遠. 內部審計理論與實踐發展歷程評述 [J]. 財會通訊，2006（10）：6-9.

[2] 雷遠揚. 規範操作提高內部審計執行力 [J]. 中國內部審計，2006（9）：54.

[3] 朱小平. 關於股份制企業集團內部審計模式的探討 [J]. 審計研究，2000（2）：38-42.

樂山市旅遊企業財務預警體系構建探究

羅 潔

摘要：隨著樂山經濟改革的不斷深入和競爭的不斷加劇，樂山市旅遊企業在經濟發展過程中所面臨的不確定性日趨增加，旅遊企業隨時面臨財務危機的威脅。旅遊企業如何避免財務危機、防範財務風險、降低損失成為當前的緊要任務，需要進行深入的研究。本文對樂山市旅遊企業的財務預警現狀進行分析，指出其存在的問題，並提出了構建樂山市旅遊企業財務預警體系的構想。

關鍵詞：樂山市旅遊企業；財務預警；財務預警體系

一、樂山市旅遊企業概況

樂山位於四川省西南部，北與眉山接壤，東與自貢、宜賓毗鄰，南與涼山彝族自治州相接，西與雅安連界。中心城區距成都雙流國際機場 100 千米。地理坐標介於東經 102°15′—104°15′、北緯 28°28′—29°56′之間，平均海拔 500 米，屬亞熱帶濕潤季風氣候。轄區面積 12,827 平方千米，山地、丘陵、平原分別占 66.5%、21%、12.5%，呈「七山二丘一平原」的地貌特徵。轄 4 個區（市中區、五通橋、沙灣、金口河）、1 個縣級市（峨眉山市）、4 個縣（犍為、井研、夾江、沐川）和 2 個彝族自治縣（峨邊、馬邊），戶籍人口 354.4 萬人，常住人口 324.3 萬人。

樂山是中國優秀旅遊城市、中國歷史文化名城，名山、名佛、名人、名城四位一體，億年峨眉、千年大佛、百年沫若交相輝映，旅遊資源品位一流，旅遊經濟總量連續 10 年居四川省第 2 位。峨眉山—樂山大佛蜚聲海內外，是全國四處世界自然與文化雙遺產之一。峨眉山一山分四季、十里不同天，是秀甲天下的生態王國，是全國四大佛教聖地之一、普賢菩薩道場，以雄、秀、神、奇、靈著稱。樂山大佛始建於唐朝開元初年（713 年），腳踏三江，遠眺峨眉，近瞰樂山，是世界最大的古代石刻彌勒坐佛。烏尤、凌雲、東岩三山聯襟而成的巨型睡佛仰臥三江之上，形成「心中有佛、佛中有佛」的奇觀。境內還分佈有峨邊黑竹溝、金口

基金項目：本文為 2012 年度四川省教育廳人文社會科學（旅遊研究）項目「四川旅遊企業財務風險預警機制研究」（項目編號：LYM12-02）的成果。

大峽谷、犍為嘉陽・桫欏湖、沫若故居、嘉定坊等景區景點，以及寺廟古刹、戰國離堆、漢代崖墓等眾多文物古跡。2011年，接待國內外遊客2,119.2萬人次，實現旅遊綜合收入199億元。樂山旅遊產業初具規模，全市共有旅遊星級飯店28家，旅行社40餘家，其他旅遊企業130多家，其中，峨眉山旅遊股份有限公司為上市公司。旅遊直接從業人員3萬多人，間接從業人員達13萬多人。

二、樂山市旅遊企業財務預警的現狀及存在的問題

（一）財務風險識別不足

財務風險識別是指以內部會計控制目標為導向，評估影響目標實現的風險因素、風險發生的可能性及其嚴重程度，從而按成本效益法則建立最佳內部會計控制的過程。樂山旅遊企業在經營中普遍存在風險意識明顯不強的問題。在籌集資金、運用資金和分配資金的過程中，都會不可避免地產生融資風險、投資風險、營運風險和資金分配風險，而在樂山市現有的旅遊企業中只有少數幾家大企業具有比較強的風險識別能力，對風險有一定預測，而其他中小型旅遊企業千方百計地通過各種途徑籌集資金，以為籌到錢就萬事大吉了，往往將其存在的財務風險拋於腦後，缺乏對風險的預判、識別、預警以及有效的應對措施。

（二）財務預警制度缺失

很多中小旅遊企業屬於家族式企業，家族式的管理模式使得領導成員之間容易溝通、決策快、成本低、容易保守商業秘密，但同時也會出現管理者對企業內各種制度的建立實施和執行不夠重視，而財務預警制度作為企業管理制度的重要組成部分，受領導者主觀願望的影響更大。

（三）財務預警模型不完全適用

目前，國內旅遊企業對財務預警模型的運用仍處於早期的不成熟階段，大多數照搬國外的研究成果，導致模型本身的發展和創新方面都比較弱。而樂山旅遊企業對財務預警模型的運用也是如此，運用財務預警模型專門對樂山旅遊企業的財務從總體上進行預警的例子還非常少。目前運用較多的預警模型是z值模型，而對個別旅遊企業而言，對企業某一方面的分析則普遍採用單變量模型。這兩種模型的運用都離不開具體的應用條件，而且都是率先結合國外的情況進行的，與樂山旅遊企業經濟發展的實際狀況差異很大，所以此兩種模型的運用無論是從指標的選取、樣本的確定還是評價標準的高低上都不完全適用於樂山旅遊企業所面臨的實際發展環境。

（四）財務預警時效性差

在樂山旅遊企業中，有的企業已經逐步認識到構建和使用財務預警體系可以成為防範和控制財務危機的有效手段，但是作為直接面對市場的企業而言，由於資金、人力、技術的缺乏，往往導致其雖然願意構建財務預警體系，卻無錢來支付相關的費用；有的企業花錢構建了相關的財務預警體系，但只是一個「空架子」，財務預警體系在使用和維護中得不到有效而及時的維護和更新，使得財務預

警的信息不能及時反應企業現時的狀況，從而導致預警信號時效性差，準確性不高，不能發揮應有的作用，久而久之，財務預警體系也就被「解除」了。

（五）財務預警方法使用單一

目前，旅遊企業運用財務預警模型時，都是選用可量化的財務指標進行分析，即只進行定量分析。而在現實生活中，財務預警是一個動態過程，不僅需要進行定量分析，而且還應對其進行定性分析，結合非財務指標，使其財務預警方法更加豐富，從而更加全面判斷企業的財務狀況和營運狀態。

（六）財務預警監管力度不夠

旅遊企業的財務預警是一個過程，需要納入管理過程中形成管理制度才能得以實現。要確保財務預警系統有效地執行，必須要對財務預警的全過程進行管理和監督。而從樂山市旅遊企業來看，對財務預警的監管，無論是從企業自身，還是從政府及社會角度來看，都是比較薄弱的地方。就企業自身而言，往往認為有企業內部財務部門的管理以及有主管的監督就足矣；而政府則例行公事地放任企業自行處理；社會對旅遊企業財務預警的監督相對而言就更淡化了，力度也就更小了。

三、解決上述問題的對策

（一）強化風險意識，提升管理水準

牢固樹立風險防範意識和不斷提高管理水準，是財務預警體系能夠成功建立並能有效運行的前提。樂山市很多旅遊企業在管理中仍然沿用過去家長制、作坊式的管理模式，一人說了算，發展靠運氣。因此必須從自身改變這種落後的管理模式，把企業推向市場，增強風險意識，建立現代企業制度，讓企業在市場中感受風險、檢驗自我。這些都是旅遊企業構建財務預警體系的前提條件。

（二）建立健全財務預警體系

財務預警體系是指企業運用財務指標和非財務指標，並以此為核心組成的信息反饋網絡，加強財務監督和控制，從而確保生產經營良性循環管理的運作體系。它是由各個相互關聯的子體系構成的一個有機的整體，是企業理財的有效的方法和管理體系。

1. 費歇爾判別法的應用原理

費歇爾判別法的思想是通過將多維數據投影到某一個方向上，投影的原則是將總體與總體之間盡可能分開，然後再選擇合適的判別規則，對待判別的樣品進行分類判別。在財務預警體系的構建中，該法主要是將總體分為兩個部分，一部分為財務預警，另一部分為非財務預警，分別取這兩個部分的均值，並假定這兩部分協方差陣與總體協方差陣相等；而後根據旅遊企業的需要選擇合適的財務預警模型進行預測。

2. 費歇爾判別法在財務預警中的應用過程

Z值模型是多元線性判別模型（多變量模型）中最典型的一種模型。它是由

美國愛德華‧阿特曼（1968年）提出的。他認為企業是一個綜合體，各個財務指標之間存在著某種相互聯繫，對企業整體風險的影響作用也不一樣。他在該模型中以5個財務比率為代表，將反應企業償債能力的指標、獲利能力指標和營運能力指標有機聯繫起來。表示為：$Z = 1.2X_1 + 1.4X_2 + 3.3X_3 + 0.6X_4 + 0.999X_5$。其中，$X_1 =$（流動資產－流動負債）/總資產；$X_2 =$留存收益/總資產；$X_3 =$息稅前收益/總資產；$X_4 =$股東權益的市場價值/負債總額的帳面價值；$X_5 =$資產週轉率＝銷售收入/總資產。而應用此模型確定費歇爾判別函數時，各個變量之前的系數需要結合總體的斜方差陣來重新確定，指標的選取可以不限於以上列舉的5個指標。判別法則是：將判別函數與總體兩個部分的均值在投影方向的中點距離進行比較，若前者大於後者，所選情況屬於總體中的第一個部分，則說明該企業總體財務狀況較差，會發出預警信號，預警級別會根據差額的大小來確定；反之，若前者小於後者，所選情況屬於總體中的第二個部分，則說明該旅遊企業總體財務狀況良好，發出良好狀況的信號，同時也會根據差額的大小來確定狀況良好的程度。

3. 在財務預警中應用費歇爾判別法的優缺點

首先，在財務預警體系的構建中，利用費歇爾判別法，可擴大原有財務預警模型的可運用的數據範圍，其不僅利用財務指標，而且還考慮到不可量化的非財務資料對旅遊企業財務預警結果的影響；其次，此法還能與現有的財務預警模型，如單變量模型、Z值模型、F值模型等結合進行分析，克服了財務預警模型使用方法單一、單純借鑑國外的不足，極大地豐富了財務預警模型的運用範圍和使用空間；最後，費歇爾判別法作為財務預警體系構建的基礎，能結合旅遊企業散、廣、零、小的特點，對相同類型的企業均可適用，能與任何一種模型進行組合，使用方便、靈活、針對性強，具有較強的時效性。

與此同時，也應看到，在財務預警體系中運用費歇爾判別法，對各種數據和資料的準確性及真實性要求很高，如果旅遊企業提供的信息是不真實的，或數據缺乏，就會給管理者提供不可靠的預測信號。另外，在此法的使用過程中，要求有專業技術人員會操作、會分析，對其預測過程時時進行整理，並能將預測結果及時反饋給相關人員。

4. 加大監管力度，協調相關配套措施

財務預警體系的建立和健全不單單是旅遊企業中某一個部門的任務，而應該舉企業之管、政府之助、社會之力共同完成。所以構建完整而有效的財務預警體系，必須要加大政府、社會的監管力度，同時旅遊企業自身也要加強內部控制制度及相關配套措施的管理，這是財務預警體系建立和實施的保障。財務預警體系應與旅遊企業各項制度建設結合起來，相互促進。

樂山市旅遊企業在20多年的發展歷程中，由於歷史和其他因素的影響，有著其特殊性。旅遊企業如何克服自身的不足，在經濟飛速發展和競爭激烈的信息時代，取得一席之地，一直備受關注。

參考文獻：

[1] 康曉春. 關於企業財務風險預警的探討 [J]. 冶金財會，2006（11）：29-30.

[2] 才元. 中小板上市公司財務預警與實證分析 [J]. 工業技術經濟，2006（12）：151-156.

[3] 周駿. 中國企業在構建和使用財務預警模型中存在的問題及建議 [J]. 金陵科技學院學報，2006（4）：53-55.

[4] 張洪君. 民營企業的內部會計控制系統建設 [J]. 財會通訊，2006（10）：23-24.

[5] 熊筱燕. 非營利組織財務風險預警模型研究——以高校學報為背景研究 [J]. 工業技術經濟，2007（2）：153-155.

旅遊企業財務價值鏈與流程構建

李光緒

摘要：旅遊企業財務價值鏈構建與流程設計是旅遊企業獲得成功的關鍵。本文以價值鏈理論作為基礎，基於縱向和橫向深入研究旅遊企業財務價值鏈模型，從資金流、財務信息、知識創意、顧客價值四個層面構建旅遊企業財務價值鏈模型，並從戰略視角、組織保障及信息模塊整合三個方面探討如何更好地實施旅遊企業財務價值鏈與優化流程設計，繼而實現旅遊企業整體的戰略目標。

關鍵詞：旅遊企業；財務價值鏈；顧客價值；風險

旅遊企業作為新興產業，在中國經濟轉型之際迎來前所未有的發展契機。同時由於社會分工、產業融合所帶來的產業、行業與企業之間的深度合作，旅遊企業價值鏈的內涵和外延在不斷地拓展和延伸。傳統企業價值鏈理論將企業橫向和縱向的價值環節進行分解，單獨將財務環節作為一個增值環節。事實上財務作為企業增值環節的核心，應從內部進行深度挖掘，並按照財務運行的一般規律和屬性，進行價值增值環節的分析，由此產生了財務價值鏈的概念。

一、旅遊企業財務價值鏈內涵

（一）財務價值鏈的定義

財務價值鏈概念的提出是源於波特提出的價值鏈管理思想，從本質看財務價值鏈概念的形成經歷了供應鏈—價值鏈—財務價值鏈的歷程。

供應鏈核心思想是圍繞核心企業的資金流、物流、信息流、人流、商流構建企業從材料（供應商）到產品生產（製造商）再到銷售（分銷、零售商）的價值網絡結構。隨著人們對供應鏈理解的深入，其涉及的範圍在外部跨越了企業邊界，在內部逐漸深入到每個環節，從強化流程構建向強調價值增值和風險控制轉移。財務價值鏈以供應鏈和波特價值鏈為理論基礎，將其運用到財務管理領域，便產生了財務價值鏈。從宏觀角度來看，財務價值鏈就是財務戰略、投資管理、融資、稅務、資金預算、成本計劃與費用控制、財務運作、績效管理等多方面財務活動的集合（見圖1）。

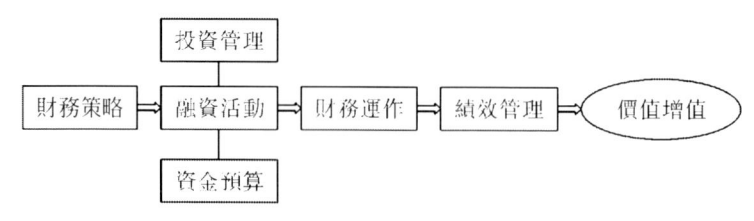

```
          ┌──────────┐
          │ 投資管理 │
          └────┬─────┘
              │
┌──────┐   ┌──┴───┐   ┌──────┐   ┌──────┐   ╭──────╮
│財務策略│→│融資活動│→│財務運作│→│績效管理│→│價值增值│
└──────┘   └──┬───┘   └──────┘   └──────┘   ╰──────╯
              │
          ┌───┴──────┐
          │ 資金預算 │
          └──────────┘
```

圖 1　財務價值鏈模型

通過財務價值鏈模型發現，財務戰略是財務價值鏈的邏輯起點，企業投資管理、融資活動及資金預算都應圍繞企業戰略展開，通過一系列的制度安排形成財務運作的基本程序和結果，然後在此基礎上建立良好的績效管理和評價制度，借此反饋和評價財務主要模塊和環節的效率和質量。進一步分析發現：財務價值鏈中各環節是緊密相連的，從微觀角度看，最基本也是最重要的三要素是資本預算、營運資本管理和資本結構決策。企業價值創造從戰略財務決策——資本預算而來；資本預算的成功離不開戰術財務決策——營運資本管理；資本預算不能沒有資本的支出，而籌集所需資本也是一項戰略財務決策——資本結構決策。因此，財務價值鏈中的三大環節是一個為價值創造而構築的嚴密體系。

（二）旅遊企業財務價值鏈

旅遊企業是依靠旅遊資源和相關服務為主要「產品」，利用有形的設備、資源和相關服務作為盈利的主要基礎和手段的服務性企業。旅遊企業不同於傳統的製造業，因此財務價值鏈具有自身的一些特徵。旅遊企業按照資源利用類型可以簡單劃分為：勞動密集型旅遊企業和資本密集型旅遊企業。本文以資本密集型旅遊企業為例，分析旅遊企業財務價值鏈。資本密集型旅遊企業應重點關注旅遊資金投放、運用及業績評價。其財務價值鏈可以通過構建模型來描述（見圖2）。

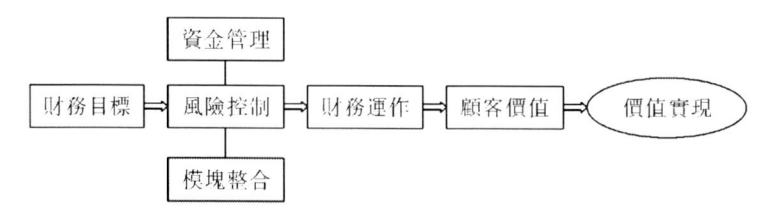

```
          ┌──────────┐
          │ 資金管理 │
          └────┬─────┘
              │
┌──────┐   ┌──┴───┐   ┌──────┐   ┌──────┐   ╭──────╮
│財務目標│→│風險控制│→│財務運作│→│顧客價值│→│價值實現│
└──────┘   └──┬───┘   └──────┘   └──────┘   ╰──────╯
              │
          ┌───┴──────┐
          │ 模塊整合 │
          └──────────┘
```

圖 2　旅遊企業財務價值鏈模型

旅遊企業財務價值鏈中各環節是緊密相連的，財務價值鏈以旅遊企業財務目標為根本，以資金管理、風險控制與模塊整合為基礎內容，其中資金管理是財務價值鏈的基礎內容，風險控制起到整體控制旅遊企業財務風險和經營風險的作用。模塊整合主要是將其他服務模塊（產品創意、盈利模式創新、知識服務模塊等）聯繫到一起，從而構成了旅遊企業財務價值鏈主要內容。從圖2可以看出，旅遊企業財務價值鏈以實現財務目標為邏輯起點，以資金管理為基礎，風險控制為保障，模塊整合為關鍵，通過恰當的財務運作方式和合理的制度安排，以為顧客創造價

值為歸宿，最終實現企業價值增值的目標。

三、旅遊企業財務價值鏈模塊及流程分析

(一) 資金流模塊

資金流模塊是財務價值鏈的核心和基礎內容，從狹義角度看，資金流模塊構成了財務價值鏈的整體內容，財務價值鏈就是企業各種價值形式不斷轉化和形成的過程，而資金流是價值形式的最典型的代表。旅遊企業在推出旅遊產品和旅遊服務的過程中，往往伴隨著大量的現金流出，在實現現金回流的過程中，必須處理好與資金流相關的各項活動。從旅遊企業的業務性質來看，旅遊企業資金流模塊包括以下子模塊：

(1) 投融資性資金流。投融資性資金流是企業資金流的首要節點，也是資金流動力之源。一方面融資作為企業資金來源的重要途徑和方式，是旅遊企業項目拓展和業務開展的基礎和保證。另一方面加強資金運作，提升資金的利用效率是旅遊企業完善資金流的關鍵。實際上旅遊企業通常伴有大量的營運資金，為了提升資金的利用效率，做到開源節流，保證旅遊資金流的穩定性，加強投資資金的管理和運作是重中之重。

(2) 交易性資金流。交易性資金流也稱為經營性資金流，主要是企業內部資金管理、控制以及主營收入所帶來的資金流管理。旅遊企業擁有大量的營運資金，通常情況下其固定資產和長期資產比較少，因此大量的營運資金成為交易資金流的主要構成內容。交易性資金流涉及針對營運資金的管理、現金收支、成本費用及業務收入所引發的資金支付等環節。

(3) 週轉性資金流。週轉性資金流是旅遊企業在經營過程中，針對短期和長期資產所進行的資金週轉安排。週轉資金在旅遊企業經營中佔有重要地位，旅遊企業業務的開展和市場份額的擴大，需要旅遊企業安排大量的週轉性資金。例如旅遊企業可能需要預先開發項目、安排旅遊進程、市場行銷等，這些都需要墊付大量資金。

(4) 資金流儲存池。資金流儲存池包括：一方面旅遊企業通過日常經營會形成現金收入和淨利潤，這些構成資金流儲存池的一部分；另一方面旅遊企業在經營過程中，每個環節所帶來的閒散資金、預收資金、交易資金、週轉資金都可以視為資金儲存池的一部分。

(二) 信息模塊

信息模塊是指計算機信息平臺所生成的財務信息、風險控制信息、審計信息及其他信息。信息模塊是旅遊企業財務價值鏈的重點內容。旅遊企業在構建財務價值鏈、實現價值增值的過程中，需要通過信息不斷流動和共享作為基礎和保障。從某種程度看，現代旅遊企業財務價值鏈是由信息作為載體來實現的，因此信息作為一種無形資源，是一種具有價值含量的重要資源。旅遊企業信息模塊主要包括：

（1）存量信息。存量信息是財務價值鏈中主要關注旅遊企業資產負債率的變動、資本結構合理性等的信息，針對存量信息，主要是從資產、負債的變化挖掘出可以價值增值的環節，並將這些信息及時傳達給其他部門。目前，中國旅遊企業資產負債率總體偏低，與旅遊企業融資難，融資途徑不暢有關。其餘存量信息還包括了員工素質信息、資金管理基礎數據庫信息等。

（2）流量信息。流量信息是財務價值鏈中的利潤指標、盈利指標及風險、審計信息等。流量財務信息關注的是基於存量變動的財務信息，這些信息與旅遊企業未來的發展密切相關，例如通過旅遊企業利潤創造能力，可以對旅遊企業未來的發展做出預測和估計，將每項財務信息下達給下屬部門，有助於實現企業財務目標。

（3）綜合信息。綜合信息是將流量和存量信息作為整體信息來分析，全面分析旅遊企業財務價值鏈中的各項信息，例如資金流信息、人員信息、審計信息、內控信息、產品服務創新信息等，通過將這些信息綜合分析，並通過標準化信息平臺實施共享，提升旅遊企業財務信息共享程度，減少信息不暢，規避可能發生的風險，實現信息與價值的有效連結。

（三）知識創意模塊

旅遊企業未來的發展趨勢，應以創意為主體，進行產品、服務創新，創新盈利模式，因此以知識創意模塊為重點的財務價值鏈體系，是旅遊企業的一個顯著特點。旅遊企業知識創意模塊主要包括：

（1）員工素質開發模塊。旅遊企業無論是資本密集型還是勞動密集型，員工素質開發是必須重視的一項內容，員工素質開發必然涉及先期培訓資金、教育資金、績效考核等。員工素質開發也是旅遊企業財務管理中的重要部分，因此在知識經濟時代，應當以提高員工的基本知識素質為前提，做好員工素質開發工作。

（2）產品創意模塊。產品創意是旅遊企業的重要特徵。旅遊企業不同於一般的製造企業，創意是其保持生命力和活力的關鍵所在。產品創新和服務模式創新依賴於知識素質，知識創新和產品創新存在內在契合性，例如諸多旅遊企業根據當地人文、歷史推出的新的旅遊線路、新的旅遊項目、服務模式創新等。產品創意模塊是旅遊企業不斷應對外部環境，減少旅遊產品可複製性，維持競爭優勢的重要手段。

（3）盈利模式創新。盈利模式不同於員工素質開發及產品創意，是以兩者作為基礎的。盈利模式創新是旅遊企業維持競爭優勢的關鍵，也是旅遊企業不斷修正財務價值鏈內部結果和優化各環節的重要途徑。盈利模式從某種程度上可以決定一個企業的未來。目前中國旅遊企業通常在盈利模式上屬於「兩頭低、中間高」的模式，即吃、住、行比重高，旅遊產品附加值低，導致不同的旅遊項目給顧客的感覺本質上是一樣的，盈利模式創新對於旅遊企業來說已經勢在必行。

（四）顧客價值模塊

顧客價值模塊是旅遊企業在構建財務價值鏈過程中，為更好地實現旅遊企業

財務目標，以顧客價值作為驅動因素，為顧客創造價值，已經成為旅遊企業應對挑戰和實現可持續發展的關鍵方針。旅遊企業顧客價值模塊包含以下子模塊：

（1）顧客滿意模塊。顧客滿意模塊是旅遊企業財務價值鏈的關鍵環節。從財務價值鏈的內涵看，每個可能的價值增值環節，都伴隨著財務活動，而顧客滿意程度取決於旅遊企業在完善產品和服務上的投入，只有嚴格把控產品和服務質量，才能使顧客滿意，提升顧客忠誠度。

（2）顧客反饋模塊。顧客的意見對旅遊企業未來的發展具有重要影響。重視顧客反饋，積極完善相關問題和環節，可以增強旅遊企業顧客的價值創造能力，最終轉化為有效實現旅遊企業財務目標和戰略目標的動力。

四、旅遊企業財務價值鏈保障措施

（一）確立財務價值鏈管理的戰略思想

戰略層面的重視不僅有助於財務價值鏈的整體流程設計，對於風險的有效控制還具有重要意義。根據中國旅遊企業的發展現狀來看，旅遊企業目前正處於轉型階段，許多旅遊企業規模不大、業務單一、集團化程度不明顯。財務價值鏈作為一種財務管理集成化系統，應得到戰略層面的重視。旅遊企業應確立財務價值鏈管理戰略思想，從根本上重視財務價值鏈模塊的構建和整合，深度挖掘每個增值環節，通過有效整合資金流模塊、信息模塊、知識創意模塊及顧客價值模塊，實現價值創造和實現的目標。

（二）完善財務價值鏈組織結構

旅遊企業在實現規模不斷擴大的同時，應考慮到因橫向的跨邊界和跨職能的部門越來越多，縱向的業務範圍的不斷增加，再加上這兩個方面帶來的層級和業務範圍的不斷增加，會導致旅遊企業內部的管理成本增加、財務運行效率的減低，財務風險發生的概率也大大提升。尤其是處於規模不斷擴張的旅遊企業內部，各個層級部門之間由於相互獨立而無法實現信息共享，導致統一協調財務變得越來越困難，因此財務風險會上升。為更好地解決這一問題，需不斷完善財務價值鏈組織結構，從而可以控制由於規模擴大所帶來的負面影響。結合目前旅遊企業財務組織的特徵，我們認為未來旅遊企業應建立如圖3所示的組織機構。

在組織變革中，旅遊企業應首先確立以董事會為領導的財務總監負責制。財務總監不但負責重大的財務預測和決策，還要向董事會匯報相關工作內容。財務總監負責下的財務活動，應堅持向管理要效益的原則，注重財務的分析與預測功能，為資金籌集、運用與預算奠定基礎。通過構建這樣的組織結構，可以達到財務共享模式和組織結構變革的目的。日常業務可以集中處理，重大業務處理模式則向橫向和縱深方向發展，從而使價值鏈管理能夠更好地實現價值增值的目標。

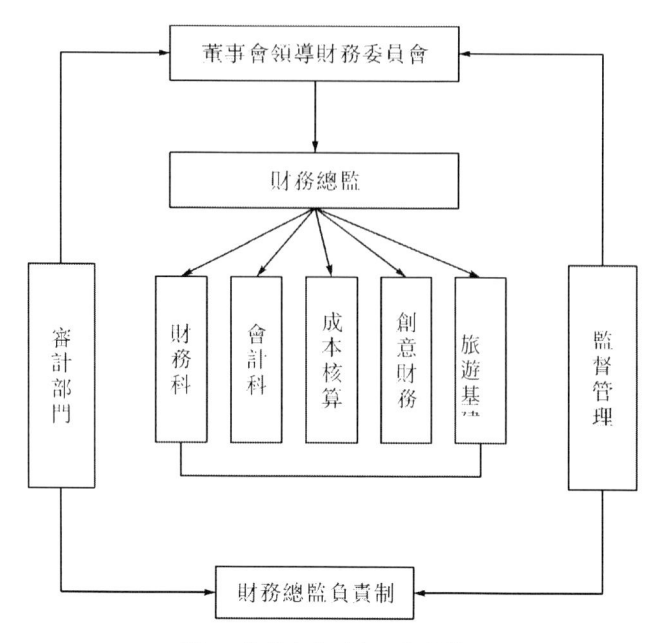

圖 3　旅遊企業財務組織結構圖

（三）優化財務價值鏈流程與模塊整合

信息化是未來社會發展的方向。建立標準化的財務信息平臺，進行模塊整合是未來旅遊企業財務價值鏈管理獲得成功的關鍵。旅遊企業應該根據現實的需要，建立一套集模塊整合和流程優化於一體的財務管理集成系統，而這個系統各項功能的實現，需要以計算機軟件系統（如 ERP 系統）作為平臺，通過信息流動和共享，強化各模塊之間的價值轉化和流動，最終實現價值創造的目標。具體可參見圖 4。

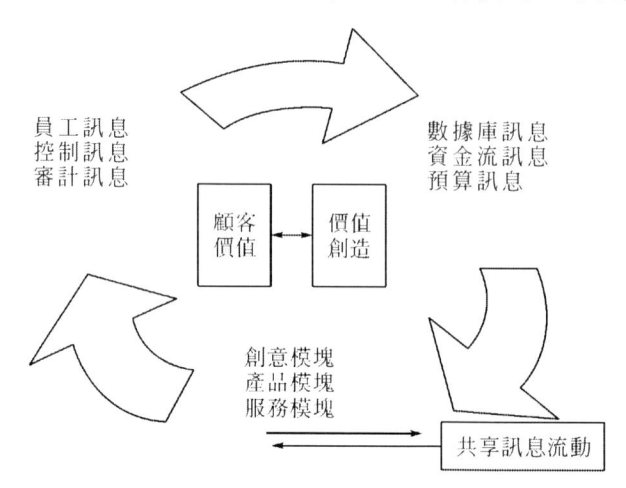

圖 4　基於訊息共享的旅遊企業財務價值鏈模塊體系

通過圖4可以看出，旅遊企業應以顧客價值創造為驅動因素，通過整合資金流信息、內部審計、風險控制信息，優化整合創意模塊、產品模塊及服務模塊，通過信息之間的流動，可以增強旅遊企業信息共享的效果與質量，提升旅遊企業財務管理的效率和服務功能，實現財務管理價值增值。以價值鏈為載體構建旅遊企業的財務管理與控制系統，就可以全面掌握旅遊企業的財務信息，並且將所發生的業務活動以及相關的信息全部融入財務系統當中，從而可以對一些有價值的信息進行有效的技術分析和測算，以科學合理的方法篩選出富有價值量的財務信息，然後按照這些信息進行整體的財務活動規劃，合理地指導旅遊企業的各項資金管理與投資活動，規避財務風險，提升旅遊企業財務管理的質量和效率。

參考文獻：

[1] 連宏玉. 基於價值鏈的企業財務管理模式研究 [J]. 重慶科技學院學報，2009 (11)：107-108.

[2] 周駕華. 對價值鏈管理目標的探討 [J]. 經濟與管理，2012 (7)：59-60.

綠色建築企業成本控制的研究

羅 潔

摘要：隨著能源危機的日益凸顯以及人們對「可持續發展」概念的認同和接受，綠色建築迅速發展起來。綠色建築企業要想在市場中取得競爭優勢，不僅需要拿出高質量的建築產品，還需要維持相對較小的成本投入。基於此，本文通過對綠色建築成本控制的研究，旨在提出更優化的方案，推進綠色建築企業更好地發展。

關鍵詞：綠色建築；成本；控制

一、綠色建築概述

（一）含義

綠色建築是指在其全生命週期中，最大限度地節約資源、保護環境及減少污染，為人類提供健康、適用及高效的使用空間，與自然和諧共生的建築。

（二）應走出的誤區

1. 綠色並不等於高價和高成本

新疆有一種建築，其造價只約800元/平方米，是利用本地的石膏及透氣性高的秸稈建成的，且牆壁的保溫性良好，加上本土化的屋頂組合而成的典型的價廉物美的鄉村綠色建築。若把北方一些地區具有冬暖夏涼特色的窯洞改造成綠色建築，其實際造價成本並不高。考慮到現在普通人的收入並不是太高，大家對房價極為敏感的這種情況，綠色建築要採用成本較低的材料、設施、技術，不能對整個房地產行業的價格造成太大影響。可見綠色建築和降低成本並不衝突。並且從長遠來看，綠色建築的投資回報率是很高的，它的壽命週期成本（使用成本和建造成本之和）要低於一般建築的壽命週期成本。如果綠色建築技術運用得當，甚至可能在建造成本及使用成本兩方面都比一般建築低。

2. 並不是高科技的、現代化的就是綠色的

現實情況證明，如果綠色建築的發展方向定位為高端、貴族，那是不會成功的；只有把綠色建築的發展方向定位為尋常老百姓式、實用型技術式和具有國家特色式，綠色建築才可以取得健康長遠的發展。過去的智能化道路是迂迴的，智能建築的發展方向並不能停留在音響控制、安保等方面，且要改變線路設計複雜、

建築成本高、消耗電量居高不下的情況。在當今的信息時代，智能化應該是信息和能源的使用呈反比例關係的，要多使用信息而少用能源。

3. 綠色建築並不局限於新的建築

業內有關專家發現了這樣的一個問題：「在中國，雖然新的建築節能工作做得很好，基本符合了綠色建築的標準，但是要把數量很多的已有的建築改造升級成為綠色建築的工作進程並不是非常順利的，很多地方的大部分的已有建築仍然是耗能大的建築。」[①] 北方地區集中供熱的建築面積約占全國總建築面積的12%，但是在全國城鎮建築能耗總量中卻占了大約40%。有些人在集體供熱中更是很浪費地開著窗戶享受暖氣。與中國在相同緯度上的北歐地區，其單位面積建築採暖的平均能耗量比中國少大約1/2。

4. 建築節能不單屬於政府的職責

綠色建築的使用跟推廣不僅僅是屬於政府的職責範圍，絕大多數群眾亦是其最後的受益人及實踐人。關於建築節能的種種相關規定不僅僅只是政府去實施就可以達到目的的，同時也需要廣大群眾的監督等才能起到作用。

二、成本的控制對綠色建築企業的意義

首先，成本的控制能夠使綠色建築企業成本保持在合理的水準，可很直觀地反應在產品價格上面，使綠色建築企業的產品價格富有競爭力。產品價格降低不僅僅可以促進綠色建築企業產品的銷售，增加企業利潤，也有助於綠色建築企業占取更龐大的市場份額，從而獲得更長遠的發展。

其次，成本的控制有利於改良綠色建築企業的管理。成本的控制是關乎綠色建築企業每個部門的事，其涉及綠色建築企業的一些管理制度及各個部門之間相互配合的問題。通過控制綠色建築企業的銷售成本，能發現綠色建築企業管理方面存在的部分問題，而改進這些問題能幫助綠色建築企業完善企業管理。

三、綠色建築企業成本控制措施

（一）採用整合式設計模式

為了避免因為不通暢的信息交流問題導致後續工作的設計變更、施工返工等增加很多成本，綠色建築企業可以在項目的規劃階段，把項目每個專業重新協調組合起來，充分地聽取每一個綠色建築項目參與人的觀點跟見解。一般情況下，由建築師、規劃師、室內設計師和景觀建築師組成的一個設計團隊，也有可能會有如室內空氣質量、廢水處理、能量分析、照明、自然採光設計師等專業顧問。如果建築的承包商、業主跟未來的使用維護人員也加入到討論設計策略跟設計目標的會議中，不僅有利於增加他們對此項目的瞭解跟支持，也可以更好地達到最

---

① 仇保興. 綠色建築應走出三大誤區 [EB/OL]. [2014-09-20]. http://blog.zhulong.com/blog/detail4277965.html.

後的可持續目標。

（二）成立優秀的團隊

由於長期以來，成本管理與質量管理被分成兩門科學，財務部門的職責注重的是降低成本，而技術部門的職責注重的是提高質量。這樣一來，財務部門為了降低成本而很少考慮質量的保障，而技術部門為了提高產品質量通常不顧及成本。所以在綠色建築項目的建設中，需要採用項目工程總承包管理機制。項目經理是最高負責人，他負責把負責質量安全的人員、負責施工技術的人員、負責財務成本的人員與材料供應人員、施工監管人員等各個不同專業的人員組織起來，管理和領導整個團隊，讓各個生產要素得到很好的優化與整合，讓企業很好地發揮整體優勢。這樣把成本管理與質量管理相融合，才能很好地解決成本目標與質量目標的矛盾，實現業主的綠色建築利益最大化。

（三）制定合理的預算

目前由於綠色建築還屬於新興事物，一般來說，設計師等在接受、採用的過程中一般持保守態度，通常制定出的預算普遍偏高，容易超出計劃要求。有可能他們會設計出不能與自身的負載相匹配的、規格太大的綠色建築設備，從而使降低成本的目標不能實現。因此，可以從以下方面入手來制定合理的預算：①創立整個壽命週期的成本評估模型，在能達到綠色建築目的的前提下，經過對綠色建築項目壽命週期中各個階段每一個部分的成本構成情況進行評價與研究剖析後，修改以前設計中對項目成本造成影響的高費用部分，合理地分配預算，進而促使成本降低，達到提高成本管理的成績和改善效果的目的。②運用限額設計與價值工程原理相結合，綜合評價與考慮成本和功能兩方面，並提出更適合的辦法，在保證設計階段綠色建築項目工程造價不超過其投資額度的前提條件下，有效地使用建設資金。

（四）盡早確定綠色建築設計目標

綠色建築增量成本受各個項目階段進行綠色建築設計和可行性研究的直接影響。越是在綠色建築項目前期，把綠色策略和建築設計同步綜合考慮，則綠色建築項目增量成本將會越低。綠色建築的目標應該盡可能在項目可行性研究階段確定，以防止影響項目投資定位，而致使後續工作中變更設計甚至需要返工。通常情況下，項目綠色建築認證是否能實現，綠色建築標準是否能滿足，應該在設計方案招標前決定。由此可見，綠色建築可行性分析應該盡量在項目前期就開展，這樣可以大幅度地降低增量成本。

參考文獻：

[1] 廖聰平. 綠色建築全壽命週期成本管理績效改善方法研究 [D]. 重慶：重慶大學，2011.

[2] 毛廣蘭. 談施工階段成本控制要點 [J]. 企業科技與發展，2010（16）：134-144.

[3] 柯秀芬. 建築工程造價控制管理過程中的問題及對策 [J]. 建築技術與應用，2010（6）：43-45.

飼料企業的信息化財務管理應用

薛 軍 廖曉莉

摘要：隨著網絡技術及信息技術的快速發展，企業財務也逐漸捨棄傳統的管理模式，向信息化模式轉變。信息化財務管理就是把信息化手段運用到財務管理中，改變傳統的人工化管理模式，促使現代化信息技術融入財務管理中，形成良好的信息化財務系統。飼料企業如何摒棄傳統財務管理體系，創建新型信息化財務管理制度，成為中國飼料工業適應國際化發展需求的重要內容。文中從信息化管理對企業發展產生的影響入手，深入分析飼料企業財務管理中存在的問題，提出飼料企業信息化財務管理的對策。

關鍵詞：飼料企業；信息化；財務管理

自中國加入WTO後，各類企業面臨了更大的發展機遇和挑戰。信息技術和互聯網技術的發展以驚人的速度改變著人們的生活和工作方式，也影響了各商務管理體系的建設情況。信息革命不僅為傳統產業帶來了新的發展機遇，也為企業的經營運作模式、思想觀念等方面帶來了前所未有的衝擊。上述變化對各企業的財務管理工作提出挑戰，企業傳統的財務管理模式已無法順應時代發展需求，財務管理革新迫在眉睫。飼料是一種缺少高附加值的生產資料，飼料企業開展財務管理需要考慮多項因素的影響，不僅要協調不同利益相關者的切身利益，還要重視企業的預期成長效益及未來增加值，進而達到飼料企業價值最大化的目的。針對上述情況，要求飼料企業遵循可持續發展要求，在充滿激烈競爭的氛圍中，加強自身的管理。財務管理是飼料企業管理的核心內容，大力推進企業財務管理信息化，探索一條適合飼料企業資金統一管理的途徑，是加強企業管理、快速建立現代化企業制度的重要的工作內容。

一、飲料企業信息化財務管理的必備條件及影響

（一）飼料企業信息化財務管理的必備條件

財務管理作為企業管理的核心內容，是通過價值形態度對企業資金運轉情況開展綜合性管理，並慢慢滲透至企業各個環節的。企業在籌集、分配所用資金時均與財務管理存在密切的關係。隨著市場經濟的日益完善，飼料企業的日常生產、

經營活動、銷售等與財務的聯繫越來越緊密，因此，很多企業開始引進優秀的管理理念及管理制度。這類企業開展財務管理想要達到權力高度集中、資源合理分配、信息共享的效果，必須具備以下條件：①飼料企業各營運環節必須與財務存在密切聯繫；②財務結果要能夠快速反饋給企業各級管理者，促使其快速反應，及時優化企業的經營業務；③企業營運整個過程均即時反應到財務上。但如果沒有信息化手段作為支撐，缺少完善的數據共享機制，企業的上述信息化財務管理是難以實現的。因此，飼料企業開始將電子訂單、電子支付等應用到管理中，在一定程度上提升了購銷便捷性，也能準確監控企業存貨量，大大推動了飼料企業改革傳統財務管理模式的進程。

（二）企業信息化財務管理產生的影響

1. 增強飼料企業內部財務管控能力

因飼料企業內部大多機構分散，子公司數量較多且地域跨度較大，提升企業管控能力成為管理的重點和難點。飼料企業在制定發展策略時，往往要準確瞭解子公司經營情況，避免財務數據出現造假、失真的情況。但在企業傳統財務管理系統模式下，由於監管力度不足，無法確保財務信息在收集、傳遞過程中的有效性和準確性。而財務信息化管理下，總公司能夠隨時獲取全面的信息並展開分析，運用信息化技術整合準確的報表，快速核對企業內部交易情況，有利於總公司掌握各子公司和部門的財務管理情況，提升自身的財務管控能力，從而降低財務風險。

2. 能提升企業的增值觀念

作為新形勢下的飼料工業，其發展市場不再單一局限於某個區域或國內，而必須考慮國外經營、全球一體化經營等問題。基於上述情況，為動態掌握飼料企業的日常經營效果，財務部門要採用新型管理模式掌控生產經營中的增值過程，如此一來，信息化財務管理在飼料企業的增值作用便可以更好地展現出來。

3. 有利於合理配置企業的資源

由於互聯網的普及應用，飼料企業供貨商和買方無須見面，通過網絡核實對方身分後即可借助電子商務手段完成交易。因電子商務交易安全性較高，還可運用網絡的便利性購買企業所需原料、產品托運等。此時，企業財務管理方面也要充分考慮遠程服務和線上交易的重要性。隨著中國養殖業的快速發展，飼料企業發展戰略應根據目標客戶展開設計，並把這一設計內容展現在飼料企業的財務管理工作中。基於上述情況，企業必須把有效的資源配置觀念貫穿整個財務管理的始終。以成本管理為例，在信息化發展背景下，傳統成本管理法無法準確表述知識經濟下產品的組成情況。以作業基礎管理為依據的成本控制系統，則會發展成為成本管理的主流形式，只有把資源配置與各項作業成本密切聯繫起來，才能為飼料企業提高效益開闢新的空間。飼料企業借助網絡對財務數據展開集中管理，上述資源包括報表生成、匯總等，為便於記帳，財務報表處理前要進行有效的區分及分類整理，便於調整企業內部資金，提升飼料企業的經營利潤。

4. 降低企業財務風險

飼料企業傳統的財務管理模式導致母公司與子公司之間、公司各管理部門之間的信息並不暢通，市場往往出現信息不對稱、不集中的情況。同時，因部分企業管理技術和手段不先進，缺乏有效的約束機制，使得飼料企業高層管理者在獲取財務信息上存在嚴重的滯後性，無法獲取完整、準確的財務信息。信息技術的應用能在不同程度上擴大企業財務內部控制範圍，自動化、信息化的數據處理系統可以減少錯誤、舞弊情況的發生，提升財務風險控制水準。飼料企業建立信息化管理系統後，可加強其管理層的企業集權管理，促進企業內部之間的交流和合作，防止企業因盲目發展遭受不必要的財務和經營風險。推行信息化財務管理是飼料企業提升管理水準，實現企業效益最大化的基本保障，也是降低財務風險的重要手段。

二、飼料企業財務管理方面的不足之處

（一）信息化財務管理認識不足

現階段，越來越多的企業實行了信息化財務管理模式，其存在的問題也不斷地暴露出來。因飼料企業財務管理體系與其他管理部門並無聯繫，屬於相對獨立的門類，導致財務管理部門無法及時與其他部門進行交流、溝通以獲取大量真實、有效的財務信息，且財務信息也無法及時共享。從飼料企業層面來說，構建財務管理信息化系統與自身發展模式、管理效果、資金運作方式變革情況有必然的聯繫。在實際管理過程中，部分飼料企業領導只追求短期利益，缺乏相應的競爭及財務管理意識，在一定程度上忽視了企業財務信息化建設對其日後發展產生的重要作用，甚至有些領導絲毫沒有推進企業信息化建設的意識，忽視網絡信息資源的開發和利用。除此之外，飼料企業財務管理人員安於現狀，缺乏應有的創新意識，致使信息技術利用效率低，企業的財務信息化建設受到一定阻滯。

（二）財務管理軟件滯後

多數飼料企業所用的財務管理軟件主要針對企業資金業務展開計算和製圖，僅有少部門財務軟件能夠完成預算管理、成本管理、資金管理等工作。財務管理軟件作為財務信息化系統的中心，必須適應飼料企業的管理理念和發展要求。分析中國多數飼料企業發展情況可知，其使用的財務管理軟件均源於同樣的軟件開發公司，部分企業為獲取市場份額，忽視管理軟件的不通用性，使得其運用的管理軟件並不能很好地滿足企業的發展和管理需要，導致遭遇更大的發展困境。

（三）企業缺乏有效的財務管理模式

因飼料企業已有的財務管理系統不夠完善，也沒有創建財務管理安全體系，致使一些飼料企業出現財務信息丟失、洩露等情況。在多數企業中，各個職能部門相互獨立，各部門信息無法共享和溝通，導致飼料企業生產、銷售、購買等環節相互分離，生產過程缺乏一定的連貫性。因此，多數飼料企業集團內部均缺乏規範的財務資金調控制度，並未組成高度統一的資金管理系統，各部門信息交通

渠道不通暢，各種財務信息無法進行集中，導致企業決策者無法全面瞭解企業發展情況，不能開展針對性的管理和監督。

（四）企業財務人員操作技能低下

信息化作為財務管理學科新的發展領域，企業財務信息化管理要求財務人員不僅要掌握專業的財會知識，也要熟練運用相應的網絡技能。目前，中國飼料企業能夠熟練運用網絡技能開展財務管理的人員少之又少。部分財務人員對於計算機只掌握了文字編輯等簡單功能，遭遇網絡問題時，只能求助於外界專業的技術人員，無法保障網絡運行的安全性，也加大了飼料企業財務數據洩露的可能。部分飼料企業領導人員並未認識到信息化財務管理的重要性，缺乏財務管理的創新意識，導致企業推行的財務管理模式跟不上時代的發展步伐。上述問題以原有的技術能力無法有效解決，因此，需要財務管理人員進行深入分析和研究，以改善目前的狀況。

三、飼料企業信息化財務管理的原則及主要策略

隨著信息技術的快速發展，中國飼料企業必須緊跟時代發展步伐，借助信息化手段對以往財務管理部門實施改革和創新，促使企業在信息化氛圍下進行有效的經營和管理。

（一）飼料企業財務管理應遵循的原則

1. 激勵性原則

信息化財務管理模式有利於調動飼料企業各子公司、分公司經營管理的積極性和主動性，促使各自所經營的資產實現保值和增值。

2. 責、權、利、效相結合原則

財務管理模式必須合理規劃企業各管理層經營者的責任和權限，並將其經濟利益與所經營績效密切結合。

3. 可持續發展原則

飼料企業推行的財務管理模式必須能預防各個子公司、分公司在日常生產中可能出現的拼設備、拼消耗的情況以及不重視技術更新、新市場開發等短期經營的行為。

（二）飼料企業信息化財務管理的建議

某企業自1994年建廠後，因運用新技術而快速發展為全省乃至全國飼料行業中的骨幹企業。其遵循飼料、養殖、加工等「一條龍」的經營戰略，走向大公司發展道路。目前，企業總資產約為4.1億元，年飼料銷售量為30萬噸。為適應企業快速發展步伐，本企業決定建設企業計算機信息管理系統，加快信息的收集、處理和傳遞，促使企業適應不斷變化的市場需求，為高層管理者提供輔助決策，便於獲取更大的經濟和社會效益。

1. 構建企業信息化建設目標

飼料企業管理者要充分認識到，信息技術已經是新時代一項必不可少的經營

資源。企業管理和決策中，要充分運用信息資源，準確把握市場發展機遇，更好地運用企業物力、人力、技術等資源，開展相應的生產和經營活動。因此，信息化應該設計企業戰略發展、管理制度、組織結構等方面的內容。同時，依據飼料企業設定的經營戰略，成立整個飼料企業的經濟責任目標體系，以此作為該企業財務管理的中長期戰略目標。飼料企業信息化目標結構見圖1。

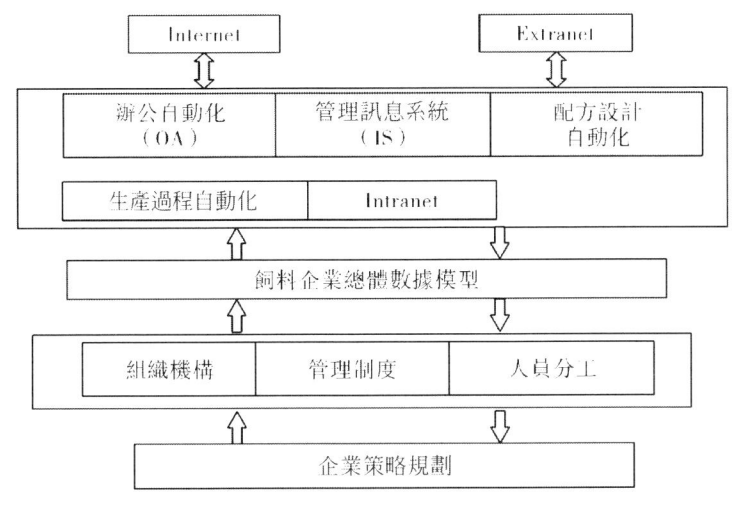

圖1　飼料企業訊息化管理結構

2. 建立業務過硬的人才隊伍

飼料企業財務工作人員過硬的技能，能夠為財務網絡化管理提供重要的智力和技術保障。飼料企業要從吸引、培養人才方面入手，力求在最短的時間內對財會人員開展計算機操作及電算化培訓。同時，企業領導班子要大力支持企業的技術更新和變革，通過形式各樣的專業技能培訓，促使會計電算化網絡在整個企業得以普及推廣，為企業打造一支能力強、業務精的財務信息化管理隊伍，促進財務信息化管理規範的實施。

3. 飼料企業建設信息化基礎平臺

信息化建設是指借助先進的管理理念，應用網絡技術保障信息高效率流動，及時為企業的戰略層、決策層提供準確、有效的數據，以便企業快速做出反應，從而提升企業的核心競爭力。此外，信息化建設也能有效整合各項資源，是管理創新最佳的手段之一。飼料企業進行信息化建設過程中，一般把信息化分為外向性和內向性信息，外向性信息即希望更多的人瞭解的信息，如企業的宣傳標語和主打賣點等；內向性信息則希望較少的人知道，如企業的財務信息等。因此，我們應從飼料企業的實際情況入手，明確構建信息化平臺的要求及主要內容。

（三）建設計算機平臺

計算機是多數飼料企業的必備設備，如：行政部門發布通告、財務部門製作財務報表等都離不開計算機。因飼料企業工作者計算機使用技術存在顯著差異，

加之，計算機中各種病毒、木馬的情況時有發生，嚴重者會影響正常的工作或者部分重要信息被盜、丟失等。除此之外，由於計算機網絡上會提供各類豐富的信息，某些自控能力差的人會在工作電腦上打游戲，不僅僅影響自身的工作效率，同時也為企業信息帶來安全隱患。因此，飼料企業應該激勵員工不斷學習，確保其能夠更加高效地使用電腦。同時，企業要為員工制定電腦應用和管理規範，提升電腦的工作效率，避免內部信息被損壞、洩露或者丟失。

（四）建設網絡平臺

開展信息化管理的關鍵在於實現信息共享，目前網絡技術能夠便捷地傳遞信息，滿足信息化建設的要求。部分小規模飼料企業生產、辦公都設定在工廠內，業務人員長時間在外跑業務。目前，多數飼料企業辦公網絡使用電信、聯通等網絡服務商提供的寬帶，依託交換機至辦公區不同電腦上，各電腦利用添加至同一工作組的方法實現共享。採用這種共享方法，數據在傳輸中極易遭受監聽，整個辦公網絡存在巨大的安全隱患。同時，在外部工作的員工無法進入企業內部網絡和平臺，對其工作造成不便。若採用專線解決上述問題，需要花費較高的費用，對部分飼料企業來說建設成本過高。此時，可利用虛擬專用網絡技術（VPN），解決飼料企業的問題。VPN是指採用加密和訪問控制技術，在公共辦公區域創建安全、專用的網絡，確保數據在加密通道內實現傳輸，也能滿足異地機構和員工與總部進行聯繫。

以ERP為代表的管理系統是一項複雜的工程。對這種複雜、系統的工程，科學的思想及原則尤為重要，因其比較複雜，必須在規範的原則引導下，對整個系統的各事項展開分析，理出清晰的實施步驟。為加強飼料企業信息化財務管理的實施，必須根據企業實際情況與方式需求，遵循ERP管理系統各事項的邏輯關係，開展相應的管理工作。使用ERP以後，企業不同部門均可應用該系統查看本企業的庫存情況及訂單信息，制定符合企業發展需求、科學的採購和生產計劃，確保各部門的信息能夠順暢。同時，ERP軟件上構建B/S、C/S兩種構架，B/S結構分步性結構較強，但數據傳輸慢、安全性問題突出。眾所周知，C/S架構模型具有交互性強、安全性高、回應速度快等優點，企業日常管理和維護工作較難。因此，綜合B/S、C/S兩種結構的優缺點和飼料企業的實際發展需求，我們認為飼料企業應選擇基於C/S架構的ERP軟件。

（五）加強企業管理和制度創新

財務管理信息主要依賴網絡技術，但也並非是單純的網絡技術應用問題，而應創建在企業集中的財務管理體制上，把其他內部財務軟件和計算機相互結合，借助建立企業財務結算中心，達到集中管理和監控飼料企業財務信息的目的。想要真正地運用信息技術開展企業財務管理，有利於飼料企業改革傳統的業務流程，規範已有的管理方式和財務制度，對已有財務管理體制和制度實施創新。

四、結論

綜上所述，飼料企業實施信息化財務管理具有重要意義。財務信息化管理不僅立足於財務信息系統的管理，也重視對財務人員的管理，通過規範財務管理制度、完善財務管理條例等措施提升財務管理的效率。飼料企業屬於加工型企業，其財務管理的重點要集中到原材料、銷售等方面，進而提升整個企業的財務信息化管理水準和效率。

參考文獻：

［1］徐倩. 畜牧飼料行業信息化管理進程［J］. 廣東飼料, 2015, 24（8）: 10-13.

［2］高原. 新形勢下管理會計應用問題及對策探析［J］. 經濟視野, 2013, 11（4）: 85.

［3］吳璽輝, 寧婭玲. 飼料企業資產管理信息化建設［J］. 中外企業家, 2015, 31（23）: 70-71.

［4］遲晶. 淺談中小飼料企業日常財務管理與納稅籌劃［J］. 時代金融（中旬）, 2014, 17（3）: 197-198.

［5］王彥麗. 國有中小型水產飼料加工企業財務管理存在的問題淺析［J］. 中國鄉鎮企業會計, 2016, 13（2）: 75-76.

［6］範磊, 李清洲, 趙炳宜, 等. 飼料企業質量安全管理中存在的問題及對策［J］. 河南農業科學, 2014, 43（5）: 176-180.

探討有關川菜企業財務預警系統指標體系問題

李光緒

摘要：通過前期對川菜企業進行的調查，我們得知眾多川菜企業都十分缺乏財務預警機制，這極易帶來財務問題，從而引發嚴重的財務危機。本文根據調查研究，闡述了川菜企業財務預警系統應具備統計財務信息功能、預知財務危機功能和預防財務危機功能，著重研究了當今財務預警模型以及該模型的不當之處，並提出了一些改進的方法及新的指標體系。

關鍵詞：財務預警；財務失敗；財務危機；預警模型

　　川菜企業身處競爭激烈的市場經濟，因此，在任何時候都有可能遇到嚴重的財務問題，而這種財務問題往往對企業的威脅是巨大的。從資產存量角度來看，這種財務問題主要表現在企業的負債率高於帳面資產，也就意味著企業的增長屬於負增長，資產屬於負資產；從現金流量方面進行分析，這種財務失敗主要指在現金流方面淨流出資金大於淨流入資金，所以企業只能負債。在這裡我們可以說，當一個企業出現無法按時歸還債務的問題，我們就稱之為財務失敗。當財務失敗在時間上開始累積時，就出現了財務危機。在財務危機出現直到公司倒閉這段時間，就稱之為公司財務危機過程。而危機也存在程度上的差異，有輕度危機、中度危機、重度危機之分，財務危機也是一個逐步出現和顯露的過程，而這種逐步顯露也就自然會透露出財務危機的信息。所以我們就要制定出一套專門的信息預告系統來及時地向企業經營者通知有關財務危機的信息，這就是本文所說的財務預警模型，這種模型可以全面地分析公司內部所存在的一些問題及預先通告即將產生的財務風險信息。財務預警模型是基於信息化建設的一套財務信息分析工具，也是現代企業在財務管理上不可或缺的一套工具，它可以及時提供財務風險信息，引起企業經營者的警惕，從而達到未雨綢繆、規避風險的目的。所以，建立合理的財務預警系統對川菜企業有著極其重要的作用，它是企業財務的「天氣預報」，也是規避企業危機的「防火牆」，是現代川菜企業健全財務系統的必要工具[1]。

一、建立財務預警系統所能起到的作用

　　川菜企業的財務預警系統作為川菜企業財務運行狀況的晴雨表，就必須要求

它有較高的靈敏度，能及時地發現並預報危機問題給企業管理層，這樣領導層才能及時地發現問題並解決問題，有效地避免財務危機的發生，從而為企業造福。因此，建立有效的財務預警系統就必須要求其有以下幾個方面作用：

（1）能夠統計財務狀況方面的問題。財務預警系統主要是在研究企業的經營狀況、產業結構、市場地位等方面的狀況的基礎上，對企業自身的內部不良狀況進行統計，再用其與外部信息進行對照，從而判斷是否預警。財務預警模型是基於信息化建設的一套財務信息分析工具，它的本質就是收集相關財務信息並進行深度分析的一種特殊工具。

（2）能夠收集到大量的信息並進行分析。一個有效的財務預警系統，它必須能夠在企業經營發展的過程中進行大量不利信息的收集，比如持續經營虧損、債務負擔過重、短期支付能力不足、無效的財務控制等。經過眾多信息的分析對比，及時地發出預警，從而建立起強大的防火牆，做到最大限度地規避風險，提升企業的生命力。

（3）能夠有效地防止財務危機的發生。一個真正有效的預警系統應當做到在企業財務出現危機徵兆之初便能立即預警，並且能及時發現具體問題所在，使得領導層能夠有的放矢，通過一系列防範及整改措施，有效地阻止財務問題進一步惡化，防止出現更大的財務危機。因此，一個有效的企業預警系統對企業具有極其重要的作用，它能讓企業起死回生，從而在競爭激烈的市場中佔有一席之地[2]。

所以說，一個有效的預警系統，它不僅要有及時預警的功能，還必須有收集信息及解決問題的作用，促使企業及時改正錯誤的做法，防患於未然。

二、目前財務預警系統的模型及存在的問題

當今社會上的財務預警系統存在兩大模型：單變量模型及多變量模型，下面分別詳細介紹該兩種模型及其存在的一些問題。

（一）對單變量預警模型的研究

這種單變量模型是20世紀偉大的美國會計學家及教育學家威廉·比弗首次提出的。他是通過將數十個財務失敗的企業和同等數量的相同產業規模結構的成功企業進行對比研究而提出的。這種單變量模型是以單個財務比率惡化程度來預測財務危機的。按預測能力的強弱，財務失敗指標有以下幾種分類：

（1）債務保障率：企業現金流量佔債務總金額的比率。
（2）資產收益率：營業淨利潤佔企業總資產的比率。
（3）資產負債率：企業欠款金額佔公司總資產的比率。
（4）資產安全率：企業資產能夠變現的能力與企業負債的比率。

在如上幾種綜合指標中，我們認為最能有效判斷企業財務問題的指標是指標一——債務保障率。這種指標在越接近財務危機的時候，靈敏度越高，判斷能力越有效，不容易產生誤判。由於現代企業變現能力很難考量，我們一般省略掉資產安全率指標。所以這種單變量模型主要就是兩個方面的研究：一是資產的收益

率，也就是企業的盈利能力；二是債務保障率指標，也就是償債能力。因此，這種模型雖然比較簡單，但是不容易概括整個公司的財務問題，這是單變量模型存在的弊端[3]。

（二）多變量預警模型的研究

早在20世紀60年代，許多國內外學者就對多變量預警模型進行了深入的研究，並取得了很大的成效。其中主要包括日本開發銀行的多變量預測模型，中國學者陳肇榮的多元預測模型及中國學者周首華、楊濟華的分數模型。他們運用先進的統計方法，對財務問題進行了量化分析，並在此基礎上建立了財務預警模型。在如此多的多變量模型中，其中最著名的屬美國的愛德華・阿爾曼的「Z計分模型」。這種計分模型主要由函數構成，運用數學計量手段將企業的盈利能力指標和營運能力指標等五個綜合指標有機地結合在一個函數裡，從而分析企業的財務失敗發生的概率，這五個綜合指標如下：

（1）營運資金占資產總額比率指標，可稱之為 X_1；

（2）留存收益占資產總額比率指標，可稱之為 X_2；

（3）息稅前利潤占資產總額比率指標，可稱之為 X_3；

（4）普通股及優先股市價占負債總額的比率指標，可稱之為 X_4；

（5）銷售總額占資產總額的比率指標，可稱之為 X_5。

這種模型在企業發生危機前的不長一段時間內的準確度很高，但是隨著時間的推移，這種預準率有所降低，在危機產生的前六年，預準率僅有28%。所以這種模型只是從五個指標來預測企業的財務狀況，很難全面地反應企業財務失敗的全貌，而且企業管理者可以通過調整改變企業的財務政策來控制成本，這樣淨利潤會發生變化從而導致預準失真，就會在一定程度上造成這種模型的不準確性。

三、建立健全川菜企業財務預警系統的指標體系

（一）如何為預警系統選擇和設計指標

川菜企業財務預警指標的設計和選擇應當遵循靈敏性、超前性和穩定性原則。靈敏性是指選擇的財務比率指標要能夠比較靈敏地反應川菜企業財務運行的主要方面；超前性是指選擇的財務比率指標應當超前於川菜企業實際財務運行的波動；穩定性是指對選擇的財務比率指標的變化幅度進行不同狀態劃分後，劃分的標準能夠保持相對穩定。

（二）川菜企業財務指標體系設計和選擇的要素

為了保證財務預警系統具有準確性及穩定性，我們必須為其選擇恰當的指標，而這些指標的選擇就必須經過認真的研究分析，從而保證財務指標具有科學性及應用價值。而財務比率作為財務指標的主體，應當包括五個方面內容：還債能力、經營能力、發展能力、支付現金能力及盈利能力，從而為企業財務狀況分析提供更多角度的研究依據，可大大提高企業預警系統的準確性。這五方面指標詳情如下：

1. 企業的還債能力指標

所謂企業負債，主要表現為企業的營業收入少於企業活動支出，而企業財務危機主要表現在企業的總資產價值金額低於企業的負債金額。從《中華人民共和國企業破產法》來看，企業破產主要指企業因管理方面的問題導致經營狀況不良，從而造成無法定期償還債務。我們從中可以看出，本質問題是企業不能按時還債，所以說大量的外債是導致企業最終破產的元凶，因此我們必須把償債能力指標作為企業財務失敗預警系統的主要指標。

2. 盈利能力指標

一個企業要健康長遠地發展下去，就必須有良好的盈利能力，而要想有良好的盈利能力，就必須有一個完善的財務預警系統。從某些程度上來說，川菜企業的盈利只是包括正常經營所得的收益，但是也不排除特殊情況，那就是非正常營業也能夠給企業帶來損失。因此，在分析川菜企業的盈利能力時，就應當要排除股票買賣等不正常的經營項目、已經對公司營業無貢獻的一些經營項目所帶來的影響等因素。

3. 發展能力指標

所謂發展能力，就是指企業在現代市場經濟環境下所能保持的競爭力的持久水準，表現為企業的市場拓寬能力及實力壯大能力。一個企業要想具備長遠發展的能力，就必須有一個健全的財務發展能力，而一個健全的財務系統必須具備一個好的財務預警系統。為了衡量企業是否具有發展能力，我們應當選擇銷售增長率、淨利潤增長能力等。

4. 企業的經營能力指標

川菜企業想要在現代社會經濟體中激流勇進，就必須有良好的經營理念，也就是經營能力。商場如戰場，企業不是靜止不動的，而是必須時刻保持警惕狀態，這樣才能保證企業不至於在競爭中被擊敗，從而導致破產退出歷史舞臺。而要想瞭解企業的經營能力，就應該瞭解企業的資金使用效率，這也是企業管理者所關心的。

5. 現金流量指標

所謂現金流量，就是指企業現金的淨流入量和淨流出量。當淨流入量大於淨流出量時，企業表現為盈利；當淨流出量大於淨流入量時，企業表現為負債。而我們都知道，這種現金流量會受到企業經營者的管理影響，而人為操縱則會導致財務信息不準確。為了更準確地統計企業的現金流量，川菜企業財務預警系統應當把注意力放在現金及其流動上。

四、結語

在現代川菜企業中，財務問題一直是困擾企業的一大難題，為了使企業走上良性發展的道路，引起企業經營者對企業現狀的重視及警惕，就應當建立健全財務預警系統。一個擁有良好財務管理的企業，必定能在社會市場競爭中激流勇進，

而良好的財務管理需要一個健全的財務預警系統，它可以及時地向企業經營者發出危機信號，從而使企業經營者能夠有足夠的時間來做出挽救企業財務危機的決策，所以財務預警系統在企業財務管理系統中有著舉足輕重的作用。當然，財務預警系統現在還存在一系列有待改進的問題。但是，相信在不遠的將來，財務預警系統將會快速發展，最終造福萬千企業。

參考文獻：

[1] 閻達五. 財務預警系統管理研究 [M]. 北京：中國人民大學出版社，2004.

[2] 然光圭. 財務成本管理 [M]. 北京：經濟科學出版社，2011.

[3] 張友堂. 財務預警系統管理研究 [J]. 財會通訊（綜合版），2004（1）：63-67.

中國上市公司融資行為及其原因分析

湯佳音

摘要：每個企業在其生存發展的過程中，都不可避免地要遇到融資這一問題。從企業來看，一項融資行為恰當與否，將直接影響企業的經營效益和所有者的收益；從國家層面來看，公司融資行為的合理與否，將會影響到市場發揮其資源整合功能，關係到國家金融體系穩定與否。因此，上市公司的融資行為是一個非常值得研究的問題。本文以上市公司的融資行為作為研究對象，通過對中國上市公司在融資方面存在的現狀進行分析後，對其現象背後的本質原因進行剖析，為改善中國上市公司的融資行為提供一定的研究基礎。

關鍵詞：上市公司；融資行為；原因分析

在目前「現金為王」的理念中，資金是維持和擴大一個企業生產經營最重要的生產要素，因此，在每個企業的生產經營過程中，融資都是不可迴避的一個問題。但是，融資決策卻是一個複雜的過程，該項決策不僅要求企業管理層能準確把握企業自身的情況和可供選擇的各種融資工具、能充分瞭解影響資本市場和貨幣市場的諸多因素及其信息，而且需要有科學的理論指導。然而，縱觀中國目前的情況，上市公司的融資行為卻表現得極為反常。例如，作為建立現代企業制度、完善公司治理結構而建立的資本市場卻成為上市公司圈錢的工具；再如，中國公司的融資順序與發達國家相比，完全相反，等等。因此，對中國上市公司的融資行為進行分析，對改進中國上市公司融資行為、完善中國融資市場具有深刻的意義。

一、中國上司公司融資現象分析

（一）中國上市公司融資目標盲目

一般而言，企業之所以要融資，其原因無非是想維持或擴大生產規模，做大做強。股份制公司的產生及資本市場的出現也是源於此。正如馬克思說過的，沒有股份制公司，英國一百年也修不成一條鐵路。縱觀世界上知名的企業，基本上都是通過各種各樣的融資手段，特別是上市融資，才使自己由小變大、由弱變強的。因此，公司上市融資本就是一件無可厚非的事情。可從中國的實際情況來看，

大部分上市公司沒有正確的融資目標，其融資目標往往是盲目的、模糊的、跟風的、消極的，可以說是為了融資而融資，可以為此偽造業績、損害公司價值、侵害投資者利益，給中國資本市場帶來了不好的影響。這種現象比比皆是，例如瓊民源憑空虛構了近6億元利潤，虛增了6億多元資本公積金；紅光實業本來是虧損1億多元，其招股說明書卻聲稱淨利潤為0.5億元，編造利潤1.57億元，騙取了4.1億元募股金。一般而言，上市公司可能存在以下幾種消極的融資目的。第一，為了上市而上市。中國很多企業把能夠上市作為企業成功的唯一標準，認為公司上市了就是公司成功了。為了達到這個目的，很多企業不惜偽造數據，粉飾業績，做出違法的行為。第二，為了「圈錢」而融資。部分上市公司融資成功後，並沒有按照招股說明書所列示的項目使用資金，沒有將融資得來的錢用於生產經營、技術研發，而是用於鋪攤子、擴規模、各種福利，具有「圈錢」性質。第三，配股行為的非理性。目前主流的財務理論都認為，由於存在負債的財務槓桿作用，應該根據投資項目的預期收益率來選擇融資方式，如果投資項目預期收益率較高時，應該選擇債務融資；反之，當項目的預期收益率較低時，股權融資為最佳的融資方式。然而，通過分析上市公司的配股說明書中所宣傳的項目，我們發現其所宣傳的項目具有相當高的內部收益率，根據可配股公司原有淨資產收益率不低於10%的規定，其預期的ROE要遠遠高於銀行貸款利率。儘管數據存在一些不真實的地方，但也在一定程度上反應了中國上市公司短期性地通過股票市場融資的行為已經到了一種不顧公司長遠發展的地步。

（二）中國上市公司偏好於外源、間接融資

通過與英、美、日、德進行數據對比發現，中國在融資渠道上偏好於外源融資。歷年來發布的數據表明，雖然以美、英、日、德為代表的融資模式存在一定的差異，但是從總體上來看，英、美、日、德內源融資占了一半以上的比例，在外源融資上，也只有一部分來自金融市場，換言之，這種融資行為符合啄食理論。而中國與之相比，其融資順序與啄食理論相反，外源融資占的比例大於內源融資，並且在外源融資中，絕大部分來自於金融市場。

除此之外，雖然近年來中國資本市場發展良好，直接融資發展迅速，但在融資總量中，直接融資所占比重仍然偏小，通過銀行融資、民間借貸等形成的間接融資占了80%以上，雖然這個比例近年來呈現微弱的下降趨勢，但是與發達國家相比，仍然有很大的差距，發達國家的這個比例一般低於70%。

（三）中國上市公司偏好於股權融資

第一，股票融資比重大於債券融資。統計資料顯示，在資本市場上，上市公司對債券市場的參與程度遠遠沒有股權市場的參與程度高。到20世紀末，雖然那時距離中國資本市場的建立已經過去了20年，但上市公司發行債券的數量僅占當時發行總量的2%。進入21世紀後，雖然上市公司的債券發行量有所提高，但也遠遠小於股票的發行量，基本上股票的發行量是債券發行量的2~3倍。

第二，未上市公司存在強烈的首次公開發行籌資的需求。由於中國資本市場

發展的不全面、銀行的「惜貸」行為以及民間借貸的不完善等，目前很多公司將發行股票看作是融資的唯一方式，「前僕後繼」地踏上了這條「獨木橋」。為了能夠上市融資，部分企業不惜走上違法道路，忽略了企業發展的根本。所以可以經常在證券市場上看到的是，很多上市公司在上市頭兩年就出現了巨額虧損。

第三，增發新股是上市公司最近較熱衷的融資方式。根據目前股票發行的各種政策法規來看，增發新股存在條件較為寬鬆、發行價格較高、發行規模較大等各種優惠條件，並且還不會受到籌資比例的限制，通過一次增發新股，上市公司可以籌集大量資金，特別是對國有股股東而言，他們不再需要拿出更多的現金參與配售，同時還能分享公司資產增值的好處，所以，增發新股已然成為目前最火爆的融資方式。

二、中國上司公司融資現狀的原因分析

(一) 融資成本的高低決定了企業的融資行為

按照融資優序理論的觀點，企業之所以會優先選擇內源融資，是因為內源融資具有既不會產生諸如利息、股息等籌資費用，也不會有破產的風險，更不會對原有股東的股權造成稀釋等諸多優點。所以，正如上文所說的，英、美、日、德等發達國家在維持或擴大企業發展規模的過程中，會優先考慮內源融資。但是，這種理論卻無法在中國生根，這並不是說中國企業不願意進行內源融資，而是由於中國大部分企業資產收益低、盈利能力弱。特別是中國的上市公司，大部分是由以前國有企業改制而來的，雖然形式上成了股份制公司，但是仍然存在治理結構混亂、一股獨大、所有者缺位等問題，企業整體盈利能力偏弱。內源融資來源於企業的留存收益，在盈利低下甚至虧損的情況下，企業根本無法利用自身的累積來籌集資金。

在外源融資成本中，股權融資和債券融資的成本是不一樣的。股權融資的成本主要有股利、發行費用，而債券融資的成本主要是利息，並且利息還有抵稅效益，除此之外，發行債券的企業可以利用外部資金擴大投資，增加企業股東的收益，產生「槓桿效應」。所以，普遍認為，股權融資的成本要高於債權融資的成本。在大部分發達國家，企業選擇債券融資的比例要高於選擇股權融資的比例。而在中國，通過上文描述，這種情況卻是相反的，即股權融資的成本要低於債權融資的成本，其原因在於：首先，股權融資成本主要包括股票股利和股權融資發行費用。就股票股利來說，縱觀中國上市公司實行的股利政策，相當多的企業常年不支付現金股利，或者象徵性地支付一些現金股利，再加上對於投資者而言，投資這類股票並不是看重這個公司是否分發現金股利，而是看重今後的資本利得，相比於現金股利，其實投資者更喜歡股票股利。因此在公司不願意分、投資者也不願意要的情況下，股利作為發行股票的一項成本變得可有可無，有錢就分，沒錢就不分，基本上沒有任何現金壓力。對於股票的交易費用來說，從上市公司招股說明書的披露來看，大盤股的發行費用大概是募集資金的 0.6%～1%，小盤股大

概是1.2%，配股的承銷費用為1.5%。平均來看，相應的發行費用占融資資金的比率低於2%，並且近年來呈下降趨勢。其次，上市公司債權融資的成本包括利息率、手續費率等。其中占的比重最大的為利息，雖然目前銀行利率有下降的趨勢，但是進行債權融資，按時還本付息是一項「硬約束」，稍有不慎，就會有破產的風險，企業面臨著巨大的財務壓力和現金壓力。所以，中國上市公司傾向於股權融資。

（二）資本市場結構缺陷

第一，由於中國歷史遺留問題尚未解決，雖然按照投資主體劃分，可以分為5種股權，分別是國有股、法人股、社會公眾股、內部職工股、外資股，但從總量來看，其中50%以上的為不能上市交易的國有股和法人股，可以上市交易流通的社會公眾股和外資股不到一半。雖然這種同股不同權、同股不同利的現象正在通過股權分置改革來加以改善，但效果不明顯，這阻礙了資本市場的正常化發展。

第二，就融資工具而言，完整的資本市場體系包括長期借貸市場、債券市場和股票市場。如果資本市場上具有多樣化的融資工具，那麼企業可通過多種融資方式來優化資本結構。從中國情況來看，中國資本市場的發展存在著結構失衡現象，在股票市場和國債市場迅速發展和規模急遽擴張的同時，中國企業債券市場沒有得到應有的發展，企業債券發行市場的計劃管理色彩過濃，發行規模過小，導致企業缺乏發行債券的動力和積極性，企業債券市場的發展受到了嚴重阻礙。

第三，就資本市場運行來看，其運行存在缺陷。由於中國與資本市場相關的一系列法律制度及體系遠遠沒有建立健全，導致上市公司上市融資過程中的一些重大違法事件得不到及時處理，相當部分甚至不了了之，這都對市場參與者起了十分惡劣的示範效應。

通過上述的分析，可以看出上市公司目前的股權融資偏好是其在融資成本較低、資本市場存在缺陷等情況下，出於自身利益最大化而做出的理性選擇。鑒於這種融資偏好的弊端，相應的改革也就勢在必行，例如通過切實提高上市公司內源融資能力、加強股權融資相關制度的建設和完善、積極發展中國公司債券市場等方式來加以改進。

參考文獻：

[1] 楊豔，陳收. 資本成本視角的上市公司融資行為解析 [J]. 系統工程，2008，26（3）：45-52.

[2] 曹學良. 淺談中國上市公司可轉債融資方式 [J]. 現代商業，2008（23）：165.

[3] 袁康來. 融資順序假設理論與中國上市公司股權融資偏好 [J]. 中國農業會計，2006（3）：32-34.

[4] 孔瑩，姚明安. 中國上市公司內外融資的順序偏好 [J]. 中國流通經濟，2007（7）：36-38.

[5] 呂海霞，鄔鳳悅. 上市公司股權再融資偏好解析 [J]. 財會通訊，2009（29）：22-24.

優化中小企業成本管理的探討

羅 潔

摘要：企業成本管理在企業發展中有著舉足輕重的地位。本文通過對現有中小企業成本管理的分析，提出了優化中小企業成本管理的一些見解，希望這些方法能夠對管理者有所幫助，從而促進企業發展。

關鍵詞：中小企業；成本管理；成本控制

進入 21 世紀後，伴隨著以電子信息技術、自動化與網絡技術為特徵的全新企業製造環境的出現，企業間的競爭日趨激烈。特別是中國加入 WTO 後，對本國企業參與國際市場競爭的要求越來越高，中小企業要想在激烈的市場競爭中存活，只有順應潮流，不斷克服自身的弱點及缺陷，提升自身的競爭力。

一、中國中小企業成本管理中存在的問題及原因分析

（一）管理制度不健全，成本管理體系鬆散

中國相當一部分企業的成本控制制度很不完善，沒有形成真正科學的成本管理體系，缺乏適應社會主義市場經濟體系需要的管理方法和現代化管理手段。有的企業尚未建立嚴格的管理制度，從而導致企業成本管理工作處於失控狀態，致使成本不斷增加，同時助長了貪污的風氣。在管理領域，只限於對產品生產過程的成本進行核算和分析，沒有拓展到技術領域和流通領域；在管理體系上，成本預測、成本決策缺乏規範性、制度性；成本計劃缺乏科學性、嚴肅性，造成了整個成本管理流程的盲目性，不能有效達成企業成本管理的目標。

（二）技術創新投入不足，成本管理方法落後

在企業成本管理對象的複雜性、多樣性日益加劇的今天，大多數企業卻還停留在傳統的成本核算、控制方法上，不能夠緊密結合企業生產經營的特點引入成本管理軟件，從而導致企業各階段的成本管理和核算功能不能有機地結合起來。

（三）企業成本管理缺乏市場觀念，缺乏成本約束激勵機制

許多企業按照成本習性和核算產品成本劃分，認為通過單品種、大批量的生產方式，既可以提高產量，又可以降低單位產品分攤的固定成本，即通過生產的規模效應來達到降低成本的目的。這樣一來，產量越高，企業產品的單位成本越

低。這種錯誤的認識導致企業不顧市場對產品的需求，片面地降低產品成本，將生產成本轉移或隱藏於存貨，提高短期利潤。也有的中小企業由於對市場和消費者缺乏足夠的瞭解，沒有掌握消費者對商品需求的變化，盲目生產毫無特色的大眾化產品，顧客的認可度低，從而給企業造成無形的損失。然而，一味地提高產量必然導致產品積壓，嚴重虧損。造成這種現象的原因就在於企業成本管理缺乏市場觀念，導致成本信息在管理決策上出現誤區。

（四）成本信息的不精確，缺乏有效的管理價值

成本信息是企業管理決策的需要，取得更好、更及時、更充分的成本信息，才能配合管理決策的要求，科學合理地加以利用。現行的中小企業成本管理體制，往往容易導致成本管理中的信息披露不精準，影響管理人員的決策。

（五）成本管理人才匱乏，缺乏全員控制意識

目前中小企業的成本管理人員匱乏，專業素質不高，缺乏現代管理理念，不能充分發揮成本管理在企業管理中的作用，很難實施全面技術更新以降低生產成本。一方面，中小企業規模小、薪酬低，往往無法吸引高素質的人才，但這並不意味著只能用低素質的員工。主要原因在於企業管理者認為成本核算比較簡單，只要認真負責就可以做，而沒有根據企業需要培養一支能夠適應成本管理需要的專業員工隊伍。另一方面，有的企業人員分配很不合理，存在人不能盡其才的現象，職工工作積極性低，人才流失現象嚴重。

二、新經濟時代優化中小企業成本管理體系的對策

（一）樹立企業成本管理的整體觀念，提高全員成本管理意識

企業在進行成本管理時，應將成本控制意識作為企業文化的一部分，自上而下樹立起成本意識和效益觀念：①以組織為單位，建立管理責任中心，將各項成本指標層層分解，落實到各個部門、各道生產工序。②落實到人頭、崗位，實現成本管理的科學化、目標化、規範化。③通過跟蹤、監督、檢查指導和考核等動態管理，激勵員工增強成本意識，做到各盡所能，從我做起。④通過廣泛開展節能降耗方面的教育活動和激勵機制，引導職工積極投身於成本控制活動中，在保證產品質量的前提下，最大限度地降低成本。現代企業成本管理中，人的素質、技能是企業成本非常重要的影響因素，職工良好的成本意識也是成本管理的必要條件，通過對每位職工成本責任的確立，以及利益機制、約束機制和監督機制相配合，有利於成本意識的普遍建立。

（二）加強企業內部管理，及時處理成本管理系統中存在的問題

成本管理是一個系統工程，它充分體現在企業生產經營的各個環節上，只有建立一個完備的成本控制體系，才能真正把成本管理搞好。在成本細分過程中，根據單項成本在總成本中的比重，明確成本控制重點，再運用投入產出等現代管理方法，從源頭上抓住重點成本項目，進行包括全體員工在內的全方位、全流程控制，使每位員工都有清晰明了的成本控制目標。由於成本細化到人，每個員工

都能切實瞭解自己的責任，因此能自覺做到自我加壓，自我約束，挖掘潛能，追求自身利益最大化；同樣，也使每位員工均受到上一級管理者的約束監督，從上到下形成企業內部責任成本控制網絡。

（三）樹立全面的成本管理觀念

傳統成本管理一般只重視生產過程的成本控制與節約，其他環節的成本控制沒有引起企業管理人員的高度重視。產品的成本管理不能僅僅局限於生產過程的成本控制與節約，其他環節的成本控制也應該引起企業管理人員的高度重視，包括產品的開發、設計以及售後服務。而且受市場競爭的影響，產品售後服務成本控制的問題也應提到企業成本管理的議事日程上來，成為企業管理者關注的問題。

（四）借鑑國內外經驗，選擇先進的成本管理方法

金融危機來襲，企業卻在面對困難的時候沒有改進自身的成本管理方法，依舊因循守舊，這必然造成效率低下，成本控制不嚴，進而給企業帶來更大的虧損。企業必須借鑑國內外經驗，根據企業發展變化建立與之配套的成本管理體制。根據成本控制方法實施的需要，企業也可以對現實基礎進行改革，如轉換組織結構，建設新的企業文化等。現在的成本管理方法很多，成本控制方法同樣各具特色，必須考慮到自身實際，結合組織機構、企業文化、生產方式等來確定。成本控制決定著企業能否健康生存、發展。只有解決好這一關鍵問題，企業才能走上良性發展之路。

三、進行成本管理時應注意的問題

（一）正確處理好市場與成本管理的關係

在市場經濟環境下，企業的一切管理活動都要以市場為導向，企業成本管理也不例外。目前許多中小企業缺乏市場觀念，重效率而輕效益的狀況較多。對一個企業而言，效益才是根本。而市場就是效率（成本）與效益（價格）關係的連接點。

1. 企業要樹立成本管理的市場觀念

現代企業制度下，企業自負盈虧，自我發展，經濟效益決定企業自身的前途命運，因此進行成本管理必須以增加企業盈利為目標。企業產品成本是需要降低還是提高，應以是否可以增加企業利潤進行決策。如果提高成本能給企業帶來更多的利潤，就不一定非要降低成本。所以企業成本管理人員必須確立成本效益觀念，正確看待效率與效益的關係。

2. 加強市場預測與分析，按需生產

企業在進行市場預測與分析時，必須落到實處，按市場需求開發產品和組織生產，同時要注意設計開發功能的多樣化問題，以防片面追求多功能，而忽視了消費者的價格承受能力。另外，要建立起能對多變的市場需求做出快速、靈敏反應的、具有彈性的生產能力，並盡量縮短產品在流通領域的待售時間，減少甚至消除存貨的積壓，從而使各種成本與費用得到真正的、持續的降低。

（二）正確處理當前利益和長遠利益的關係

成本降低是方法、過程，而非目的，企業追求的終極目標是成本降低後的效益實現。傳統的成本管理僅僅要求盡可能減少成本付出，當今的成本管理體系不僅是節省或減少成本支出，而是運用成本效益觀念來指導新產品的設計及老產品的改進工作。如果增加產品功能會使產品的市場佔有率大幅度提高，那麼，儘管為實現產品的新增功能會相應地增加一部分成本，只要這部分成本的增加能提高企業產品在市場的競爭力，最終為企業帶來更大的經濟效益，這種成本增加就是符合效益觀念的。

參考文獻：

［1］郭咸綱. 貢獻利益分享模式［M］. 北京：清華大學出版社，2005.

［2］潘玲萍. 中小企業成本管理研究［J］. 現代商貿工業，2007（10）：189-190.

［3］蒲林昌，沈曉豐. 中國西部中小企業成本困境問題淺析［J］. 科技管理研究，2009（7）：92-94.

盈餘管理演變為會計舞弊的破解路徑

薛 軍

摘要：盈餘管理與會計舞弊之間雖然有較為明確的劃分，但在實際操作中依舊較難把握。由於二者之間存在模糊地帶，導致企業在進行盈餘管理時，往往假借盈餘管理之名進行會計舞弊。本文在分析盈餘管理與會計舞弊相關概念的基礎上，針對盈餘管理和會計舞弊之間的關係進行分析，並提出相關的破解路徑。

關鍵詞：盈餘管理；會計舞弊；破解路徑

一、引言

盈餘管理在20世紀80年代興起於美國，主要是指企業的管理者為了實現個人效用最大化，或者保障企業最大限度地獲取利益，進而通過選擇會計程序，改變財務報告，從而對企業相關利益人造成誤導，或者對依賴於會計相關數據的合同結果造成影響的一系列行為。如果合理地進行盈餘管理則會真實地反應企業價值，反之，則對會投資者的決策造成不利影響，甚至導致企業的管理人員無法清楚地掌握企業具體情況，最終不利於企業的長遠發展。

因此如何有效地避免盈餘管理演變為會計舞弊，無論是對企業而言還是中國的經濟發展而言都有著重大的現實意義。

二、理論綜述

（一）盈餘管理概述

在國內，盈餘管理概念主要有廣義和狹義兩種。廣義的盈餘管理不僅包括對損益表中的盈餘數字進行控制，還包括對資產負債表以及財務報告中其他輔助信息進行控制和管理，甚至構造交易。而狹義的盈餘管理是指企業管理人員為了最大限度地完成企業預期盈利，進而在會計準則之內，通過選擇恰當的會計政策，使得所選政策有利於自身發展，進而完成盈利預期。在此我們將其定義為：企業的管理人員通過人為的方式在會計準則之下通過影響盈餘相關數據，最終實現利益最大化。

盈餘管理可以從契約和財務報告兩個方面進行定位。從契約的角度來看，企業是一系列契約的聯結，在這些契約中會計行為發揮著重要的作用。出於自利原則，無論是不同契約之間還是同一契約中，各個契約人之間的利益存在的各種衝突，而作為其中一方的企業管理人員就會進行相應的盈餘管理。由於在現實中契約往往是不完全的，當合同存在剛性時，盈餘管理就會成為一種低成本的方法，以保護公司免受未預期到的現實狀態的影響。從財務報告角度來看，管理層可以通過進行盈餘管理行為影響公司股價。因此，適度的盈餘管理可能是好的。然而，一些管理者可能會濫用盈餘管理。就契約而言，作為企業的管理人員，為了獲得更多的自身利益而通過投機運用盈餘管理，進而犧牲契約當中的某一方的利益。就財務報告而言，企業管理人員通過提高費用記錄，或者強調盈餘的構成而不單單是淨利潤。其中的一些策略表明管理層並不完全接受有效證券市場假說。因此，過度的盈餘管理會降低財務報告的可靠性。

（二）會計舞弊概述

2006年中國新發布的《中國註冊會計師審計準則第1141號》將舞弊定義為：「被審計單位的管理層、治理層、員工或第三方使用欺騙手段獲取不當或非法利益的故意行為」。雖然盈餘管理和會計舞弊是兩個不同的概念，然而很難進行完全的區分。加之如今經濟發展速度快，所涉及的經濟業務更是越來越多，這二者之間出現交叉的部分也隨之增加，盈餘管理在發展當中漸漸朝著會計舞弊的方向演變。

三、盈餘管理演變為會計舞弊的影響

（一）影響會計準則與監管制度的制定

政府在進行會計準則和監管制度的制定之時，首要考慮的就是盈餘管理演變為會計舞弊。隨著經濟的發展和人們參與意識的加強，企業漸漸地加大了在會計準則和監管制度的制定之上的參與度。為了確保財務報告能夠真實準確地反應企業狀況，尤其是反應企業經營過程中以及經營環境的特殊性、不確定性，財務報告和財務信息披露的管理者就必須允許企業在編製報告之時，充分地運用職業判斷和會計選擇，而如果給予企業過多的機會進行選擇，則會助長會計舞弊現象的發生。因此，盈餘管理一旦演變為會計舞弊，將會對會計準則的制定造成嚴重影響，不利於規劃會計監管工作。

（二）對決策造成誤導

如果將盈餘管理保持在適度的原則之上，並不會對報表信息造成不利影響。反之，如果管理過度，盈餘管理則會發生變質，從而演變為會計舞弊，進而導致報表信息缺乏真實性，使得投資人和債權人無法進行正確決策，有時甚至會給企業和投資人帶來不利影響，導致不可估量的損失。

（三）不利於資源配置

盈餘信息是所有的會計信息當中非常重要的一個部分，占據著主導地位。企業想要最大限度地提高自身價值，就必須做好盈餘信息的管理工作。當盈餘管理

過度時，則易轉變成為會計舞弊。雖然在一定程度上，會計舞弊似乎比盈餘管理更能吸引人，能夠使企業獲得更大的利益，但它將會嚴重影響到會計信息的相關性和可靠性，導致無法有效配置信息資源，降低社會效率，造成不必要的資源浪費，影響資源的優化配置。

(四) 不利於企業發展

會計舞弊雖然在表面上比盈餘管理更加有利於實現企業的最大價值，然而實質上只是一種泡沫型的效益，是無法持久的。雖然短期內企業可以通過會計舞弊獲得效益，然而長期而言則容易讓企業形象受損，導致投資者無法繼續信任企業，最終使得資本和信貸市場失靈。如果企業並未及時地採取措施進行有效的經營管理，將會面臨經濟效益快速下降的風險。這使得企業不僅無法有效地完成預期目標，還不利於企業樹立良好的社會形象，降低企業信譽度，影響長遠發展。

四、盈餘管理演變為會計舞弊的規避

(一) 完善內部結構

(1) 完善獨立董事制度。一方面是非制度層面。首先企業要注重培養誠信，讓企業在一種誠信的氛圍內發展，將誠信當作基礎，進而推動企業發展。這不僅能夠有效地推動中國社會經濟的發展，而且能夠有效地推動董事制度朝著獨立性的方向發展；其次加強道德建設。在監管公司的盈餘管理時，必須確保客觀、公正，切實落實自身職責，嚴格遵守相關標準規範，提高個人責任感。最後培養獨立董事的能力，提高監管職能，促進盈餘管理相關活動在適當的範圍之內進行，使之不朝著會計舞弊的方向演變。另一方面是獨立董事制度層面。必須建立健全相關法律，包括《中華人民共和國公司法》等。明晰相關部門的職能，包括獨立董事會和監事會的職能界限，使二者之間可以進行有效的協調和配合，有效發揮各自職能，避免盈餘管理演變為會計舞弊。

(2) 優化公司股權結構。如果公司的股權太過集中，則公司在進行治理之時將無法有效地發揮治理機制的作用。為了避免這種情況，可以加強對機構投資者的培育，引進國外機構投資者，確保在公司治理當中投資者能夠起到積極作用，進而有效降低股權集中程度，促進治理機制發揮相應效用。此外，還要避免決策權過於集中，提高股東決策的正確性和可操作性，最大限度地降低不利影響，無論是對大股東而言，還是對控股較少的人員而言都是有益的。

(3) 健全審計委員會。一般情況下，對公司財務報告的監管工作通常由監事會進行，但現實情況是監事會的獨立性嚴重不足，不具備信息佔有上的優勢，進而導致監事會無法有效地發揮自身職能。因此可以借鑒發達國家的成功經驗，如美國、英國等已經建立了較為健全的制度，採取了有效的做法。中國可以立足實際情況，建立健全審計委員會，使其在行使監管職能時，能夠就企業的相關活動和財務報告等情況進行監管和審計。

(二) 優化市場治理機制

(1) 建設經理人市場。中國目前還缺乏一個充滿競爭的經理人市場，尤其是國有企業，通常通過企業黨組織以及人事部門來選擇企業經營者。通過這種方式選擇的經理人，往往不能完全符合企業的發展需求，不利於提高企業的治理效率及做好盈餘管理工作，也不利於控制其不向會計舞弊轉變。鑒於此，在選擇經理人時，應轉變傳統的選擇方式，進行公開、公正的選拔，建設一個完整可靠的經理人市場。具體如下：一是取消國有企業經理人的行政級別，提高其流動性。為了更好地確保經理人能夠發揮應有的作用，可以建立相應的業績評價體系和業務檔案，既可以及時瞭解經理人的實際工作和業績情況，又能夠在優秀人員當中選擇出最恰當和最優秀的經理人；二是建立全國性的統一的經理人市場。經濟的快速發展，要求充分利用市場調節，減弱政府干預，這就要求在全國範圍之內建立一個統一的經理人市場，通過市場考驗來選擇符合市場經濟發展要求的人才。

(2) 完善資本市場。廣義而言，資本市場包括證券和債務市場。一個完善的資本市場，不僅能夠有效地實現資源的優化配置，還能提高資本市場的運作效率。為了確保企業反應信息的及時性和有效性，必須提高資本市場效率。通過進一步完善證券市場，即使出現大股東利益轉移的情況，那些股權較少的小股東，也能夠及時出售和轉讓股票，從而在一定程度上減弱大股東對企業的控制力度，加強對其的約束。除此之外，在債務資本市場較為完善的情況之下，相關的債權人可以對企業提出要求，然後由企業提供真實可靠的會計信息，這既能夠幫助債權人做出正確決策，又能夠提高盈餘管理水準，避免其演變為會計舞弊，確保企業的長期發展。

(3) 加強監管職能。一是建立健全相關法律法規，為其監管職能的實施提供依據，做到有法可依。企業進行盈餘管理，更多的是因為來自證券市場上市、配股等方面的壓力。企業進行頻繁的盈餘管理，進而提高企業效益，實現企業價值的最大化，究其根本是證券法的不足所導致的。由於證券法中以單一的會計盈餘作為財務指標，進而對企業的上市資格、配股資格等進行衡量，企業為了獲取上市、配股等資格，就不得不頻繁地進行盈餘管理，甚至轉向會計舞弊。這就要求建立健全相關法律法規，從動機著手，有效地控制盈餘管理。二是監管會計披露信息。首先要審查所披露的信息材料，確保其真實性和準確性。其次會計信息在披露當中所選擇的內容、披露的方法等都應該有詳細的規定，以有效地提高披露信息的質量，最大限度地避免某些管理人員為了獲得最高利益，利用盈餘管理傳遞假消息。這將有利於確保企業的長遠發展，維護正當利益，避免過度的盈餘管理。三是實施有效的獎懲制度。有關監管部門在開展監管工作時，應該實施有效的獎懲制度。針對那些利用盈餘管理達到個人利益目的甚至嚴重損害投資人利益的管理人員，必須進行嚴厲的處罰，以提高管理人員的責任感，同時視情節而定，選擇是否進行民事賠償，進一步規範人員行為，控制會計舞弊情況。同時針對那些勤懇工作，為公司謀求正當利益的管理人員，也應該及時給予獎勵和支持，提

高相關工作人員的工作積極性和主動性。

(三) 完善會計準則

中國目前正在實施的新會計準則，在一定程度上控制了盈餘管理，避免其演變為會計舞弊。但新準則也存在一定的不足和缺陷，這就要求為了進一步控制盈餘管理行為，應該立足市場環境特點，不斷完善會計準則以及相關的法律法規。針對新出現的問題提出相應的條款，及時進行修正和完善。關於規定當中存在模糊性的部分，也應該及時進行完善，明確條款內容，提高指導作用，有效地縮小會計政策的選擇空間和範圍，彌補其中存在的不足。同時要隨時關注經濟業務，針對新發展與新問題，將所制定的會計準則和國際接軌，確保具有一定的前瞻性和靈活性，給予會計主體科學合理的選擇空間。為了進一步確定所制定的會計準則能夠適應目前的發展要求，有效控制盈餘管理，避免會計舞弊現象，要嚴格執行相關法律法規，對於那些違背國家法律法規的情況進行嚴厲的處罰。

總之，適當地進行盈餘管理將推動企業實現自身價值的最大化，而過度的盈餘管理則容易演變為會計舞弊，這不僅不利於企業獲得最大利益，反而影響企業的長遠發展，同時也不利於中國的市場經濟發展，影響市場秩序。為了有效控制盈餘管理，防止其演變為會計舞弊，保障企業效益，一方面要完善內部結構，優化企業股權，選擇恰當的經理人，另一方面要建立健全相關的法律法規，完善會計準則，加強部門監管，從而有效地控制企業的盈餘管理，避免會計舞弊，促進其長遠發展以及企業自身價值最大化的實現。

參考文獻：

［1］李秋蕾. 中國上市公司會計舞弊監管制度研究［D］. 天津：天津財經大學，2012.

［2］沈建國. 基於內部控制的上市公司會計舞弊治理研究［D］. 天津：河北工業大學，2012.

［3］萬東敏. 上市公司財務舞弊識別及治理策略研究［D］. 鎮江：江蘇科技大學，2012.

［4］李曉光. 中國上市公司會計舞弊識別研究［D］. 濟南：山東大學，2013.

［5］葉晶晶. 基於倫理視角的會計舞弊及其預防研究［J］. 財會通訊，2009（21）：18-22.

中小企業會計人員的現狀及對策分析

張豔莉

摘要：中小企業在促進中國經濟發展和社會穩定中起著舉足輕重的作用，但是中小企業的財務管理水準較低，會計人員的職業技能和職業素養存在著諸多問題，亟須改善。本文剖析了中小企業會計人員的現狀，並提出瞭解決中小企業會計人員問題的對策。

關鍵詞：中小企業；會計人員；會計從業資格；職業道德

一、導論

截至 2012 年年底，中國中小企業已經達到 5,651 萬個，占中國企業總數的 99%，遍布在中國的第一、第二、第三產業之中，覆蓋了國民經濟的各個領域。其創造的最終產品和服務價值已占到中國國內生產總值的 60% 以上，繳納的稅費占全國的 52%，外貿出口占全國的 68.3%，發明專利占全國的 66%，研發的新產品占全國的 82%，提供了 75% 以上的城鎮就業崗位。可見，中小企業已成為創造社會就業和推動技術創新的主力軍，在中國的經濟發展中扮演著非常重要的角色，是國民經濟增長的一股強有力的助推器。但由於中小企業的規模較小、盈利能力較弱、發展潛力不大、報酬相對較少，以至於一些高素質、高職稱的會計人員不願意到中小企業，因此，為了促進中小企業的健康穩定發展，提升中小企業的效率和競爭力，有必要深入瞭解中小企業會計人員的現狀，做好會計人員的管理工作，培養優秀的會計人才服務於中小企業。

二、中小企業會計人員的現狀

（一）會計人員知識結構不合理，專業素質不高

據統計，中國中小企業會計人員的學歷較低。中專及以下學歷的人員所占比重較高，為 51%；而本科及以上學歷的專業人才較少，為 25%（其中研究生及以上學歷的只有 3%）；同時，中小企業會計崗位的門檻較低，大多數的會計人員只具有會計從業資格證書，較少的會計人員具有中、高級的職業資格證書。調查數據顯示，中小企業會計人員中具有從業資格的占總人數的 43.5%，具有初級會計

師職稱的占總人數的41.3%，具有中級會計師職稱的占總人數的9%，而具有高級會計師職稱的只占總人數的6.2%。可見，中小企業會計人員的知識結構嚴重不合理，專業知識素質較低，高學歷的專業人才較少，會計人員的發展跟不上經濟發展的需求。這樣不僅制約了會計產業的發展，更制約了中小企業的發展。

(二) 會計人員的職能定位不清晰、缺乏管理意識

一方面是中小企業會計人員對自己的定位認識不清晰，認為中小企業會計人員的職責就是進行日常的記帳、算帳、報帳和納稅申報，缺乏管理意識，不能充分地認識到良好的會計管理工作在企業發展中的積極作用。中小企業的財務管理工作除了最基本的核算和監督之外，更重要的是參與企業的經營管理；會計人員從專業的角度出發，結合企業的生產經營特點，對企業財務管理的各方面進行合理的衡量，提出相關建議，為中小企業的發展出謀劃策。另一方面是企業的領導者對財務部門的需求和認識不準確。大多數中小企業的領導者往往重視銷售部門和技術部門，對財務部門的關注度極低，定位十分模糊。這導致會計人員在實際工作中分不清自己的職責，違規操作、做假帳、帳外帳、模糊會計報表等，從而加大了企業的財務風險和稅收風險，扭曲了企業會計信息的真實性，阻礙了會計行業的規範發展，更有損中小企業的形象。

(三) 會計人員的職業道德水準低

在中國，很多中小企業的會計人員法律意識淡薄，職業道德素質低下。在日常的經濟活動中，會計人員常常會做出一些違反職業道德的事情，甚至有些會計人員還會做出觸碰法律底線的事件。比如有些會計人員不遵守職業道德，偽造原始憑證，為企業做假帳、編製虛假的財務報表；還有一些會計人員立場不堅定，利用職務之便挪用、盜用企業的財物等。

(四) 會計管理體系不完善

到目前為止，中國許多中小企業仍未建立起一套完善的內部會計管理體系，無法對企業的會計工作進行有效的控制和監督。會計核算混亂及日常違規操作的情況十分常見，比如會計與出納兼容，特別是一些中小企業的管理與監控關係混亂，嚴重缺乏責任對應的追究制度，難以進行有效的控制和約束，存在很大的財務風險，影響了中小企業日常經營活動的正常進行，制約了中小企業的健康穩定發展。

(五) 會計人員主動工作的積極性較差

中小企業會計人員主動工作的積極性較差的原因主要包括：中小企業會計人員的起點一般很低，根本不具有前瞻性；中小企業會計隊伍的組織構成很簡單，會計人員一般由投資者（廠長、經理）的親戚、朋友擔任，常常是一人多職，且升職渠道狹窄；會計人員的工資薪酬一般都很固定，缺乏激勵獎懲制度和科學、合理的考核機制。

(六) 會計人員隊伍的穩定性差，合格的從業人員缺失

一方面中小企業會計人員在工資薪金、福利制度、社會地位和職業發展等方

面，無法與大企業或者外資企業進行比較。其工作的付出和回報往往不成比例，難以引起優秀會計人員的興趣，致使許多優秀的大學畢業生和有經驗的會計人員放棄就職於中小企業，導致願意到中小企業的大多數是一些只具有會計從業資格，缺少實戰經驗的新會計。另一方面，許多中小企業在規劃發展時，更多考慮的是未來的盈利，而對會計部門的發展卻沒有給予足夠的關注，從而限制了會計人員隊伍的建設，制約了會計人員的發展，致使中小企業會計工作弱化，會計人員隊伍不穩定性，合格的會計人員缺失。

（七）代理記帳不規範

由於中小企業缺乏合格的會計從業人員，許多中小企業只能外聘會計人員為其代理記帳。而中小企業代理記帳的真正動機並不是為了保證會計信息質量的真實、完整和依法繳納稅款，而是為了完成納稅申報，順利拿到稅務部門的發票。因此，中小企業對外聘會計人員的要求較低，只要能做簡單的帳務處理且能按時進行納稅申報就可以了。這導致中小企業代理記帳人員的業務水準參差不齊，操作不規範，對會計信息的真實性和完整性不能得到深層次的認證，阻礙了代理記帳行業的發展。

三、解決中小企業會計人員問題的對策

（一）提高會計人員的管理意識

會計人員不僅應掌握現代會計核算的方法和手段，還必須積極參與企業的經營管理。因此，中小企業的會計人員和領導者必須提高會計管理的意識，轉變會計管理的觀念，加強對會計管理工作的重視度，建立科學合理的管理方案，轉變現有的會計管理模式，放開管理權限，充分發揮會計部門的優勢，並通過與企業的其他部門合作，降低產品成本，提高企業的管理效率、經濟效益和競爭力。

（二）對會計部門進行準確、清晰地定位

企業所處的發展階段和行業水準不同，會計部門的作用和地位也就不同。企業領導者應該根據企業的具體情況，比較準確和清晰地定位會計部門，並通過與會計人員進行有效的溝通，協同會計主管制定相關的企業規章來規範會計部門的職能，比如制定安全有效的資金管理、及時準確的會計核算、合法合理的納稅籌劃、有效的內部控制制度等，從而促使會計部門和會計人員能更好地發揮作用，促進自身和中小企業更好更快地發展。

（三）提升會計人員的法律意識和職業道德水準

一方面要充分借鑑國內外會計法律法規實施的成功經驗，完善中小企業會計法律規範體系，同時加大相關執法部門的執法力度和對單位負責人、會計主管人員及直接責任人的查處、處罰力度，增大其違法成本。另一方面要建立健全會計人員職業道德監督評價體系：①通過各種新聞媒體加強社會輿論的監督與評價，弘揚正氣，遏制舞弊，形成一個良好的社會監督評價氛圍；②充分發揮註冊會計師的社會監督作用，保證會計信息的真實可靠；③加強國家財政、稅務、證券監

管、審計等部門對會計主體的財務檢查、審計和執法部門的執法力度；④在全國範圍內建立起一個涵蓋所有會計主體、會計從業人員、會計師事務所在內的信用狀況評級系統和會計信用檔案體系，強化對會計主體以及會計從業人員的會計職業道德情況的跟蹤；⑤不斷完善內部控制體系，嚴格執行內部會計監督制度，對相關會計人員進行職務分離，做到職權明確、程序規範、責任清楚，防止因職務重疊、權力集中而造成會計舞弊、貪污等違法行為的發生。

（四）加強會計人員的繼續教育，提高會計人員的專業素質和綜合能力

隨著經濟的不斷發展，相關的會計法律法規更加完善，傳統的報帳型會計和手工做帳法已經不能適應經濟發展的需要，必須要由傳統的報帳型處理方式向管理型、決策型處理方式轉變，還應充分利用現代技術和網絡手段，實行用財務軟件做帳的方法來替代傳統的手工做帳方法，由傳統的事後核算向事前預測、事中控制和事後核算相結合的模式轉變。所以，會計人員要不斷加強繼續教育，樹立終身教育的觀念。通過繼續教育將最新的財務知識、國家政策導向、最新的會計理論以及財經法律法規傳達到會計人員心中，從而提升會計人員的專業素質和綜合能力，使其更好地服務於企業。在會計人員的繼續教育中，還應定期或者不定期地對會計人員進行考核，對執業水準高的會計人員給予獎勵，對執業水準低的會計人員給予相應的處罰並且限期提高其執業水準，對在規定期間內仍然未達標的會計人員及時地給予調整。

（五）建立健全激勵機制，提高會計人員的工作積極性

一是會計人員應熟悉自己所在中小企業內部各個會計崗位的職責，明確自己的權利和義務，自己該幹什麼不該幹什麼，心裡都應有一本明明白白的帳。二是建立有效的競爭激勵機制和嚴格的責任追究制度，激發會計人員的責任意識和工作積極性，不斷提高會計人員的專業素質。三是關注會計人員的需求、想法，對會計人員高度關注的事情要引起足夠的重視，比如薪資福利、晉升問題、崗位培訓等，盡量解決會計人員的後顧之憂，保證會計人員能夠更加安心地工作。四是建立科學、合理的考核機制，使工作效率與工作績效真正掛勾，對於那些積極主動參加會計知識、會計電算化及相關會計法律法規培訓且使自己的綜合素質不斷提高的會計人員應給予物質和精神的雙重獎勵，營造一個和諧的競爭激勵氛圍。

（六）建設穩定的會計隊伍

中小企業培養一支具有高素質的會計隊伍是做好會計核算、監督和管理工作的關鍵。而要建立一支高素質的會計隊伍，除了強化會計人員的理論知識和業務技能的培訓外，還應保持會計隊伍的穩定。由於會計工作的專業性較強，會計人員是專業技術人員，因此，保持會計隊伍的穩定性，有利於保持會計信息的連貫性和相關資料的完整性，更有利於提高會計人員的執業水準，促進會計工作的更好開展。為此，中小企業應建立會計人員完善的等級制度，包括崗位等級和工資薪酬待遇等級；根據企業的具體情況給予適當地晉升和加薪，提高會計人員工作的積極性；對會計隊伍中的核心人員進行會計人員階梯式的管理，按不同崗位制

度進行人員的儲備和培養。

（七）規範代理記帳市場

一是要完善代理記帳的相關法律法規及其實施細則，提高代理記帳的可操作性。二是財政部門與稅務部門要加強信息連接，共享資源，對那些代理記帳操作不規範的行為，及時做出有針對性的調整，情形嚴重的可以依照相關法律法規吊銷相關人員的會計從業資格。三是要規範代理記帳業務的市場秩序，規範代理記帳仲介機構和會計人員的行為，嚴格按照法律法規，做好相關的會計工作，提高會計信息的質量，提升代理記帳行業和人員的水準。

可見，提升中小企業會計人員的專業能力和綜合素質是中國現階段經濟發展的新要求，是我們面臨的新課題。中小企業應樹立與時俱進、不斷創新的精神，樹立科學的人才培養和考核機制，充分調動和發揮會計部門、會計人員的積極主動性，提升中小企業會計人員的整體素質，增強中小企業的競爭力，促進中小企業的健康穩定發展。

參考文獻：

[1] 鄔俊杰. 論知識經濟時代提高金華中小企業財務人員素質的對策 [J]. 財政金融，2007（914）：13.

[2] 鄭新喜. 中小企業會計人員素質與能力存在的問題及對策 [J]. 中國商貿，2014（11）：63.

[3] 王臻. 中小企業財務管理的問題與對策 [J]. 經濟研究導刊，2013（22）：73

[4] 王玉珍. 論如何提高會計人員的綜合素質 [J]. 現代商業，2010（11）：227-228.

[5] 鄒荔紅. 如何提高會計人員的素質 [J]. 現代商業，2013（23）：83

[6] 孫緒桂. 中小企業會計管理存在問題及規範措施 [J]. 勝利油田職工大學學報，2007（6）：126-128.

[7] 梁麗芬. 中小企業會計人員素質現狀及提升措施 [J]. 當代經濟，2012（6）：40-41.

[8] 楊崇德. 淺談中小型企業會計人員素質的問題 [J]. 現代商業，2013（9）：143.

中小企業營運資金管理的問題及對策

羅 潔

摘要：資料顯示，中小企業是誕生最快、倒閉也最快的企業群體。中小企業的淘汰率很高，主要就是由於財務管理方面的不足。從發展現狀看，涉及現金、應收應付款項、存貨等的營運資金管理是目前企業財務管理的「主旋律」。建立和完善企業營運資金管理是中國中小企業向前發展的內在要求，也是建立包括營運資金管理在內的現代企業管理制度和適應當今國內國外雙重市場激勵競爭的現實需要。本文針對中小企業在營運資金管理中存在的問題，結合國際金融危機現狀，分析歸納了中小企業在營運資金管理方面存在的問題，並提出了相應的改善措施。

關鍵詞：中小企業；營運資金；問題；對策

一、營運資金管理在財務管理中的重要地位

在當今社會激烈的市場競爭環境中，營運資金管理已經成為公司不可或缺的重要管理內容。從靜態角度看，營運資金是指流動資產扣除流動負債後的數額；但是，在企業持續經營期間，營運資金卻是一個變量。因此，營運資金管理，即企業的短期財務管理，就是通過規劃與控制企業的流動資產與流動負債，使企業保持良好的償債能力和獲利能力，這已經成為現代企業理財行為的一個重要方面。營運資金管理的核心內容是資金運用和資金籌措，歸根到底就是現金管理、應收帳款管理以及存貨管理，從而實現「零庫存、零距離、零營運資本」的管理目標。

眾所周知，好的投資決策是實現企業價值創造的關鍵。然而，所有企業的長期戰略決策最終都要通過短期財務控制等手段來達到，理財目標需要高效的、目標明確的短期財務管理來實現。現金流量貫穿整個營運資金管理的始終，營運資金管理實際上就是以經營活動現金流量控制為核心的一系列管理活動的總稱。在客觀存在現金流入量不同步和不確定的現實情況下，企業持有一定量的營運資金十分重要。企業應控制營運資金的持有數量，既要防止營運資金不足，也要避免營運資金過多。這是因為企業營運資金越多，風險越小，但收益率也越低；相反，營運資金越少，風險越大，但收益率也越高。企業需要在風險與收益率之間進行權衡，從而將營運資金的數量控制在一定的範圍內。

另外，營運資金是流動資產的一個有機組成部分，因其具有較強的流動性而成為企業日常生產經營活動的潤滑劑和衡量企業短期償債能力的重要指標。營運資金存量的高低，不僅影響企業利潤的高低，也影響著企業的生存與發展。較高的營運資金存量代表企業短期的償債能力高，雖有助於信用評級的提升，但營運資金的投資報酬通常較低，故維持過高的營運資金存量可能影響企業的盈利，降低營運資金的管理效率；反之，則企業無法取得充足的資金來滿足生產、銷售等企業功能的需要，也將間接地影響企業的商機，同時阻礙企業的發展，甚至危及企業的生存。因此，管理者得在投資報酬與信用能力之間做出取捨，取得最佳的平衡點，才是有效的營運資金管理。營運資金管理的重要性可見一斑。

二、中小企業營運資金管理中的問題

（一）管理觀念落後，缺乏戰略性

據調查，中國有相當一部分中小企業忽視財務管理的核心地位，普遍不重視財務管理，更不用說營運資本的管理；同時，由於管理者的財務管理水準低下，經營管理理念和管理方法比較落後，缺乏現代財務管理觀念，使企業管理局限於生產經營型管理格局之中，營運資金管理失去了它在企業管理中應有的地位和作用。另外，中小企業典型的管理模式是所有權與經營權的高度統一，這種模式勢必給企業的財務管理帶來負面影響。

從發達國家的有關資料來看，大多數企業都有明確的營運資本政策，並且營運資本政策呈現出越來越激進的態勢，甚至提出零營運資本。對比而言，營運資本政策在中國傳統的財務理論中還是空白，所以很多企業並沒有明確的營運資本政策及管理制度，對營運資本的管理還僅僅集中在對現金、應收帳款和存貨等流動資產的管理上。

（二）理財環境較差

1. 相關的經濟法規政策歧視

國家政策支持主要是指各級政府的政策扶持、國家法律支持、資金支持等。首先，中小企業缺乏政策和法律支持。世界各國一般通過法律、法規維護中小企業的合法權益。多年來，中國政府的政策體系傾向於大企業，特別是國有企業或上市公司，而忽視了對中小企業的扶持。在過去很長一段時期內，中國出抬的扶持中小企業發展和保護中小企業弱勢地位的有關政策少之又少，只是在一些法律規範中做了有關中小企業的法律規定，且主要側重於政府對企業的管理。其次，在融資、稅收、土地使用優惠政策等方面也比較傾向於大型企業。目前，中國還沒有一部專為中小企業制定的法律法規，中小企業的法律地位不夠明確，缺乏必要的法律保護，以及對中小企業的經濟行為也缺乏相應的規範。

2. 財務信息資源不充分

與大企業相比，中小企業缺乏規範的財務報告制度和財務信息披露通道，這成為制約中小企業可持續發展的關鍵因素。中國《小企業會計制度》規定，小企

業的年度財務會計報告包括資產負債表、利潤表和會計報表附註，小企業可以根據需要選擇是否編製現金流量表。而現金流量信息對企業財務風險分析起著至關重要的作用。

此外，中小企業在進行財務決策時，不能獲得充分有效的財務信息。現階段，絕大多數中小企業自行收集信息，信息收集成本較高，且由於缺乏高素質的信息分析人員，信息利用效率也較低。社會上又沒有專為中小企業提供信息服務的社會化服務體系，致使財務管理人員難以做出科學合理的決策，使企業的發展受到了嚴重的阻礙。針對中小企業的規模小、投資少、市場反應靈敏等特點和相關財務信息使用者的特殊性要求，中小企業應選擇適宜的會計信息披露模式，規範會計信息披露行為和完善其制度建設。

3. 融資困難，週轉資金嚴重不足

現在，中國中小民營企業初步建立了較為獨立、渠道多元的融資體系。近期，為了幫助中小企業發展，應對經濟危機，中央財政對中小企業新增16億元貸款，然而這筆16億元的信貸支持分到各省、市、自治區，到企業手裡幾乎就是杯水車薪，同時有些地區對民營中小企業缺乏必要的信任，擔心貸出的款收不回來，導致貸款最終還是投到國有企業中去了。

資金源的萎縮使中小企業資金短缺問題突出，進而形成惡性循環。究其原因，包括：第一，負債過多，融資成本高、風險大，造成中小企業信用等級低，資信相對較差；第二，國家沒有專設中小企業管理扶持機構，國家的優惠政策未向中小企業傾斜，使之長期處於不利地位；第三，仲介機構不健全，缺乏專門為中小企業貸款服務的金融仲介機構和貸款擔保機構。各金融機構在改進金融服務，開發適合中小企業發展的金融產品，調整信貸結構，轉變服務作風，增強服務意識，提高服務質量上還有一段距離。所以，融資難、擔保難仍然是制約中小企業發展最突出的問題，這一問題在西部尤其突出。

(三) 資產管理不善，財務控制薄弱

1. 現金管理不當，導致現金閒置或不足

對於企業來說，資金是企業的血液，而對於融資本來就困難的中小企業來說，資金就是它的生命。如果缺乏資金，企業在經營上就會遇到重重困難。運籌好有限的資金，是中小企業經營的重要環節。而許多中小企業不編製現金收支計劃，它們對現金的管理在很大程度上是隨意的，一旦市場發生變化，經濟環境發生改變，就很難使現金得到快速週轉。由於中小企業資金實力較弱，其主要資金將投資於流動資產，而不是固定資產及其他長期資產，而有些中小企業認為現金越多越好，造成現金閒置，未參加生產週轉；有些企業的資金使用缺少計劃安排，由於多追求短期目標，對投資項目的可行性研究不充分，對自身經濟實力及應變能力估計不足，投資決策極易失誤，過量購置不動產，從而無法提供營運急需的資金，陷入財務困境。

2. 應收帳款週轉緩慢

有人說，時間價值是理財的第一原則，風險價值是理財的第二原則。隨著經濟的發展，信用銷售會越來越普遍。中小企業為了在激烈的競爭環境下求得生存、發展，往往利用盲目的賒銷來擴大市場份額，卻忽視了時間、風險與價值間的密切關係。又由於應收帳款管理水準不高，無嚴格的信用標準和收帳政策，應收帳款不能兌現或形成呆帳的情況時有發生。例如，中小企業的客戶中有很多信譽好的客戶，企業經理認為應收帳款百分百地可以收回，因此對追款問題不急，很少上門催收，顯然這樣做帶來的後果是，既在一定程度上增大了壞帳風險，又造成大量資金週轉不靈。

3. 存貨控制薄弱

許多中小企業對存貨缺乏有效管理，無存貨計劃，也無存貨定期監督和檢查制度，對日常存貨的管理不到位。管理者往往憑經驗進行管理，而不是採用經濟批量法，月末時存貨占用的資金往往超出其營業額的幾倍，致使存貨週轉不靈，造成資金呆滯。此外，不少中小企業的管理者對原材料、半成品、固定資產等的管理不到位，財務管理職責不明，出了問題無人追究，資產流失嚴重。

（四）財務信息失真、不完整

與大企業相比，中小企業財務管理人員素質較低，缺乏財務管理的基本理論和基本知識，同時法制觀念比較淡薄，對財務會計法律法規缺乏充分的理解和認識。企業組織機構不健全，缺乏規範的財務報告制度和財務信息披露通道，工作流程不規範，管理人員職責不明確，致使財務審批隨意性大，越權行事現象嚴重，造成財務管理混亂。不少中小企業會計帳目不清，信息失真，財務管理混亂；企業領導營私舞弊、行賄受賄的現象時有發生；企業設置「帳外帳」，弄虛作假，造成虛盈實虧或虛虧實盈的假象。例如，經營者利用信息的不對稱操縱會計信息，以粉飾其經營業績；流動比率指標是時點數，當影響該指標的有關業務在結帳日前發生，如以流動資產還流動負債或將原本結帳日後的增資計劃提前到轉帳日前辦理等，流動比率的數值都會發生相應的變化，使得該財務指標不真實；通過拖欠供應商貨款或者提前回收客戶帳款等手段人為操縱季末和年末的報表。

三、解決中小企業營運資金管理存在問題的對策

（一）建立適當的營運資金政策

中小企業的營運資金管理政策選擇需要考慮經濟環境、國家政策、行業、規模，以及經營決策等因素的影響。營運資金政策設計主要圍繞營運資金持有量政策和營運最佳融資政策兩方面，分為適度策略、激進策略和保守策略。不同的籌資策略，其風險和收益存在顯著差異。資金籌集和資金運用既相互促進又相互制約，一方面，企業是根據資金運用的需要來籌集資金；另一方面，企業籌來的資金要確保有效地運用，投入要有產出，確保企業資金的抗風險能力。因此，在執行營運資金政策時，既要做資金運用決策，也要做相應的籌資決策，並且注重有

效使用資金，確保資金增值，以求取得盡可能高的經濟效益。

（二）拓寬融資渠道，解決資金困難

2008年10月，《國務院關於進一步促進中小企業發展的若干意見》出抬，提出扶持中小企業發展的四項具體意見：第一，進一步營造有利於中小企業發展的良好環境；第二，切實緩解中小企業融資困難問題；第三，加大中小企業的財稅扶持力度；第四，加快中小企業技術進步和結構調整，地方人民政府應當根據實際情況為中小企業提供財政支持。從國家的一系列舉措中我們可以看出，中小企業未來的前景還是很不錯的。

於中小企業而言，穩定的融資渠道將為中小企業的成長壯大提供有力的保障。一般來說，企業的融資方式主要包括內源融資和外源融資兩種形式。外源融資可以通過以下方式進行：①信貸融資，採取動產、應收帳款、倉單、股權和知識產權質押等方式緩解貸款抵質押不足的矛盾。從目前來看，金融機構的信貸融資是中小企業的主要資金來源。②吸收創業投資基金，包括特定用途基金、擔保基金、風險投資基金、互助基金等集中支持中小企業的發展。③加快完善中小企業上市育成機制，通過創業板市場增加直接融資。④租賃融資，大力發揮融資租賃、典當、信託等融資方式在中小企業融資中的作用。⑤利用中小企業信用擔保機構提供的融資擔保服務解決融資。

值得一提的是，中小企業採用信用融資，就必須增強信用意識、推進信用建設以提高融資信用等級，接受守信受益、失信懲戒的信用約束機制。

（三）加強營運資金控制

1. 加強現金控制

中小企業要加強自身的資金管理。首先，企業在資金統一管理上應樹立現金流量的觀念。中小企業應該通過現金流量預算管理來做好現金流量控制。現金流量預算的編製採用「以收定支，與成本費用匹配」的原則，按收付實現制來反應現金流入流出，並將閒置的現金集中管理投資於短期投資，例如股票或基金。制定合理的費用份額，以免造成不合理的費用支出。其次，要有效降低資金使用成本，如對現金、支票和其他可生息應收款項要及時存進銀行。迅速支付各種票據，最好在最後期限以前支付，以保持良好的信用。盡可能用現金支付或及早付款，以便充分享用供應廠商和合同廠家提供的折扣。與債權人和顧客保持緊密聯繫，迅速解決與支付有關的麻煩。讓債權人充分瞭解企業的業務性質、季節因素和其他可能干擾現金流的問題。最後，努力提高資金的使用效率，使資金運用產生最佳的效果。為此，首先要使資金的來源和動用得到有效配合。比如決不能用短期借款來購買固定資產，以免導致資金週轉困難，其次，準確預測資金回收和支付的時間。

2. 加強應收、預付帳款的控制

隨著企業業務的不斷拓展，因商業信用賒銷引起的逾期應收、預付帳款和因市場瞬息萬變造成的長期滯銷壓庫商品，已成為資金沉澱的兩大難題。要提高資

產運行質量,就一定要加強這兩塊呆滯資產的正常流動循環,更要強化資金風險意識,重視客戶資信調查、嚴格控制結算方式、強化合同管理。可以多利用信用保險等債權轉移的工具,如信用保險、保理等;利用現金折扣降低應收帳風險,這需要管理者平衡好利潤率和資金的關係。

3. 加強存貨的控制

企業領導應充分認識到加強存貨管理的重要性,定期深入到存貨管理部門檢查各項制度的落實情況。加強對庫存量的分析,如加大分析的頻率,將銷售計劃、生產計劃與採購計劃緊密銜接,控制採購量,縮短採購週期。在採購制度的落實方面,應重點檢查有無未經批准的採購、有無質次價高、吃回扣的現象。在材料庫存管理制度落實方面,重點檢查入庫的驗收手續、存貨是否實行 ABC 分類管理、帳物是否相符、出庫是否有嚴格的批准手續等。降低庫存成本也是加強存貨控制的一個重要方面。

(四) 樹立理財觀念和風險意識

面對新的理財環境,企業若不全方位轉變財務管理觀念,就很難在激烈的市場競爭中贏得一席之地。重視人的發展和管理,是現代管理的基本趨勢。規範財務人員的行為,建立責、權、利相結合的財務運行機制,強化對人的激勵和約束,其目的就是要充分調動人們科學理財的積極性、主動性和創造性。在現代市場經濟中,由於市場機制的作用,任何一個市場主體的利益都具有不確定性,存在蒙受一定經濟損失的可能,即不可避免地要承擔一定的風險。中小企業在財務管理中要樹立風險意識,善於科學預測,有預見地採取各種防範措施,制訂詳細的計劃,提高抵禦風險的能力。

(五) 加強隊伍建設,健全內部控制制度

加強全員素質教育,首先從企業領導做起,對財會人員進行專業培訓和政治思想教育,增強財會人員的監督意識、法律意識,增強法制觀念。只有依靠企業全員上下的共同努力,才有可能改善企業管理狀況,搞好財務管理,提高企業的競爭實力。

因為財務管理涉及企業生產經營的各個環節,貫穿每一項經濟活動中,理應有一套完整、嚴密、可操作的制度。通過這些內控制度的建設,才能防止和避免生產經營中的偏差。企業負責人要高度重視內部控制制度,建立嚴謹的財務內部控制制度,尤其是健全財產物資管理的內部控制制度。此外還要加強內部審計控制,從而規範會計工作秩序。

參考文獻:

[1] 秦永德,武巧林.金融危機下中國中小企業生存調查報 [EB/OL]. [2009-04-22]. http://biz.icxo.com/htmlnews/2009/04/22/1375650_0.htm.

[2] 汪蕊.社科院報告:中國 40%中小企業在金融危機中倒閉 [EB/OL]. [2009-06-12]. http://news.sohu.com/20090612/n264491070.html.

［3］姜少敏，丁躍進. 中小企業經營管理［M］. 合肥：安徽人民出版社，2002：16.

［4］董本信，劉洪彬，楊冬雲. 小企業財務成本管理［M］. 北京：中國財政經濟出版社，2004：67-70.

［5］吳曉如. 淺談中小企業營運資金管理［J］. 人力資源管理，2009（1）：37-40.

［6］劉曉. 論中小企業營運資金管理的有效性［J］. 會計師，2008（12）：51-52.

［7］徐志鴻. 中小民營企業營運資金管理及案例分析［D］. 成都：西南交通大學，2006.

［8］張新民. 企業財務狀況質量分析理論研究［M］. 北京：對外經濟貿易大學出版社，2001：25-27，123-126.

［9］耿聰慧. 中小企業現金管理中的問題及對策研究［J］. 河南財政稅務高等專科學校學報，2007，21（4）：26-27.

［10］魯迎春. 如何加強企業資金管理［J］. 中小企業管理與科技，2009（6）：5-6.

［11］朱穎穎. 淺談中國中小企業財務管理存在的問題及對策［J］. 現代商業，2009（21）：169-170.

［12］陳益芬. 中國中小企業財務管理現狀和對策［J］. 現代商業，2009（17）：149-150.

［13］郭國梅. 中小企業財務管理問題探析［J］. 中外企業家，2009（4）：82-86.

資產組減值測試相關問題的探討

廖曉莉

摘要：2006年2月15日，中國財政部發布的《企業會計準則第8號——資產減值》規定以單項資產為基礎估計其可回收金額，但是當對單項資產的可回收金額難以估計時，則應當以該資產所屬的資產組為單位來確定其可回收金額。本文以資產組的認定為基礎，從確定資產組可回收金額出發，對資產組減值測試的會計處理中的相關問題進行分析，並提出了在資產組減值測試中應注意的問題。

關鍵詞：資產組減值；帳面價值；可回收金額

資產是企業過去的交易或者事項形成的、由企業擁有或者控制的、預期會給企業帶來經濟利益的資源。如果資產不能夠為企業帶來經濟利益或者帶來的經濟利益低於其帳面價值，那麼，該資產就不能再予以確認，或者就不能再以原帳面價值予以確認，否則就不符合資產的定義。因此，當資產發生了減值，企業應當確認資產減值損失。《企業會計準則第8號——資產減值》規定，如果有跡象表明一項資產可能發生減值的，企業應當以單項資產為基礎估計其可收回金額。但是，在企業難以對單項資產的可收回金額進行估計的情況下，應當以該資產所屬的資產組為基礎確定資產組的可收回金額。

一、資產組的認定

資產組是企業可以認定的最小資產組合，其產生的現金流入應當基本上獨立於其他資產或者資產組。資產組應當由創造現金流入相關的資產組成。資產組的認定是資產組減值測試中最基本的環節，只有合理確認資產組，後面的工作才能進行。資產組經認定後無特別原因不得隨意變更。

（1）對資產組的認定涉及職業判斷。在認定資產組過程中，企業應當以資產組產生的主要現金流入是否獨立於其他資產或者資產組的現金流入為依據。例如，某公司只生產一種產品，在A、B兩地擁有分工廠，A地分工廠生產一種部件，由B地的分工廠組裝後銷售到全國各地。如果A地的分工廠的產品不存在活躍市場，A地的分工廠生產的部件就無法在當地銷售，只有將部件發往B地的分工廠組裝後才能對外銷售，才能產生現金流入。此時，應當將A、B兩地的分工廠看成一個

資產組。如果A地分工廠生產的部件存在活躍市場，即可帶來獨立的現金流量，從理論上說，A地分工廠生產的部件是可以獨立對外銷售的，即可帶來獨立的現金流量，則應將A地分工廠當作一個資產組，B地的分工廠作為一個資產組。

（2）資產組的認定同時還應當考慮企業管理層管理生產經營活動的方式和對資產的持續使用或者處置的決策方式等方面的因素。如果管理層按生產線監控企業，可將各生產線作為資產組；如果管理層按業務類型來進行企業的監管，可將各類業務中所用的資產作為一個資產組；如果按區域來進行企業的監管，可將各區域所使用的資產作為一個資產組。如某企業有彩電、冰箱、空調、洗衣機四個分廠，每個工廠在採購、生產、銷售、核算和管理方面都相對獨立，這種情況下，每個工廠通常都可以被認定為一個資產組。

二、資產組的可回收金額與帳面價值的確定

資產組減值測試的原理與單項資產減值測試的原理相同，即將資產組的可回收金額與其帳面價值相比較，如果帳面價值高於可回收金額則表明發生了減值，應當予以確認。因此，資產組的可回收金額與帳面價值的確定是資產組減值測試中重要的環節。

計算資產組的公允價值減去處置費用後的淨額和預計未來現金流量的現值，將兩者比較選出較高者作為資產組的可收回金額。但如果資產組公允價值減去處置費用後淨額無法可靠估計，則以資產組預計未來現金流量的現值為資產組的可回收金額。反之，資產預計未來現金流量的現值無法可靠估計，則以資產組公允價值減去處置費用後的淨額為資產組的可回收金額。

資產組的帳面價值則應當包括可直接歸屬於資產組與可以合理和一致地分攤至資產組的資產帳面價值，通常不應當包括已確認負債的帳面價值，但如果不考慮該負債金額就無法確定資產組可回收金額的除外。

三、資產組減值測試與會計處理

進行資產組減值測試雖然與單項資產減值測試在原理上是相同的，但在具體的方法上卻有較大差別。資產組減值測試應按照以下順序進行：第一步，比較各資產組的帳面價值和可收回金額，即確定資產組的減值總額；第二步，減值總額按照資產組中的各個單項資產的帳面價值的比例來進行分配。如果，資產組中包含了商譽，則減值損失金額應先扣減分攤至資產組中商譽的帳面價值，再將所得金額按照資產組中的各個單項資產的帳面價值的比例來進行分配。並且需要注意，抵減後的各資產的帳面價值不得低於以下三者之中最高者：該資產的公允價值減去處置費用後的淨額、該資產預計未來現金流量的現值和零。

舉例說明具體處理方法：

豐收公司有一條生產線，該生產線生產醫療器械，由A、B、C三臺設備組成。

各設備均無法單獨產生現金流入，但整條生產線組成一個資產組。公司於 2007 年 12 月 31 日對該資產組進行減值測試，其帳面價值為 10,000,000 元；A、B、C 三臺設備帳面價值分別為 5,000,000 元、1,000,000 元、4,000,000 元，經諮詢有關專家，豐收公司確定該資產組的公允價值減去處置費用後的淨額為 7,000,000 元，未來現金流量現值為 6,000,000 元。要求：進行該公司的減值會計處理。

分析：

（1）三臺設備不能單獨產生現金流，但通過該生產線生產的醫療器械形成現金流入，故該生產線為一個資產組。

（2）公允價值減去處置費後的淨額與資產組未來現金流量現值都低於資產組的帳面價值，故應確定資產組的減值損失。

（3）公允價值減去處置費後的淨額大於資產組未來現金流量現值，故將公允價值減去處置費後的淨額作為資產組可回收金額。

具體帳務處理如下：

1. 確定該資產組的帳面價值

資產組的帳面價值＝5,000,000＋1,000,000＋4,000,000＝10,000,000（元）

2. 確定該資產組可收回的金額

該資產組的公允價值減去處置費用後的淨額為 7,000,000 元，而未來現金流量現值為 6,000,000 元。因此，該資產組可回收的金額為 7,000,000 元。

3. 確認減值損失

該資產組的減值損失＝10,000,000－7,000,000＝3,000,000（元）

4. 分攤減值損失至資產組內的 A、B、C 三項固定資產

根據該資產組內固定資產的帳面價值，按比例分攤減值損失至資產組內的固定資產。分攤過程見表 1。

表 1　　　　　　　　　資產組減值損失分攤表　　　　　　　　單位：元

	資產組	分攤比例	分攤的減值損失	分攤減值損失後的帳面價值
A	5,000,000	50%	1,500,000	3,500,000
B	1,000,000	10%	300,000	700,000
C	4,000,000	40%	1,200,000	2,800,000
資產組	10,000,000	100%	3,000,000	7,000,000

根據表 1 的分攤結果，豐收公司的會計處理如下：

借：資產減值損失　　　　　　　　　　　　　　　3,000,000
　　貸：固定資產減值準備——A　　　　　　　　　1,500,000
　　　　　　　　　　　　——B　　　　　　　　　　300,000
　　　　　　　　　　　　——C　　　　　　　　　1,200,000

如果豐收公司確定的固定資產中的 C 項資產的公允價值減去處置費用後的淨額為 3,000,000 元，這種情況下，C 項資產最多能確認的減值損失為 4,000,000－3,000,000＝1,000,000（元），則未分攤的減值損失為 200,000 元，應根據該資產組內其他固定資產的各自所占比例分攤。分攤過程見表 2。

表 2　　　　　　　　　　　資產組減值損失分攤表　　　　　　　　　　單位：元

	分攤減值損失後的帳面價值	重新分攤比例	未分攤減值損失重新分攤	重新分攤減值損失後的帳面價值
A	3,500,000	83.33%	166,660	3,333,340
B	700,000	16.67%	33,340	666,660
C	3,000,000			3,000,000
資產組	7,200,000		200,000	7,000,000

根據表 2 的分攤結果，豐收公司的會計處理如下：
借：資產減值損失　　　　　　　　　　　　　　　　　3,000,000
　　貸：固定資產減值準備——A　　　　　　　　　　　1,666,660
　　　　　　　　　　　　——B　　　　　　　　　　　　333,340
　　　　　　　　　　　　——C　　　　　　　　　　　1,000,000

四、資產組減值測試中應注意的問題

（1）計算資產組未來現金流量現值所使用的折現率應當是企業在購置或投資資產時所要求的必要報酬率（即財務中所稱的內含報酬率），應當是反應當前市場貨幣時間價值和資產特定風險的稅前利率。在估計資產組未來現金流量現值時，通常應當使用單一的折現率。

（2）對資產組現金流量的預計應建立在科學合理的預測基礎上。為了數據的合理性，其預測期最好控制在 5 年內。如果資產組在預測期之後還有現金流量，則企業應以穩定或遞減的增長率進行估計。但如果能證明遞增的增長率是合理的，也可以遞增的增長率來進行估計，但不能超過該資產組所處市場的長期平均增長率。

（3）公允價值是指在公平交易中，熟悉情況的雙方自願進行資產交換的金額。在現實中，公允價值的合理確定是比較困難的，一般而言，資產的公允價值應當按照下列順序進行：首先，根據公平交易中資產的銷售協議價格估計；其次，根據類似資產的市場價格估計；最後，可以用估值方法來計算。

（4）資產組減值測試雖有準則為依據，但在實際工作中，很大程度都要依靠財務人員個人的知識技能和經驗判斷，因此，對財務人員的綜合素質要求較高。為了使減值測試更加合理，應加強對財務人員專業技能的培訓。

參考文獻：

[1] 白紅. 對資產組減值的理解 [J]. 商業會計，2008（1）：37-39.

[2] 王嵐. 關於資產減值準備新會計準則運用的幾個問題 [J]. 科技信息，2008（5）：255-256.

人力資源管理專題

從企業戰略管理層面分析人力資源規劃

匡　敏　曲玲玲

摘要：人力資源作為企業的第一資源已成為了企業競爭的焦點，越來越多的企業已經意識到人力資源規劃和管理對實現企業戰略目標的重要意義，這也決定了企業在戰略管理中，必須將人力資源規劃與管理置於重要地位。本文從企業戰略管理層面，闡述了在企業戰略發展過程中人力資源規劃所起的作用，並分析了企業在人力資源規劃方面存在的問題，結合企業戰略就如何解決相關問題給出了建設性的建議。

關鍵詞：企業戰略管理層面；人力資源規劃

　　人力資源規劃是指企業為實現其發展目標的需要運用科學的管理方法對企業現有和所需的人力資源在人員招聘、人員培訓、人員開發和人員配置等方面進行的規劃。人力資源規劃的目標是有效利用人力資源，使人力與物力保持最佳比例，提高企業經濟效益。許多企業已經認識到了人力資源規劃在企業戰略管理中所起的作用，為了確保企業戰略目標的實現對企業人力資源規劃與管理模式進行了大膽創新，旨在提高企業核心競爭力。那麼，企業戰略管理與企業人力規劃管理究竟是什麼關係呢？本文對此進行了簡析。

一、企業戰略與企業人力資源規劃的關係

　　企業的人力資源規劃是指企業根據其戰略發展目標，對其在發展過程中的人員需求和供給進行預測，並對企業未來的人員招聘、人員培訓和人員開發和配置做出計劃，人力資源規劃管理通過挖掘現有人員的潛能，激活人員的工作活力，使員工創造性地投入工作，確保人員的高效配置，保證準確統計現有人員的供求狀況，科學預測未來人員的供求情況。在企業人力資源管理過程中，人力資源規劃是人力資源管理決策和活動安排的基礎和前提。鑒於此，許多企業都積極嘗試結合企業發展戰略，從戰略角度思考和制定相關的人力資源供求預測、人員配置計劃、人事政策和管理措施，根據企業戰略發展需要制定人員選拔標準、確定人員數量、優化企業人力資源組合結構，保持人力資源供給與需求的動態平衡，做到適人適位，提高組織成員的工作效率，保證組織的目標得以實現。

企業戰略是企業出於應對所處競爭環境的變化、增強企業實力的目的，對企業職能、產品、成本、市場定位等進行調整、計劃、組織、協調、控制等活動，形成企業整體競爭優勢，實現企業的戰略目標。人力資源規劃是人力資源管理過程的重要前提和基礎，也是確保企業戰略管理能夠順利實施的基礎保障。企業的競爭優勢通過合理配置和使用企業的人、財、物、信息、時間等資源來實現，其中人是最重要的資源，人力資源規劃為企業保證發展過程中所需人力資源的數量和質量，提高組織成員的工作效率，從而確保企業戰略目標的實現。同時，企業人力資源規劃的制定以企業戰略目標為依據，規劃的內容和管理行為都要滿足企業發展戰略的需要，為企業戰略目標的實現提供人力保障，根據企業戰略來制定和實施人力資源管理規劃、完善和優化人力資源結構。

二、當前企業人力資源規劃存在的問題

（一）企業缺乏規劃，人員供求不平衡

在人力資源管理過程中，由於許多中小型企業人力資源的管理觀念和方法落後，對人力資源規劃的作用不重視、認識不全面、人力資源規劃目標模糊，且對人力資源規劃缺乏規劃經驗，導致許多企業不能科學準確地對企業的人員需求和供給做出盤點和預測，甚至個別企業無視自身實際情況，省略人力資源規劃這一步驟，直接參考和借鑑其他企業在人力資源規劃管理方面的做法，導致在本企業的發展過程中人員的實際供給不能滿足企業發展對人員的需求，即人員供給不足。與之相反，有些大型企業的人力資源管理則面臨人員過剩的問題。如在計劃經濟時代，為了解決就業，大型企業接收和安排了大量的勞動力，但是，隨著企業生產技術的發展，更多的智能機械替代了大量的人工，企業只需要很少的人手就能完成必要的工作，許多企業都出現了大量的多餘勞動力，這不僅影響了企業的生產效率，還加大了企業的工資支出和生存壓力。一方面，許多中小企業出現了人員供給不足的現象，另一方面許多大型企業出現了人員供給過剩的現象，都是由於缺乏科學的人力資源規劃、不能保證人力資源供求平衡造成的。

（二）人力資源規劃和管理水準落後

人力資源規劃是人力資源管理的起點，它涉及人力資源管理的多個管理模塊，其中包括人力資源需求預測、供給預測、人才引進、開發、教育與管理等。一方面，在經濟體制改革之前，中國企業人力資源招聘方法非常單一，企業對員工的要求也不高，許多企業對員工學歷甚至都沒有要求，只要沒有重大疾病者就可以在企業就職。但是隨著市場競爭的加劇，現代企業對人力資源的數量預測的要求越來越高，而且對人力資源的質量要求也越來越高，企業需要隨時根據企業內部結構和外部環境的變化，對企業現有的人力資源需求和供給做出調整，並且要密切注意市場上人力資源供給的變化，通過人力資源規劃對人力資源的供求狀況進行預測、分析和人員調整，這對企業人力資源的規劃和招聘提出了較高的要求。另一方面，由於人力、物力有限，生產任務緊，企業很少會抽時間針對員工和工

作需求進行員工培訓，員工綜合素質長期停留在一個較低的層次，對提高人力資源質量和進行人員調整帶來了困難。並且，為了節約成本，許多企業在員工管理上，都沒有實施有效的激勵手段，員工工作熱情不高。

三、基於企業戰略管理層面對制定人力資源規劃的建議

(一) 科學預測人員供求，制定人力資源規劃

合理、正確的人力資源規劃應以科學的人力資源供求預測為基礎，要堅持實用性原則，緊貼企業戰略管理目標來進行。客觀來說，企業必須要根據企業戰略管理規劃和目標，提出人力資源規劃總體指導思想。然後，結合企業實際和外部環境來進行企業人力資源規劃，並將人力資源規劃貫穿整個人力資源管理的全過程。這就要求企業在經營管理中，根據企業發展戰略需要，對企業的人員需求、人員的外部和內部供給做出科學預測與安排，並根據企業戰略規劃明確人力資源規劃流程，由人力資源部門帶頭，協調各單位，對影響企業人力資源配置的各種因素進行分析和研究，以清晰的量化指標對人力資源的供給和需求做出預測，結合企業戰略，科學制定人力資源規劃。人力資源供求預測的量化指標包括現有員工數量、人力資源結構、人工成本、人力資源的流動性和技能狀況，企業在對這些量化指標進行盤點和分析的同時，將企業的人力資源數量、質量、技能結構與企業的業務增長速度匹配，看是否能滿足企業發展戰略的要求。然後，在對比分析的基礎上，制定人才招聘與儲備計劃、人才培訓與開發計劃、企業薪酬機制與激勵機制等，有效地控制勞動力成本、優化企業人力資源組合結構，提高員工勞動積極性，制定具有前瞻性、靈活性和動態性的人力資源規劃。在此基礎上，採用科學的方法進行人力資源供給和需求監測，對整個規劃管理過程進行監督與管理，根據情況變化隨時進行人力資源規劃調整，以推動企業的發展。

(二) 根據企業戰略，制定核心人才規劃

清晰的企業發展戰略決定了企業人力資源規劃制定的目標和方向。通過人力資源規劃的制定保證人員的供需平衡，確保企業核心競爭力的形成，提高企業核心競爭力是企業人力資源規劃工作的重點。所以，在企業進行人力資源規劃的過程中，要以核心人才、重要人才的規劃與管理為重點，提高核心人才的管理水準。首先，企業要認識到核心人才培養的重要性，對核心人才的選拔、開發和任用進行科學的規劃，圍繞核心人才的選拔和培養，打造企業管理者供應鏈。其次，關注核心人才的學習、工作體驗，以核心人才職業發展為目標設計核心人才開發計劃，根據核心人才的成長和學習特點，加快專業人才培養，為人才提供有職業生涯突破感的職位，通過針對性的培訓，使核心人才的培訓需求得到滿足，保證核心人才的專業知識和技能得到更新和提升。最後，加強人才信息傳遞和對話機制的建設與管理，變傳統的薪酬管理和福利管理為激勵管理，清晰地向員工尤其是核心人才表明企業的發展戰略和人才規劃，使員工感受到留在企業可以擁有廣闊的發展前景，以提高員工的歸屬感和工作積極性。

(三) 優化人力資源開發，鼓勵員工參與

人力資源規劃制定的科學準確性是以人力資源開發的合理有效性為前提的。企業對人力資源的開發和利用效率不高主要是因為企業福利制度、激勵機制不健全，高素質人才發展不受重視，員工需求被忽略等，這些問題如果不能得到有效解決，會影響企業戰略目標的實現。因此，在人力資源規劃過程中，首先，企業要關注人力資源的開發，瞭解員工需求，持續開展員工培訓工作，不斷提高員工的技能水準和思想素質。其次，要以績效提升為導向，制定激勵機制，豐富激勵手段，不斷挖掘員工潛能。再次，可以借助企業文化活動、企業公共學習平臺等，對員工進行思想政治教育，宣傳企業文化，打造學習型集體。最後，還要引導員工將個人發展需求和企業發展戰略結合起來，通過鼓勵員工參與企業規劃和管理的方式，讓員工參與其中，瞭解企業和自己所在部門的資源和目標，使其思考方式更富有戰略性，更好地進行自我管理和自我激勵。另外，企業要變硬性管理為柔性管理，變集中管理為民主管理，尊重、關心、愛護員工，關心員工的生活、學習和工作，暢通員工意見渠道，在企業決策和管理過程中廣泛聽取員工意見和建議，不斷開展各項培訓工作，提升企業人力資源素質，增強企業競爭優勢。總之，在企業的人力資源規劃與管理過程中，要適當放權，授予員工更多的權利，鼓勵員工積極參與，同時不斷完善內部激勵機制，通過物質獎勵和精神獎勵激發員工的工作熱情。

(四) 完善管理理念，提高規劃水準

企業管理者所持有的管理觀念和態度直接影響其規劃制定的水準。制定科學準確的人力資源規劃需要有完備的人力資源管理部門和人員做保障，所以，企業必須重視人力資源管理部門的建設，瞭解並重視人力資源規劃在企業發展中的重要作用，明確人力資源管理部門在人力資源規劃中的職責、權限和任務，完善部門職責與崗位說明，運用科學的管理方法選人、育人、用人和留人，保證人盡其才。同時，人力資源管理部門要完善管理理念，增強其戰略管理意識，不僅要瞭解企業人力資源管理各流程的工作和管理要點，還要具備戰略發展意識，瞭解企業的營運和未來發展趨勢；不僅要瞭解企業的內部結構，還要瞭解和關注企業外部的市場變化。人力資源管理人員需要經常閱讀市場報告和部門報告，熟悉企業一線部門的動作。有條件的企業可以不定期地組織人力資源部門對一線進行考察，增強管理者的商業意識，開拓其戰略管理的眼光，提高其規劃的制定水準。

企業通過科學準確的人力資源規劃，可以實現人力資源的供需平衡，有利於企業戰略目標的實現。因此，在戰略目標既定的情況下，企業要完善人力資源管理理念，科學制定人力資源規劃，優化企業人力資源結構，保證企業人力資源的數量和質量滿足企業戰略發展的需要，提高企業的核心競爭力，實現企業的戰略目標。

參考文獻：

［1］黃維德，董臨萍. 人力資源管理［M］. 北京：高等教育出版社，2014.

［2］王奇. 企業人力資源戰略管理探析［J］. 現代商貿工業，2012（14）：27-28.

［3］賴祥惠. 企業戰略性人力資源規劃模型的研究與應用［J］. 現代經濟信息，2013（24）：60-65.

［4］王超. 基於企業戰略管理層面的人力資源規劃研究［J］. 中國衛生標準管理，2016（23）：18-20.

國有煤炭企業績效管理十大誤區評述

熊 豔　章 璇　張同建

　　績效管理是通過對員工績效目標的設定、考核和反饋等方面的管理，使員工確立自身績效及其發展與企業業務發展之間的關係，從而促進員工充分發揮自身潛能的管理方式。一般包括績效目標的制定、績效考核與評估、考核結果應用和考核信息反饋等環節。在現代管理理論中，績效管理占據著重要的位置。

　　煤炭業是中國基礎性的能源行業，煤炭消耗占據著中國能源消耗的70％以上。國有煤炭企業是中國煤炭業的主體，肩負著國民經濟發展過程中煤炭供應的主要任務。績效管理是國有煤炭企業管理的核心內容之一，是促進煤炭企業良性發展的有效策略，在國有煤炭企業普遍得到較高的重視。然而，由於受到各種負面因素的影響，國有煤炭企業績效管理在不斷完善的同時，也存在著一系列不足之處，而對這些績效管理誤區的認識、解析與反思是進一步提高國有煤炭企業績效管理水準的前提。

一、績效管理計劃不周，導致考核目標缺乏明確性

　　績效管理是人力資源管理的一個重要方向，在西方國家已形成一套完整的理論。績效管理理論的基本觀點是，計劃是績效管理的起點，也是績效管理的基點，是實施績效管理的前提。沒有科學、合理的績效考核計劃的引導，就沒有明確的績效考核目標，也就無法催生高效的績效考核方法。國有煤炭企業的績效考核一般基於傳統的考核體系，遵循既有的考核規範，沿用現成的考核方法，很少有企業針對性地制訂翔實的考核計劃，從而導致績效管理徘徊於一種僵化的模式，沒有產生應有的激勵作用。

二、績效管理遠離了員工的參與，缺乏透明度

　　在一些國有煤炭企業中，績效考核被作為一種保密性的暗箱管理行為，自始至終由局部人員進行操作，員工只知道最終的考核結果，而不瞭解這種結果的生成過程，在整個考核過程中處於一種被動的狀態。顯然，這種績效考核方式不利於企業的發展。一方面員工無法實現對自己工作行為的反思，及時發現自己的劣勢要素；另一方面容易導致員工之間的心理隔閡，降低企業的團隊精神。久而久

之，考核管理反而成了企業員工的一種額外的心理負擔，致使他們在工作過程中謹小慎微，相互猜忌，最終挫傷了工作的積極性和主動性。

三、績效考核體系的設計脫離實際，可望而不可即

一般而言，績效考核體系的設計既要全面，又要突出重點，既要具有一定的可操作性，又不能流於形式。績效考核體系的設計是企業績效管理中至關重要的內容，必須真實地反應出企業對員工的基本要求，而這種要求並非只有在繁雜、深奧、晦澀的指標體系中才能實現。而在中國一些煤炭企業的績效管理實施過程中，考核體系不僅過於複雜，涉及許多無關緊要的細枝末節，而且考核內容也過於抽象，把握不住考核行為的切入點。這種虛無的考核管理不但耗費了大量的企業成本，而且與企業真正的績效管理目標南轅北轍。

四、績效管理處於一種孤立狀態，缺乏有效的績效循環機制

績效管理是一個開放式的循環系統，也是鑲嵌在人力資源管理體系之內的一個子系統，一般包括績效管理工具選擇、績效計劃、績效體系設計、績效實施、績效監控、績效評價和績效反饋等若干個環節，績效管理要維持在一種持久性的循環狀態，對任一種環節的捨棄或孤立都將導致績效管理的無效或低效。而在中國的部分煤炭企業中，績效管理僅等同於績效體系的設計與實施，企業在績效管理過程中僅關注績效實施的結果，既沒有運用績效考核的結果去修正原始的績效考核體系，也沒有構建切實可行的績效評價方法，因而沒有建立起有效的績效反饋體系，從而抑制了績效管理功能的實現和擴張。

五、績效管理工具的選擇不當，致使方法與目標本末倒置

一般而言，常用的績效管理方法包括關鍵事件法、關鍵指標法、360度績效考核法與平衡計分卡法等。績效考核方法的選擇需要結合所在企業的現實管理環境，與企業的內在運作機制相吻合，才能發揮績效考核的作用。很多國有煤炭企業績效考核方法的實施具有較大的隨意性，往往照搬國外煤炭企業或國內知名大型煤炭企業的考核方法，脫離本企業的現實環境，從而不能滿足本企業的內在需求。目前，中國大部分煤炭企業使用的是360度績效考核法，部分企業實施了平衡計分卡法，而實施關鍵事件法與關鍵指標法的企業較少。

六、績效管理的戰略定位不當，致使績效管理的目標不明確

從微觀角度分析，績效管理的目標是糾正員工工作中的行為偏差，優化企業的激勵機制，從而提高員工的工作效率；從宏觀角度分析，績效管理的目標是解決現代企業中廣泛存在的委託—代理問題，削除企業運作過程中的逆向選擇與道德風險，從而提高企業的運行效率。而目前中國大部分煤炭企業中，績效考核只是作為工資管理的一個輔助手段，考核的結果僅用來作為薪酬發放的依據，將績

效管理從戰略角度降至工具性的戰術角度，導致績效管理失去了明確的方向。

七、績效管理的獎勵策略沒有得到有效落實，導致績效管理流於形式

獎懲策略的實施與落實是績效管理的一個重點，是維持和提高績效管理的激勵性功能的前提。獎懲標準是績效測評的直接結果，是績效計劃的核心內容之一，是績效管理的外在表現形式。獎懲計劃實施與落實的缺失將導致整個績效考核功虧一簣。在國有煤炭企業績效過程中，獎懲計劃的實施是一個較為薄弱的環節。一般而言，懲罰機制得到較為可行的實施，而獎勵機制遠未達到預定的標準，形成重罰不重獎的局面，從而使績效考核的激勵功能大打折扣。

八、誇大績效管理的作用，將績效管理等同於人力資源管理

績效管理作為一種有效的管理工具，必須與人力資源管理中的其他業務板塊相互配合才能發揮真正的作用，將績效管理混同於人力資源管理是績效管理的一種策略性失敗。人力資源管理系統是由任職資格、績效管理、薪酬管理、培訓管理等多個業務板塊共同構成的，只有整個系統的有機協同才能對員工起到正向或負向的激勵作用。在中國的一些煤炭企業中，人力資源管理部門的主要職能傾向於績效考核，將績效考核等同於人力資源管理的全部，完全忽略了其他各種職能的存在，一葉障目、不見森林，致使績效管理的實施制約了人力資源管理的全面發展。

九、績效管理被認為是人力資源管理部門的任務，沒有引起普遍性的關注

一般而言，績效管理的實施要以人力資源管理部門為中心、以人力資源管理活動為原動力而實施和實現，但是，無論如何，績效管理不能被理解為專屬於人力資源管理部門的獨立職責。一方面，績效管理的對象是企業的全體員工，包括領導層、業務層與決策層的員工，因而把管理對象排斥出績效管理活動之外是不明智的；另一方面，在績效管理活動中，人力資源部門很難在自身考核業務或相關業務上駕馭其他各種職能部門，因而離開了高層領導的協調與督察是不可能有所作為的。而在中國大部分煤炭企業內部，績效考核被視為人力資源管理部門的獨立事務，其他職能部門採取袖手旁觀的態度，任由人力資源部門獨立運作，最終使各種績效管理活動草草收場、不了了之。

十、過分強調生產業績而忽視了企業生產經營的安全問題

根據國內外企業績效管理的經驗，在績效管理的初期階段，企業容易產生急功近利的思想，過分強調對生產數量與質量的考核，而把安全要素擯棄於生產體系之外，導致員工將生產擴張置於安全防範之上，從而帶來災難性的隱患。尤其對中國煤炭企業而言，安全問題始終是生產過程中的首要問題，沒有安全，就沒有生產。在中國許多煤炭企業的績效考核體系中，幾乎找不到與安全防範相聯繫

的測度指標，沒有真正將安全問題納入績效管理的框架，最終導致績效管理的非正常運作，給企業長期績效的實現帶來重重障礙。

參考文獻：

[1] 董曉波，張同建. 中國煤炭企業績效管理研究述評與啟示 [J]. 淮南職業技術學院學報，2009（9）：47-49.

[2] 董蘭英. 關於國有煤炭企業績效考核的思考 [J]. 山西青年，2013（6）：60-61.

[3] 柯文進，馬士成. 中國企業績效管理的十大誤區述評 [J]. 改革與戰略，2009（7）：183-186.

國有煤炭上市企業的公司治理績效實證研究

張豔莉　張同建

　　摘要：公司治理是上市公司成長的基礎性策略。中國煤炭上市公司的治理在取得了一定成效的同時，也存在著若干不足。公司治理績效模型的構建需要結合煤炭上市公司的治理特徵，同時也需要借鑑公司治理評價的研究成果。實證性的檢驗揭示了公司治理的內部機理，從而為中國煤炭上市公司治理績效的改進提供了現實性的理論借鑑。
　　關鍵詞：煤炭上市公司；公司治理；董事會；股權結構；信息披露

一、引言

　　公司治理是現代企業發展的平臺，特別是上市公司發展的基礎性策略。公司治理主要解決兩權分離後現代企業所產生的委託代理問題，是經理革命的必然產物。在現代企業中，隨著生產規模的擴大，企業所有權與經營權逐漸分離，導致了所有者與經營者之間的利益衝突，從而對企業的成長產生了極為不利的阻礙作用。在這種企業環境下，公司治理應運而生。
　　股權的配置、流通與轉化是上市公司營運的核心問題，影響到上市公司營運的所有因素。因此，公司治理的實施在上市公司中具有舉足輕重的作用，對公司發展的激勵功能遠高於公司管理。當然，公司治理與公司管理存在著高度的融合性，具有較為廣泛的交匯區域。公司治理是從產權層面來審視企業的發展機制，通過產權的維護、變更與組合來激勵上市公司的發展。
　　中國煤炭上市公司治理的實施對公司的發展同樣具有積極的促進作用。按照西方公司治理的標準和規範，中國上市公司的治理並不能稱之為真正意義上的公司治理，因為從經濟體制的視角來分析，中國缺乏西方公司治理實施的體制性平臺，從而導致在經濟營運機制層面上，公司治理僅是對西方公司治理機制的模仿。然而，無論如何，公司治理的實施仍是中國企業制度的一大進步，在不同程度上促進了上市公司的成長。因此，中國煤炭上市公司治理的實施對於煤炭企業的發展必然存在著積極的影響，具有一定的研究價值。
　　中國煤炭上市公司治理實施的時間較短，實施行為的進展較慢，因而沒有引

起理論界的較多關注，研究成果較少，並且研究層次較淺。蔡廷杰、張金鎖、劉福民（2001）通過對國有煤炭企業集團化改制過程中公司治理模式所存在的問題的分析，認為國有煤炭企業公司治理所存在的問題是股權過分集中、內部人控制嚴重、經理層激勵機制缺失與董事會流於形式等[1]。胡方舟（2007）研究了貴州煤炭企業的公司治理問題，認為近年來貴州傳統大型煤礦企業在組建企業集團、完善治理結構、規範内部管理方面取得了一定的成績，但是產權結構、股權結構、治理結構與公司體制建設方面還存在不足之處[2]。譚章祿、張立權（2009）基於效率與公平的視角探悉了國有煤炭企業的公司治理變革，認為國有股投資主體缺位、內部治理結構不規範、經理人員激勵與約束機制不完善、股權結構不合理、法制環境缺失、外部監管不足與經理人市場監控不足是國有煤炭企業公司治理中存在的主要問題，從而使國有煤炭企業的公平與效率組合嚴重偏離最佳的績效基準[3]。孔寅、張嗣超（2010）認為，國有煤炭企業公司治理與公司治理結構中存在的主要問題是内部人控制現象嚴重、内部監督失衡與外部監督缺失，並認為優化股權結構、建立明晰的產權制度、優化董事會結構與完善監事會職能是提高國有煤炭企業公司治理效率的有效策略[4]。王國亮（2010）探討了企業集團併購後的公司治理問題，認為資源產權價值的評估問題、股權配置問題、併購公司與被併購公司的集權與分權衝突問題、併購公司與被併購公司的文化衝突問題均是企業併購後在公司治理方面所存在的主要問題[5]。

可見，中國煤炭上市公司治理的研究已涉及董事會結構、股權集中、內部人控制、經理層監督、監事會治理、股權結構失衡等若干方面，但多局限於理論性的探討，缺乏經驗性的判斷，因而對中國上市公司治理的指導作用較弱。本研究在對中國煤炭上市公司治理績效體系理論分析與實證檢驗的基礎上，對公司治理的微觀機理進行了深入的探討，以期為煤炭上市公司治理的改進提供策略性的指導。

二、公司治理績效模型的構建

國有煤炭公司上市的普遍做法是把國有資產進行剝離，拿出一塊優良資產成立新的上市公司，由母公司控股。由於受到能源深加工產業鏈以及主輔業依存的特點所影響，導致上市公司與母公司之間不可避免地存在著大量的關聯交易。國有煤炭企業的上市方式也必然影響到公司治理的特徵。總體而言，國有煤炭上市公司治理在取得了一定的成效的同時，也存在著顯著結構失衡。具體而言，煤炭上市企業治理結構失衡主要表現在兩個方面：第一，上級行政機關作為所有者干涉企業決策，使股東會、董事會與監事會失去自主權；第二，作為所有者的國家無法指定真正能代表自己利益的機構去執行所有者的職能，從而導致內部人控制現象較為嚴重。

基於煤炭上市公司治理的實踐，公司治理在現階段的突出性問題主要表現在董事會治理與股權結構兩個方面，這兩個要素均是公司治理體系中的關鍵性要素。

從某種程度上來說，董事會治理的改進與股權結構的優化有助於公司治理體系的整體性改善。

煤炭上市公司董事會的構成應充分考慮到公司主要利益相關者的意願與權益，內部董事和外部董事的配置要與公司的發展環境相一致。內部董事成員過多容易導致董事會成為「經理理事會」，失去了董事會對經理層的制衡作用。如果外部董事過多，很容易影響管理人員對公司的歸屬感和長期信心，因為外部董事一般缺乏對公司信息的準確掌握，難以與管理層溝通。近年來，煤炭上市公司均能夠積極地改進董事會與監事會的構成，將「行政干預下的經營者主導型」治理結構逐步轉變為「法人股東主導型」的治理結構，引入機構投資者、債權人等相關利益者進入公司董事會和監事會，同時引入一定數量的高素質外部董事或獨立董事。

煤炭上市公司的股權較為集中，股權結構失衡，不利於公司的長遠發展。然而，煤炭上市公司股權結構的失衡源於歷史性的與體制性的因素，不可能在短時間內得以調整。根據西方公司治理的經驗，股權適度集中有利於股東治理作用的發揮，而股權的過度集中（第一大股東持股率在50%以上）可能使大股東在股東大會上發生支配性的作用，抑制中小股東公司治理的積極性，並造成對中小股東的利益損害。目前，德國和日本的股權集中度較高，而英國和美國的股權集中度較低。中國煤炭上市公司第一大股東持股率全部超過50%，第一大股東平均持股率高達65.14%，股權集中度遠高於德國、日本的同類行業。

煤炭上市公司治理績效的改進存在著諸多影響因素，對這些因素功能的認識有利於公司治理的規範性實施。從某種程度上來說，公司治理績效的影響因素均包含在公司治理評價體系的內容之中，因此，公司治理績效模型的設計需要借助於公司治理評價的研究成果。迄今為止，中國煤炭上市公司治理評價體系的研究處於零起步階段，而南開大學的公司治理評價體系具有較大的借鑑價值。

南開大學公司治理研究中心於2007年推出了「中國公司治理評價指數CCGI^{NK}」，簡稱南開治理指數，在理論上構建了以公司治理邊界為核心範疇的公司治理理論體系。南開治理指數CCGI^{NK}從股東權益、董事會、監事會、經理層、信息披露、利益相關者六個緯度來評價上市公司的治理狀況，並設置了六個評價等級，分別為CCGI^{NK} I（治理指數90%~100%）、CCGI^{NK} I（80%~90%）、CCGI^{NK} I（70%~80%）、CCGI^{NK} IV（60%~70%）、CCGI^{NK} V（50%~60%）、CCGI^{NK} VI（< 50%），從而為每年一次的《中國上市公司治理評價報告》的構建提供了基準，同時也為中國煤炭上市公司治理績效模型的構建提供了理論指導。

根據以上分析，結合中國煤炭上市公司的營運特徵，本研究構建的中國煤炭上市公司治理績效模型為：

$$y = \beta_0 + \beta_1 x_1 + \beta_2 x_2 + \beta_3 x_3 + \beta_4 x_4 + \beta_5 x_5 + \beta_6 x_6 + \beta_7 x_7 + \beta_8 x_8 + \beta_9 x_9 + u$$

其中，各變量符號的意義如下：y表示煤炭上市公司治理績效；x_1表示董事會結構，即執行董事與外部董事的配置適合於公司內部營運機制的優化；x_2表示獨立

董事職能，即獨立董事在煤炭上市公司治理中發揮了積極的作用；x_3表示監視會職能，即監事會在煤炭公司治理中發揮了積極的作用；x_4表示職責明晰性，即董事會、監事會與經理層之間職責分明；x_5表示股權激勵，即股權分配有利於實現對董事、監事與經理人員的激勵；x_6表示薪酬激勵，即薪酬分配有利於實現對董事、監事與經理人員的激勵；x_7表示股權結構，即煤炭上市公司在股東之間的股權配置具有一定的制衡性；x_8表示內部人監督，即「內部人控制」的行為得到有效的監督；x_9表示信息披露，即煤炭上市公司的信息披露有助於公司治理效率的改進；u表示樣本殘差項。並且，β_0是截距，β_1、β_2、β_3、β_4、β_5、β_6、β_7、β_8、β_9分別為x_1、x_2、x_3、x_4、x_5、x_6、x_7、x_8、x_9的迴歸系數。

三、模型檢驗

本研究擬採用後向淘汰迴歸分析法進行模型檢驗。後向淘汰迴歸分析是逐步迴歸分析法的一種，而逐步迴歸分析法又稱為逐步選擇法，是為了達到選用一個有用的預報變量子集的目的，不斷剔出或添加變量進入迴歸模型之中。採用逐步添加變量的稱為前向選擇迴歸分析，而採用逐步剔出變量的稱為後向淘汰迴歸分析。

本研究採用李克特7點量表對10個測度指標進行數據收集，樣本總體為滬深兩市的16家煤炭企業。目前，在滬深兩市16家煤炭上市公司中，山焦（600740）、G煤氣化（000968）、國際實業（000159）與G安泰（600408）以焦炭生產與銷售為主，其餘12家上市公司是神火股份、金牛能源、西山煤電、鄭州煤電、蘭花科創、兗州煤業、國陽新能、盤江股份、上海能源、恒源煤電、開灤股份和大同煤業。本次數據調查採用專家評分法，在中國礦業大學聘請10位相關研究領域的資深專家，對每一個樣本的10個指標分別進行評分，然後取平均值作為該指標的值。這樣，便形成16份樣本數據，而這些樣本數據具有較高的合理性。

基於所獲取的有效樣本數據，借助於SPSS12.5統計分析軟件，可以實現理論模型的數據檢驗。第一次迴歸分析結果如表1所示。

表1　　　　　　　　第一次迴歸分析結果

變量	β_0	β_1	β_2	β_3	β_4	β_5	β_6	β_7	β_8	β_9
參數值	1.002	0.928	0.765	0.129	0.155	0.792	1.118	0.290	0.824	0.777
標準誤	0.334	0.235	0.197	0.099	0.113	0.300	0.435	0.142	0.401	0.316
T值	2.897	3.918	3.314	1.300	1.432	2.334	2.237	2.038	2.055	2.452

其中：$R^2=0.376$，$F=64.158$，F值具有較高的顯著性。

根據檢驗結果可知，系數β_3和β_4的值不顯著，因此，在模型中剔除自變量x_3與x_4後進行第二次迴歸分析，結果如表2所示。

表 2　　　　　　　　　第二次迴歸分析結果

變量	β_0	β_1	β_2	β_5	β_6	β_7	β_8	β_9
參數值	1.116	0.682	0.456	0.668	0.489	0.202	0.606	0.409
標準誤	0.257	0.189	0.220	0.238	0.135	0.176	0.276	0.187
T值	4.193	3.265	2.128	2.438	3.617	1.365	2.431	2.336

其中：$R^2=0.446$，F＝78.872，F值具有較高的顯著性。

根據檢驗結果可知，系數 β_7 的值不顯著，所以，在模型中剔除自變量 x_7 後繼續進行第三次迴歸分析，結果如表 3 所示。

表 3　　　　　　　　　第三次迴歸分析結果

變量	β_0	β_1	β_2	β_5	β_6	β_8	β_9
參數值	0.899	0.446	0.337	0.541	0.376	0.455	0.327
標準誤	0.328	0.132	0.120	0.187	0.130	0.147	0.143
T值	2.752	3.453	2.790	2.793	2.674	3.329	2.476

其中：$R^2=0.493$，F＝67.125，F值具有較高的顯著性，各系數值也具有一定的顯著性，因此，本研究模型停止後向淘汰迴歸分析。

四、結論

根據檢驗結果可知，中國煤炭上市公司治理已經初見成效，對於煤炭上市公司的發展產生了一定的促進作用，但是，這種促進功能尚存在若干不足之處，有待進一步完善。

在中國煤炭上市公司的治理中，內部董事與外部董事的配置具有一定的合理性，獨立董事制度發揮了積極的作用，股權分配與薪酬分配對於董事會、監事會與經理層的職責行使產生了激勵性的影響，「內部人行為」受到了一定的約束，信息披露的作用也日益顯露。這些治理因素在公司治理中已產生了現實性的治理績效，需要煤炭上市公司進一步擴展與深化。

同時，在中國煤炭上市公司治理中，監事會的職能沒有得到應有的發揮，董事會、監事會與經理層之間職責不清，股權結構失衡，「一股獨大」現象較為嚴重。這些治理因素在公司治理中沒有產生現實性的治理績效，需要煤炭上市公司進一步挖掘與激勵。

參考文獻：

[1] 蔡廷杰，張金鎖，劉福民. 國有煤炭企業公司治理模式存在問題及對策 [J]. 西安科技學院學報，2001 (6)：178-182.

[2] 胡方舟. 貴州煤炭企業完善公司治理結構的思索 [J]. 貴州工業大學學報，2007

(8): 76-79.

　[3] 譚章祿, 張立權. 基於效率與公平的國有煤炭企業公司治理變革探析 [J]. 中國煤炭, 2009 (8): 16-18.

　[4] 孔寅, 張嗣超. 基於內部管理失控的國有煤炭企業公司治理研究 [J]. 中國礦業, 2010 (3): 29-32.

　[5] 王國亮. 煤炭企業集團併購後公司治理問題研究 [J]. 中國煤炭, 2010 (4): 18-20, 37.

基於因子分析法的企業戰略績效評價
——以白酒行業為例

張仁萍　劉軍榮　羅潔

摘要：本文以白酒行業為例，運用因子分析法，對上市企業進行戰略績效評價。評價指標的構建，符合白酒行業的發展特徵。研究樣本的選取遵循指標易得性、有效性、可比性等原則，我們對12家白酒上市企業的2014年年報數據進行了實證分析，旨在對白酒上市企業進行戰略績效排名。該排名可體現企業的競爭力強弱，為提高其競爭力，企業需改進與主因子相關的經營策略，同時可為白酒行業中其他企業的經營發展戰略的制定提供參考，具有現實的指導意義。

關鍵詞：戰略績效評價；白酒；上市企業；因子分析

一、引言

2003—2012年，白酒行業銷售收入從557.44億元增至4,265.42億元，增長了近7倍，同期固定資產投資增長11倍，被行業稱為高速增長的「黃金十年」。而2012年國家出抬限制「三公消費」的政策以來，以高端白酒消費為主的政商需求市場受到嚴重打壓，進而影響了整個白酒行業的發展態勢，市場低迷、銷售受挫、利潤大幅降低，白酒行業整體呈現快速下滑態勢，進入銷售「寒冬」。而據國家統計局數據，2013年1,423家規模以上白酒企業同比增長11.22%，是自2009年以來的最低水準，14家上市公司營業總收入更是出現負增長。為擺脫此困境，各白酒企業紛紛採取應對舉措，如茅臺酒業、五糧液集團在全企業範圍內施行混改機制；茅臺與永輝超市聯手，重拾傳統渠道；五糧液與英國愛樂樂園合作走向國際化；瀘州老窖對價格、產品、渠道等策略進行改革，走向互聯網；沱牌舍得酒業對企業進行重組等。經過長達兩年的產業結構轉型升級，據茅臺和五糧液2015年中期業績披露顯示，其營業收入均比2014年同期樂觀。但由於受到宏觀環境和行業環境的影響，白酒行業要想回暖、走向復甦，甚至出現下一個銷售「黃金十

基金項目：本文為四川省社科聯、樂山師範學院學科共建項目（編號：SC14XK12）及國家社科基金項目「世界經濟波動下中國對外直接投資的風險管理研究」（編號：14XJL007）的成果。

年」，眾多白酒企業仍面臨多重挑戰。因此，對白酒行業的產業結構、技術創新、經營模式進行研究極具現實意義。戰略績效評價將結合財務與上述非財務因素對白酒企業進行較全面的評價，通過構建符合白酒行業發展特徵的戰略績效評價體系，動態衡量白酒行業績效現狀，為白酒行業走出困境、提高市場競爭力提供參考。

二、文獻綜述

目前，國內學者對白酒行業定量分析主要採用 DEA 模型。張春國以面板數據為樣本，採用 DEA 模型，對選取的白酒上市企業平均生產效率及其分解項效率進行分析，提出白酒企業應加強內部經營管理與控制，並利用產業優勢，做大做強白酒產業。[1] 王秋麗、陳謹在採用 DEA 方法分析企業技術與規模效率的基礎上，進一步分析白酒上市企業產出不足率和投入冗餘率，並提出提高白酒行業上市公司經營效率、節省資源、擴大產出等政策建議。[2] 高升、王穎運用 DEA 模型對白酒行業技術效率等進行分析，提出經濟新常態下，白酒行業效率提高的對策。[3] 上述文獻研究側重分析上市公司技術與規模效率，提出的改進措施缺乏戰略高度。

而對釀酒行業績效分析的文獻中，張春國運用因子分析與聚類分析法對釀酒行業 26 家上市公司進行財務競爭力評價，提出釀酒行業管理者應尋找影響企業財務競爭力的主要因子，發現企業競爭優勢，提高財務競爭力。[4] 郭翠華採用因子分析法對上市公司進行財務績效評價，提出釀酒行業產品、客戶、渠道開拓應與時俱進，提高綜合績效能力。[5] 上述分析局限於對財務績效進行評價，並未能涉及釀酒企業的財務、顧客、內部運作流程、學習和成長等綜合績效分析與評價，因而具有片面性。

三、理論模型應用

（一）研究樣本選擇

據國家統計局數據顯示，2013 年中國規模以上白酒企業共計 1,423 家，累計完成銷售收入 5,018.01 億元，其中，16 家白酒上市企業營業總收入 1,015 億元，占行業總收入的比重為近 20%，可見白酒上市企業對行業發展極具代表性。鑒於數據的代表性、易獲得性、可比性等原則，需剔除財務表現異常的企業。①業績連續虧損被 *ST 的股票：水井坊（*ST 水井 600779）、酒鬼酒（*ST 酒鬼 000799）、皇臺（*ST 皇臺 000995），予以剔除；②順鑫農業（000860）主營業務包含：白酒、屠宰、建築、房地產，白酒產品營業收入占總營業收入的 46.64%（以 2014 年為例），予以剔除。剔除後選取 12 家白酒上市企業（茅臺、五糧液、瀘州老窖、汾酒、沱牌舍得、洋河股份、古井貢酒、青青稞酒、老白干酒、伊力特、今世緣、金種子酒），以 2014 年年報數據為研究樣本，建立基於因子分析的企業戰略績效評價體系，對影響企業戰略績效的因子按重要程度排序，並對白酒行業中各上市企業按戰略績效得分高低排名。該評價結果可指導白酒企業戰略規

劃與完善，提升其市場競爭力。

（二）評價指標體系構建

1. 白酒行業特徵分析

受國際經濟環境與國內「三期疊加」的影響，白酒行業發展目前已進入低速增長新常態。本文對傳統白酒行業在新常態經濟下的特徵進行分析，構建評價指標體系。

（1）主營業務單一，高端白酒經營為主。白酒企業主營業務收入幾乎占營業總收入的90％。而根據2013年的數據顯示，高端白酒收入占白酒收入的80％左右，但新常態下高端白酒市場需求受到較大衝擊，對高端白酒產品結構調整的舉措迫在眉睫。

（2）產能過剩，庫存過高。截至2011年年底，全國白酒產量就已超過了在白酒行業「十二五」規劃中2015年的預期目標960萬升。雖然2013年後在政策影響下產能有所調整，2014年前三季度數據顯示，16家白酒上市公司存貨額仍高達504億元，而營收761億元，存貨與營收之比為66％。產能過剩、庫存過高是白酒行業復甦之路上所面臨的巨大挑戰。

（3）產品質量是企業的生命。2012年「酒鬼酒」被國家質檢總局通報其50度酒鬼酒中的塑化劑超標，消息傳出僅一天時間，酒鬼酒股票即被臨時停牌，受此影響，白酒板塊嚴重受挫，兩市白酒股總市值蒸發近330億元。由此看來，在生產的各個環節嚴把產品質量關是白酒行業持續經營的首要條件。

（4）創新經營，迴歸大眾消費。在新常態下白酒行業逐漸迴歸大眾消費。從白酒生產工藝改造、新產品研發、新興市場培育、品質提升等角度出發進行創新，開發滿足大眾消費的產品。

（5）國內需求不旺，出口量增長。在國內需求不旺盛的情況下，許多白酒企業積極尋求國際市場，出口量漸增。

（6）「互聯網+」行銷模式。新常態下，利用「互聯網+」思維，創新行銷方式，更好地接近、適應市場，是白酒行業完善當前行銷方式普遍具有的特徵。

（7）行業競爭加劇，業務趨於多元化。國外資本進入白酒行業，國內原輔材料、勞動力價格持續上漲，使得白酒行業競爭加劇。行業將進一步向多元化、個性化發展。

2. 戰略績效評價體系

本文根據白酒行業發展特徵將評價要素分為財務績效、內部營運、品牌影響力、電子商務營運、成長能力、創新能力，遵循數據可得性、可比性等原則，選取評價指標共計21個，如表1所示。定量指標嚴格按照計算公式進行量化，定性指標採取問卷調查等方式獲取數據，並通過因子分析進行無量綱化處理後進行比較。

表 1　　　　　　　　　白酒行業戰略績效評價指標體系表

評價指標	變量	評價指標	變量
淨資產收益率	X_1	市場佔有率	X_{12}
每股收益	X_2	企業品牌知名度	X_{13}
成本費用利潤率	X_3	品牌價值	X_{14}
營業利潤率	X_4	有用信息比率	X_{15}
存貨占總資產比例	X_5	官方網上商城	X_{16}
存貨週轉率	X_6	網絡推廣	X_{17}
無形資產比率	X_7	主營利潤增長率	X_{18}
企業文化	X_8	固定資產比重	X_{19}
質量水準	X_9	股本比重	X_{20}
研發支出占營業收入比例	X_{10}	利潤保留率	X_{21}
技術開發人員比率	X_{11}		

（三）實證檢驗

1. 數據標準化處理

數據標準化是指對評價指標數值進行無量綱化處理，以消除變量間在數量級和量綱上的不同，增強指標間的可比性。常用的數據標準化方法如 Z-score 法。

2. 數據有效性檢驗

KMO 模型與 Bartlett 球度檢驗用於檢驗因子分析是否適用。本文使用 SPSS17.0 進行分析，結果顯示，KMO 值為 0.737，表明變量間相關性高；Bartlett 球度檢驗結果，卡方統計值 220，顯著性概率為 0.000，因此拒絕 Bartlett 球度檢驗的零假設，KMO 值及 Bartlett 球度檢驗結果顯示數據適宜做因子分析。

3. 確定因子載荷並對因子進行命名解釋

本文按照主成分特徵值大於 1 的原則，進行因子選取。使用 SPSS17.0 計算，可以提取 6 個主因子，這 6 個因子的累積方差貢獻率達到了 86.976%，在解釋原變量信息方面比較理想。表 2 列出了經旋轉後滿足條件因子的因子特徵值、方差貢獻率和累計方差貢獻率。

表 2　　　　　因子特徵值、方差貢獻率和累計方差貢獻率

	因子 F_1	因子 F_2	因子 F_3	因子 F_4	因子 F_5	因子 F_6
特徵值	7.786	3.516	2.683	1.867	1.26	1.153
方差貢獻率	37.074%	16.745%	12.776%	8.890%	6.000%	5.490%
累計方差貢獻率	37.074%	53.819%	66.595%	75.486%	81.486%	86.976%

表 2 結果顯示：

主因子 F_1 在成本費用利潤率（X_3）、營業利潤率（X_4）、每股收益（X_2）、淨

資產收益率（X_1）指標上載荷均超過85%，稱該因子為財務績效因子，該因子方差貢獻率最大，達到了37.07%，說明財務績效對企業戰略績效貢獻為主。

主因子F_2在企業品牌知名度（X_{13}）、企業文化（X_8）指標上載荷超過79%，稱該因子為企業品牌影響力績效因子，該因子方差貢獻率為16.745%，說明提升企業財務績效時，應同時注重企業品牌、文化的建設。

主因子F_3在固定資產比重（X_{19}）、主營利潤增長率（X_{18}）、利潤保留率（X_{21}）指標上載荷超過49%，稱該因子為企業成長績效因子，該因子的方差貢獻率為12.776%，說明企業成長能力建設同樣起著不可忽視的作用。

主因子F_4在網絡推廣（X_{17}）上載荷達到80.7%，稱該因子為電子商務營運績效因子，該因子方差貢獻率為8.89%，說明在「互聯網+」時代，企業電子商務營運成為企業戰略績效的一部分。

主因子F_5在研發支出占營業收入比率（X_{10}）上有載荷達到89.1%，稱該因子為企業創新能力績效因子，該因子方差貢獻率為6%，說明在當前經濟環境下，企業對產品創新的投入，開發適合市場需求的產品，有利於企業的長遠發展。

主因子F_6在無形資產比率（X_7）上載荷達到96.9%，稱該因子為企業內部營運績效因子，該因子方差貢獻率為5.490%，說明對企業內部營運績效的提高，有助於提升白酒企業戰略績效，提高其企業競爭力。

4. 主因子得分及綜合評價

採用迴歸估計法、Bartlett、Thomson估計法計算因子得分。以各因子的方差貢獻率為權數，由各因子的線性組合得到綜合評價指標函數 $F = \dfrac{(w_1 F_1 + w_2 F_2 + \cdots w_m F_m)}{w_1 + w_2 + \cdots w_m}$，此處$w_i$為旋轉前或旋轉後因子的方差貢獻率。利用綜合得分對企業進行綜合排名，結果見表3。

表3　12家白酒上市企業主要因子得分及綜合排名情況表

企業名稱	F_1得分	名次	F_2得分	名次	F_3得分	名次	F_4得分	名次	F_5得分	名次	F_6得分	名次	綜合得分	名次
貴州茅臺	2.703	1	0.322	6	-0.521	8	-0.435	8	0.780	3	0.565	4	1.182	1
五糧液	0.396	3	1.371	1	0.695	4	0.844	2	-1.310	11	-1.316	11	0.448	2
瀘州老窖	-0.367	7	0.796	3	-1.695	12	0.603	5	-0.319	7	-1.094	10	-0.282	8
汾酒	-0.778	11	0.405	5	-0.593	9	-1.269	11	0.377	4	-0.539	9	-0.478	11
沱牌舍得	-0.721	10	-0.014	8	-0.732	11	-2.074	12	-0.206	6	0.285	5	-0.626	12
洋河股份	0.558	2	0.175	7	0.719	3	-0.693	10	-0.602	10	0.664	3	0.307	3
古井貢酒	-0.648	9	0.846	2	1.765	1	0.144	7	2.162	1	-0.117	8	0.302	4
青青稞酒	0.071	5	-1.117	11	-0.276	6	0.842	3	-0.440	9	1.251	2	-0.091	6
老白干酒	-0.396	8	-1.114	10	1.436	2	-0.489	9	-1.375	12	0.014	6	-0.316	9

表3(續)

企業名稱	F_1 得分	名次	F_2 得分	名次	F_3 得分	名次	F_4 得分	名次	F_5 得分	名次	F_6 得分	名次	綜合得分	名次
伊力特	-0.015	6	-2.137	12	-0.434	7	0.603	5	1.063	2	-1.363	12	-0.433	10
今世緣	0.328	4	-0.159	9	0.298	5	0.677	4	-0.320	8	-0.210	8	0.187	5
金種子	-1.130	12	0.625	4	-0.662	10	1.246	1	0.189	5	1.860	1	-0.201	7

四、企業戰略績效提升對策分析

（1）提高企業財務績效是根本。貴州茅臺酒、洋河股份除財務績效排名較高外，其他主要因子得分偏低，但戰略績效綜合排名卻分別位居第1位和第3位。因此，對白酒企業而言，提升企業戰略競爭力的首要任務是提高財務績效。其體方式包括：加強企業科技化管理，提高效益；降低庫存，加快存貨週轉率；調整產品結構，開展多元化業務經營；積極探尋國際市場等。

（2）提升企業品牌影響力。白酒企業品牌影響力排名較低的企業，如伊力特、青青稞酒等，其戰略績效綜合排名都不高。在當前經濟形勢下，白酒企業特別是地方性品牌的白酒企業，應加強企業文化建設，提高品牌知名度，提升品牌影響力。

（3）企業成長及創新能力培養。安徽古井貢酒在企業成長及創新能力方面的表現排名第1位，綜合績效排名第4位。說明白酒企業應關注成長能力的培養，並加大產品研發投入，創新產品，開發滿足現今市場需求的高品質產品。

（4）加大企業電子商務的建設力度。戰略綜合績效排名第1位和第2位的貴州茅臺、五糧液，在電子商務營運績效因子項排名第8位和第2位。說明在「互聯網+」時代，白酒企業應注重網絡行銷推廣工具多樣化，如微博、微信、論壇、郵箱等推廣方式相結合，企業綜合信息網站提高有用信息的比例與訪問快捷性，企業官方網上商城建設應增強客戶體驗與交易便捷性。

（5）強化企業內部營運績效。以金種子酒為例，其財務績效排名最低，而受到內部營運績效及電子商務績效的影響，綜合績效排名第7位。白酒企業強化內部營運績效，優化組織結構，提高經營管理水準，對企業戰略績效具有較強的促進作用。

五、結論

本文將因子分析法運用於企業戰略績效評估，並對白酒上市企業進行實證分析。分析結果顯示，在根據白酒行業發展特徵構建的21項評價指標中，按照指標對企業戰略績效影響程度大小，可選取6個主因子，即財務績效因子（F_1）、企業品牌影響力績效因子（F_2）、企業成長績效因子（F_3）、電子商務營運績效因子

（F_4）、創新能力績效因子（F_5），內部營運績效因子（F_6），對企業戰略績效進行評價及排名，通過對白酒企業得分及排名的分析，對白酒企業改善經營現狀，提升企業競爭力具有一定指導意義。

參考文獻：

［1］張春國. 基於 DEA 模型的白酒行業上市公司經營績效評價［J］. 會計之友，2013（1）：66-71.

［2］王秋麗，陳謹. 白酒行業上市公司綜合效率分析［J］. 中國管理科學，2014（22）：610-616.

［3］高升，王穎. 經濟「新常態」下的白酒行業——基於 DEA 模型的績效評價［J］. 中國商論，2015（11）：134-135.

［4］張春國. 釀酒行業上市公司財務競爭力評價［J］. 四川理工學院學報（社會科學版），2012（6）：24-28.

［5］郭翠華. 中國釀酒行業上市公司財務績效評價實證研究［D］. 山東：山東農業大學，2014.

企業集成創新中知識轉化微觀機理解析

胡亞會　蘇　虹　張同建

摘要：在知識經濟時代，知識轉化是集成創新的內在驅動力。中國企業集成創新能力的不足在很大程度上緣於未能充分重視和挖掘知識轉化的潛力。在企業集成創新過程中，知識轉化不僅表現為社會化、外顯化、內隱化和組合化四種形式，也發生在企業層、團隊層和個體層。集成創新知識轉化微觀機理的解析不僅豐富了知識理論和創新理論，也為集成創新知識轉化研究的深化創造了有利條件，從而推動了中國企業集成創新理論與實踐的發展。

關鍵詞：集成創新；知識轉化；知識社會化；科技成果轉化；技術團隊

一、知識轉化對集成創新的促進效應及研究現狀分析

楊振寧教授曾說，中國已掌握了世界上最先進、最複雜、最深邃的技術，如衛星、火箭、核能開發，但是迄今沒有學會如何把科技成果轉化為現實的經濟利益，這是中國最失敗的地方。科技成果轉化的滯後性已嚴重阻礙了中國科技創新能力的成長，與西方發達國家相比，中國科技成果轉化效率比較低。目前，中國專業性科研機構的科技成果的簽約轉化率不足30%，簽約轉化後能夠產生經濟效益的也不足30%，科技進步對經濟增長的貢獻率僅為30%，而發達國家科技進步對經濟增長的貢獻率約為70%。

集成創新是促進科技成果轉化的一種有效策略或方式。所謂集成創新，是指企業利用並行的方法將企業創新生命週期中不同階段、不同流程和不同創新主體的創新能力和創新實踐集成在一起，從而形成可以產生核心競爭力的一種創新方式。在知識經濟時代，集成創新是企業創造新財富的有效途徑，是技術融合的延伸，涉及組織、管理和市場三個維度，但又不同於單一的組合創新、管理創新和市場創新[1]。在網絡環境下，供應鏈日益複雜，導致創新模式的高度複雜，形成更為複雜的創新系統。這個系統跨越了企業的傳統邊界，要求考慮產品設計、生產流

基金項目：本文為教育部人文社會科學規劃項目「公平偏好下知識型團隊知識資本開發機制研究」（項目編號：15YJA790023）的成果。

程、商業戰略、產業網絡和市場行銷的集成。因此，集成創新不僅考慮生產流程，也考慮產品和服務，不僅專注於技術，也專注於組織、管理和市場。集成創新的結果可以是一種新產品、一種新型的服務，或者一種新的業務流程，也可以是概念、方法、技術、組織、制度或文化，又可以是以上各種創新結果的有機結合。

在知識經濟時代，集成創新的過程在本質上是知識轉化的過程，即在知識資本的轉化過程中，集成創新得以展開和實現[2]。1958年，英國著名哲學家和物理學家M. Polanyi在《個體知識》一書中提出了顯性知識和隱性知識的概念，啟動了知識管理研究工程的閥門[3]。1995年，日本學者Nonaka結合現實實踐對隱性知識和顯性知識的內涵進行了深入的探討，認為隱性知識是依託於個人經驗且涉及一系列無形因素的知識，根植於個體的行為本身和個體所處的環境，難以規範、明晰和梳理，具有高度個人化的特徵。而顯性知識是指可以用正式、常規、易懂的語言來表達，或者可以通過文字記錄和書面描述的知識，如技術文件、報告、工作守則等[4]。在此基礎上，Nonaka在《知識創造公司》一書中提出了著名的SECI知識轉化模型，認為知識轉化包含社會化、外顯化、內隱化和組合化四個階段。其中，知識社會化是從隱性知識向隱性知識的轉化，知識外顯化是從隱性知識向顯性知識的轉化，知識組合化是從顯性知識向顯性知識的轉化，而知識內隱化是從顯性知識向隱性知識的轉化[5]。Nonaka強調，正是在知識轉化的過程中，知識資本在質的方面得到改進，在量的方面得到擴充，從而使知識資本的價值得以實現，企業的核心能力得以形成。

集成創新知識行為的研究已引起相關理論界的重視，近年來出現了一些有價值的研究成果，為集成創新知識轉化的研究深化奠定了基礎。李文博、鄭文哲（2005）設計了集成創新的測評體系，分為技術集成、戰略集成、知識集成和組織集成四個要素。其中，技術集成包括技術系統冗餘度、技術系統中自有核心技術、與同行業比較的技術水準三個指標，組織集成包括企業與用戶交流程度、部門間交流程度、企業之間交流程度三個指標[6]。史憲睿、金麗、孔偉（2006）探討了企業集成創新能力的概念模型，認為企業集成創新能力分為戰略集成能力、知識集成能力和組織集成能力三個要素，戰略集成能力反應了創新戰略的選擇能力，知識集成能力反應了企業在集成創新過程中對各類知識的駕馭能力，而組織集成能力反應了對集成創新實施的保證能力[7]。王眾托（2007）解析了集成創新中的知識集成機制，認為在系統集成創新中知識的集成和創造佔有重要地位，且待集成的知識類型涵蓋了不同領域的知識，包括接口知識、部件知識、系統知識，技術知識和市場知識，顯性知識和隱性知識，個人知識和組織知識，以及科學知識、實際經驗和技能等[8]。張方華（2008）認為集成創新的四個階段，即新產品概念、科學研究、技術開發、商業化，分別對應信息集成、知識集成、技術集成和輔助要素集成四種集成模式。其中，信息集成是對市場需求信息、技術發展信息和政府政策信息的集成，知識集成是對技術研發知識、市場開拓知識和創新管理知識的集成，技術集成是對先進技術、成熟技術和中試技術的集成，輔助要素集成是

對生產能力、行銷能力和服務能力的集成[9]。孔凡柱、羅瑾璉（2011）基於知識管理的視角研究了企業集成創新和合作創新的契合機理，提出了知識螺旋契合、管理行為契合和目標契合三種契合模式，分析了集成創新和合作創新的契合要素的實現路徑，從知識管理的視角指出了這兩種創新有效結合的路徑[10]。

知識管理就是對知識資本的開發行為，包含知識共享、知識轉移、知識轉化等一系列行為。從集成創新知識管理的視角來看，現有的研究涉及如下內容：①將知識集成能力納入企業集成創新能力的框架，分析了知識集成能力的內涵；②研究了知識轉化、知識轉移、知識共享等知識管理策略在企業集成創新中的作用，並解析了這些知識行為的機理；③從「知識場」的視角探析集成創新的路徑，解析了集成創新知識能力的要素體系；④研究了集成創新對知識型人才成長的促進機制及知識型人才在集成創新中的作用。

在知識經濟時代，集成創新必然浸染了知識管理的特徵。從知識管理對集成創新促進的視角來看，現有的研究體現了如下價值：①闡明了知識管理在企業集成創新中的基礎性作用，認為知識集成是集成創新的一個核心要素；②探析了集成創新中各種知識行為，包括知識轉移、知識創造、知識共享等，為集成創新知識管理的深化奠定了基礎[11]；③從知識管理的視角提出了若干集成創新的改進策略，推進了知識管理理論和集成創新理論的融合[12]。

知識轉化是知識管理的一項關鍵性策略，對集成創新的實現存在著深遠的驅動力。從知識轉化驅動力成長的視角來看，現有的研究存在著如下不足：①集成創新知識管理理論的研究分佈在一些孤立的領域，遠未形成集成創新知識管理的理論體系；②沒有區分隱性知識和顯性知識在集成創新中的不同作用；③未能將集成創新的知識管理策略轉化為企業可以執行與操作的職能管理策略，降低了研究成果的應用價值；④未能區分集成創新中狹義知識管理和廣義知識管理的界限，事實上，集成創新所包含的知識集成、技術集成、組織集成和戰略集成在本質上都是廣義上的知識管理；⑤未能發現知識轉化在集成創新知識管理中的核心性和基礎性地位；⑥雖已涉及集成創新中知識轉化的探討，但未能對知識社會化、知識外顯化、知識組合化和知識內隱化在集成創新中的功能進行深入的解析。

二、集成創新中知識轉化微觀機理解析

集成創新一般具有如下特徵：第一，集成創新是以創造性為集成的創新。集成並不是各分離要素的簡單集中，而是融合了創造性思維，為了創造而集成，即產生創造性的要素組合，強調創新效果。第二，集成創新是創新要素有機融合的創新。分離要素相互組合、補充和協調，形成最合理的融合方式。第三，集成創新是一種複雜性創新。集成創新的工程浩大、操作複雜，需要以系統論為引導，實現對創新主體、創新要素和創新環節的有機集成。集成創新系統不斷與外界進行物質、能量和信息的交換，從而促進系統內部的要素和要素之間關係的變化。第四，集成創新是具有放大效應的創新。集成創新不僅強調要素之間的融合，也

強調要素與外部環境之間的融合，可以形成獨特的競爭優勢，帶來集成放大效應。

從知識行為的視角來看，集成創新的過程在微觀上可以分解為一系列知識轉化的過程，知識轉化是知識環境下集成創新的內在動力[13]。在集成創新過程中，知識轉化不僅存在知識社會化、知識內隱化、知識外顯化和知識組合化四種形式，也分別發生在企業層、團隊層和個體層，構成了錯綜複雜的知識轉化網絡。企業層知識轉化的目標是提高集成項目開發決策的準確性，團隊層知識轉化的目標是實現項目的開發任務，個體層知識轉化的目標是激發員工的活力，為團隊層和決策層知識轉化的成功創造有利的環境。知識轉化的分析不僅涉及顯性知識，也涉及隱性知識，而隱性知識參與的轉化對集成創新的成果起到核心性的促進作用，顯性知識參與的轉化起到輔助性的促進作用。

從知識生產的視角來看，企業集成創新也被稱作企業的「第二代知識管理」，主要包括如下內容：①利用知識的生命週期，使企業快速地適應創新環境；②通過產品供需分析，從新知識的生產和應用中獲益[14]；③利用陳述性知識和過程性知識來定義企業管理的組織行為規則；④對知識生命週期中的生產流程、檢驗流程和集成流程進行評估；⑤通過組織學習為企業競爭優勢的培育創建一個良好的秩序。

眾所周知，中國集成創新戰略的開展已歷經數十年，但遠未達到預期的目標，其中重要原因之一是未能充分認識到知識管理對技術、協調、市場等各類集成的促進作用，未能充分挖掘知識轉化的內在潛力。因此，集成創新知識轉化微觀機理的解析可以增強知識管理對集成創新的促進作用，具體體現在以下幾個方面：①有利於構建完整的集成創新知識轉化體系，強調知識轉化在集成創新知識管理中的基礎性作用，不僅可以豐富知識管理理論，也能擴展集成創新理論，從而促進集成創新理論和知識理論的融合；②為集成創新知識管理或知識轉化的績效測評提供必要的理論平臺，推進集成創新知識管理研究由理論分析向實證檢驗的轉換；③有利於拓展集成創新知識管理研究的領域，推進知識管理策略向企業可以具體操作的職能管理策略的轉化，提高知識管理研究結論的應用價值；④從隱性知識和顯性知識兩個方向同時分析知識轉化在集成創新中的作用，深化集成創新的知識研究機制；⑤為集成創新知識轉移、知識共享、知識創造等其他知識管理策略研究的深化提供有效平臺，闡明知識轉化才是知識轉移和知識共享等其他知識管理機制優化的動力源。

(一) 集成創新中知識社會化解析

在集成創新中，知識社會化發生在企業、團隊和個體三個層面，對集成創新的深化均存在著促進作用。在企業層面，決策層需要想方設法修煉自己的決策能力，不僅可以通過自我反省，也可以通過決策人員之間的深度會談，還可以通過學習外部的可靠經驗。在團隊層面，技術團隊、行銷團隊和生產團隊都需要實施內部修煉，提高團隊的內在素質。這種修煉不僅來自於團隊內部的釀造，也來自於團隊之間的相互啟發，尤其是行銷團隊和生產團隊對技術團隊的啟發。在個體

層面,技術人員、生產人員和行銷人員也要不斷進行隱性修煉,逐步培育個人的業務潛力。這種修煉不僅來自於個人的深度思考,也源於團隊內部人員的啓迪,還源於團隊外部人員的誘導,特別是行銷人員和生產人員對技術人員研發思維的誘導。團隊層面的知識社會化受到組織制度的激勵,個體層面的知識社會化受到企業文化的推進。根據以上分析,可以構建集成創新知識社會化體系如表1所示。

表1　　　　　　　　　集成創新知識社會化體系

類型	指標符號	指標名稱	內容
企業層面	E11	決策層深度思考	企業決策層在自身經驗、能力、智能的基礎上,針對集成創新項目進行深度思考,以提高決策能力
	E12	決策層深度反省	企業決策層在現有的項目決策能力、經驗、智能的基礎上深度反思自己的決策過程,以避免造成決策失誤
	E13	決策層深度溝通	企業決策層就現有的集成創新項目在理念、預測、思維模式、判斷上進行深度會談,以優化決策機制
團隊層面	M11	技術團隊社會化	技術團隊發揮集體智慧,在與行銷團隊和生產團隊深度溝通的前提下,深度思考、精誠合作,在研發項目上取得突破
	M12	行銷團隊社會化	行銷團隊運用集體的經驗、智慧和合作精神,對團隊行銷理念、模式、規劃進行優化、引導、反省
	M13	生產團隊社會化	生產團隊通過深度反思、訣竅探討、理念更新來增強團隊的生產潛力
個體層面	I11	技術人員社會化	技術人員通過省悟、反思、類比等方法激發設計靈感,深度挖掘研發潛力
	I12	行銷人員社會化	行銷人員通過直覺判斷、感悟和思考對自身的行銷思維模式進行反芻,實現自我智力超越
	I13	生產人員社會化	生產人員通過閉門思過式的自我修煉在工藝改進、生產理念、檢驗訣竅上取得突破

(二) 集成創新中知識外顯化解析

在集成創新中,知識外顯化發生在企業、團隊和個體三個層面,對集成創新的深化均存在著促進作用。在企業層面,決策層在項目決策上應盡量避免閉門造車、獨斷專行,因而需要在決策形成階段善於將自己的決策意願、思維邏輯、推斷模式、未來設想等大膽地表述出來,不僅供相關決策人員參考,也供內部員工監督,還供外部專家糾正。這是一種領導魄力,適合民主化的領導風格。在團隊層面,技術團隊、行銷團隊和生產團隊均需要將設計草案、實驗要領、行銷策劃等隱喻性的團隊創意向外部展示出來,這也是集成創新中技術—生產—行銷集成一體化的內在要求,不僅供決策層的監督,也供其他團隊的審查,與其他團隊的局部戰略和企業整體戰略保持一致。在個體層面,技術人員、生產人員和行銷人員也要不斷地將自身的「看家本領」或「絕技」向外展示,不僅有利於自身業務的錘煉,也可以示範於他人,共同進步。根據以上分析,可以構建集成創新知識外顯化體系如表2所示。

表2　　　　　　　　　　集成創新知識外顯化體系

類型	指標符號	指標名稱	內容
企業層面	E21	個體決策外顯化	企業決策層在適當的場合將自己決策的思維模式恰當地表露出來，以供其他決策人員參考
	E22	決策內部外顯化	決策層將集成項目決策的意向、設計、方案等雛形模式向內部員工公示，以尋求合理建議
	E23	決策外部外顯化	決策層在合適的時機將決策草案、決策思維模式和路徑、直覺判斷結論等向外部專家展示，以圖指教
團隊層面	M21	技術團隊外顯化	技術團隊經常將成果或產品設計雛形方案在企業內部展示，以尋求其他團隊和人員的建議
	M22	行銷團隊外顯化	行銷團隊經常舉行行銷座談會，將集體性的行銷技巧、經驗和模式在團隊中推廣
	M23	生產團隊外顯化	生產團隊注重將內部的生產技能和訣竅進行收集和整理，然後在生產成員中進行普及
個體層面	I21	技術人員外顯化	技術人員將內隱性的開發創意、意識和靈感進行思考，歸類整理成可供自省的資料
	I22	行銷人員外顯化	優秀行銷人員將對市場需求的直覺判斷、推測、感悟向其他行銷人員表述
	I23	生產人員外顯化	骨幹生產人員將自己的獨特之處進行深度反思，整理成規範性工藝，供其他生產人員參閱

（三）集成創新中知識內隱化解析

在集成創新中，知識內隱化發生在企業、團隊和個體三個層面，對集成創新的深化均存在著促進作用。在企業層面，決策人員需要通過對集成項目決策的比較性反思來強化自身的業務素質，這是西方國家中企業集成創新決策優化的一種常用方法。這種比較不僅將現實的方案與本企業過去的同類方案進行比較，也與其他同類企業的集成創新方案進行比較，還可以與其他不同類型企業的自主創新方案進行比較。在團隊層面，技術團隊、生產團隊和行銷團隊需要不斷地依據既有的、成熟性的技能、方法、思維模式來修煉團隊的內在能力，挖掘團隊潛力，增強團隊創造力，這是現代企業中團隊能力培育的一種有效策略，在集成創新中的作用更為顯著。在個體層面，技術人員、生產人員和研發人員同樣需要不斷地在現有的技能和經驗的基礎上潛心修煉、閉門思過，以求幡然醒悟，這是強化優秀人員業務素質的可行之路。團隊的知識內隱化依然依靠組織激勵機制來驅動，個體的知識內隱化則依靠敬業精神或對組織的忠誠度來驅動。根據以上分析，可以構建集成創新知識內隱化體系如表3所示。

表 3　　　　　　　　　　　集成創新知識內隱化體系

類型	指標符號	指標名稱	內容
企業層面	E31	橫向決策方案比較	企業決策層將集成創新項目方案與外部同類的公開性方案進行比較，以提高決策的準確性
	E32	縱向決策方案比較	企業決策層將集成創新項目方案與企業內部過去的集成創新方案進行比較，以增強決策能力
	E33	同類決策方案比較	企業決策層將集成創新項目方案與其他企業集成創新決策方案進行比較，以培育決策直覺能力
團隊層面	M31	技術團隊內隱化	技術團隊注重通過技術人員的交流以深入培育團隊合作能力、配合意識和開發技能
	M32	生產團隊內隱化	生產團隊通過生產競賽、技能比武、訣竅展示等方法來培育團隊的生產實踐能力
	M33	行銷團隊內隱化	行銷團隊通過成功或失敗的行銷案例解析來增強整體團隊成員對行銷理念、技巧和模式的領悟能力
個體層面	I31	技術人員內隱化	技術人員通過對產品的觀摩與其他人員的交流而有效地激活設計靈感
	I32	生產人員內隱化	生產人員通過大批量生產而熟能生巧，不斷提高對生產設備的利用效率
	I33	行銷人員內隱化	行銷人員通過對市場的觀察和顧客的交流而提高對市場需求的判斷、感悟和預測能力

(四) 集成創新中知識組合化解析

在集成創新中，知識組合化發生在企業、團隊和個體三個層面，對集成創新的深化均存在著促進作用。在企業層面，決策層之間需要建立一種祥和、平等、無間隙的溝通氛圍，並對多種技術優勢或決策方案反覆抉擇、重複組合，以求得最佳匹配模式。同時，信息數據庫建設對於決策層完滿地實現決策目標也是必要的前提。在團隊層面，知識組合化可以表現為兩種形式，一種是團隊將個體的成熟知識進行組合，形成團隊的檔案性、永久性、參閱性資料，另一種是將過去的多種成功模式、方案、設計進行整合，抽取有價值的要素，重新構成更具競爭優勢的新模式、方案、設計。這種團隊能力的開發行為在技術團隊、生產團隊和行銷團隊內部都是必要的，是團隊管理人員的一種開創性職責，在現代企業尤為重要。在個體層面，技術人員、行銷人員、生產人員的知識組合化也分為兩種形式，一種是個體將自己的成熟技能、經驗、訣竅進行梳理，上升為個人公開能力，另一種是通過與其他個體的隨機性交流聚合他人的知識，達到開闊視野的目的。根據以上分析，可以構建集成創新知識組合化體系如表 4 所示。

表 4 集成創新知識組合化體系

類型	指標符號	指標名稱	內容
企業層面	E41	決策資料整合	企業將戰略性決策資料進行歸納、分類、儲存,形成決策信息庫,供決策層使用
	E42	決策層和諧溝通	決策層經常進行常規的、公開性的、隨意性的信息交流,以培育合作決策機制
	E43	決策方案整合	決策層將多種決策方案進行整合,抽取富有價值的部分重新組合,形成新的決策方案
團隊層面	M41	技術團隊組合化	技術團隊將多種設計方案或設計模型進行重新組合,以形成新的產品設計方案或模型
	M42	行銷團隊組合化	行銷團隊注重成員內部信息的交流和行銷合作的配合,經常舉辦各類集體交流活動
	M43	生產團隊組合化	生產團隊創造條件和環境加強骨幹性生產人員之間的交流,以提高團隊的集體智慧
個體層面	I41	技術人員組合化	技術人員之間經常自發地進行成熟技能、慣例、方法的交流,以增強對項目背景的認識
	I42	行銷人員組合化	行銷人員之間能夠自發地進行信息交流,以不斷豐富個體所掌握的市場信息
	I43	生產人員組合化	骨幹性生產人員經常自發地組織小範圍活動,以開闊生產人員的視野

三、進一步研究的方向

知識管理的研究是當代管理學領域的一個重要方向,已經滲透到管理學的各個層面。同樣,集成創新中知識管理的研究也必將隨之興盛。知識轉化是知識管理的核心環節,因此,集成創新中知識轉化微觀機理的研究為集成創新知識管理研究的擴展構建了堅實的平臺。目前,集成創新知識轉化的研究僅停留於理論層面,不能為實際管理活動提供具體的、策略性的指導,在這種情況下,基於調查樣本數據的實證性研究必將繼之而起。本研究的結果為實證性研究的開展和深化創造了有利條件,不僅全面地闡釋了集成創新的知識轉化流程,為知識轉化測度量表的設計賦予了翔實的內容,也詳細解析了隱性知識轉化的流程,以促進對集成創新中隱性知識轉化的關注,充分發揮隱性知識轉化的作用。

參考文獻:

[1] 陳旭,哈今華.高新技術企業資本要素配置效應影響因素實證分析——基於A股高新技術上市公司的財務數據[J].貴州財經大學學報,2017(2):75-83.

[2] 張華明,王曉林,張聰聰,等.中國裝備製造業階段競爭力研究[J].貴州財經大學學報,2016(6):62-72.

[3] POLANYI M. The logic of tacit inference [J]. Philosophy, 1966, 41 (1): 1-18.

［4］NONAKA, IKUJIRO. The knowledge-creating company ［J］. Harvard Business Review, 1991 (6): 96-105.

［5］NONAKA I, TAKAUCHI H. The knowledge creating company ［M］. New York: Oxford University Press, 1995.

［6］李文博, 鄭文哲. 現代企業的集成創新及其綜合評價研究 ［J］. 科技進步與對策, 2005 (4): 66-68.

［7］史憲睿, 金麗, 孔偉. 企業集成創新能力的概念及其基本模型 ［J］. 科技管理研究, 2006 (11): 69-70.

［8］王眾托. 系統集成創新與知識的集成和生成 ［J］. 管理學報, 2007 (5): 542-548.

［9］張方華. 企業集成創新的過程模式與運用研究 ［J］. 中國軟科學, 2008 (10): 118-124.

［10］孔凡柱, 羅瑾璉. 基於知識管理的企業集成創新與合作創新契合機理研究 ［J］. 科技進步與對策, 2011 (15): 126-129.

［11］MCELROY M W. Using knowledge management to sustain innovation ［J］. Knowledge Management Review, 2000, 3 (4): 34-37.

［12］LESTER M. Innovation and knowledge management: The long view ［J］. Innovation and Knowledge Management, 2001, 10 (3): 165-176.

［13］崔海雲, 施建軍. 結構洞、輸出型開放式創新與企業技術能力 ［J］. 貴州財經大學學報, 2016 (3): 20-29.

［14］MCADAM R. Knowledge management as a catalyst for innovation within organization: A qualitative study ［J］. Knowledge and Process Management, 2000, 7 (4): 233-241.

上市公司董事會治理績效實證研究
——來自旅遊行業的數據

張豔莉　高文香　張同建

摘要：旅遊上市公司是中國旅遊經濟體系的重要組成部分。董事會治理績效的改進是提高公司治理績效的關鍵性環節，也是提高旅遊上市公司營運效率的有效策略。董事會治理績效模型的構建是董事會治理機制分析的基礎。實證性的研究揭示了董事會治理的微觀機理，發現了董事會規模、董事會結構、董事會會議質量、董事薪酬水準、獨立董事資質與董事業績考評等因素對董事會治理績效的改進存在著顯著的促進作用，而董事職責明晰性、董事薪酬形式、與董事獨立性等因素對董事會治理績效的改進沒有產生實質性的影響。研究結論為中國旅遊上市公司董事會治理的優化提供了現實性的理論指導。

關鍵詞：旅遊上市公司；董事會治理；獨立董事；薪酬激勵；董事會結構

一、引言

旅遊業是中國國民經濟的支柱性產業之一，也是中國第三產業的主導性行業。自改革開放以來，中國旅遊業獲得了飛速的發展，形成了完整的產業結構和完善的產業體系，從而使中國躍入了旅遊大國的行列。2009 年 12 月 1 日，《國務院關於加快發展旅遊業的意見》的出抬，在政策層面為旅遊經濟發展創造了良好條件。目前，中國旅遊經濟正處於加快發展的戰略機遇期，旅遊經濟在 21 世紀初期仍將持續性地實現跨越式的增長。世界旅遊組織預測，2020 年中國將成為世界最大的旅遊目的地國家。

中國旅遊研究院預計：2010 年國內旅遊人數將達 21 億人次，同比增長 12%，國內旅遊收入 1.1 萬億元，同比增長 14%；入境旅遊人數 1.36 億人次，同比增長 8% 左右，旅遊外匯收入 420 億美元，同比增長 10% 左右；出境旅遊人數 5,400 萬人次，同比增長 15%，出境旅遊花費 480 億美元，同比增長 14%；全年旅遊業總收入 1.4 萬億元，同比增長 13%。因此，儘管受到世界性金融危機的影響，中國旅遊業仍呈現出強勁的發展趨勢。同時，中國旅遊研究院指出，2010 年中國旅遊業發展呈現四大趨勢：一是旅遊需求總量穩定增長，散客化、自助化、信息化等趨

勢將會進一步增強，綠色旅遊將有大的發展；二是旅遊產業轉型升級與集約化發展的步伐將會加快，企業創新行為將得到強化，外資繼續加速進入中國旅遊市場；三是旅遊公共服務供給進一步增加，旅遊管理體制改革的步伐加快；四是依託制度創新、區域戰略規劃和交通基礎設施的改善，區域旅遊將出現一些新的亮點。

旅遊業一般包括酒店業、旅行社業、旅遊運輸業、旅遊景點業與會展業等，其中，酒店業、旅行社業與會展業的旅遊特徵較為顯著。在中國旅遊經濟體系中，旅遊上市公司是旅遊業中的龍頭性企業，是帶動旅遊經濟全面發展的一個重要動力源[1]。自1993年中國第一家旅遊企業（新錦江）上市以來，滬深兩市的旅遊企業已達40餘家。目前，中國滬深兩市旅遊上市公司的總股本為72億股，總資產規模超過330億元，平均資產規模為13.2億元，已成為中國證券市場上的一個重要板塊。

根據《上市公司行業分類指引》的標準，中國旅遊上市公司可分為三種類型：酒店類上市公司、景點娛樂類上市公司與綜合類上市公司[2]。每種類型的上市公司均存在著一定的類型特徵。酒店類上市公司大都是經過資產重組、集中優勢資源的上市公司，如新都酒店、錦江股份、華天酒店、金陵飯店等。酒店類上市公司在旅遊板塊中所占的比重較大，其業績變化對旅遊板塊的影響也較大。景點娛樂類上市公司主要由自然風景類和主題公園類上市公司組成，如「峨眉山」「黃山旅遊」是自然風景類上市公司，「華僑城」是主題公園類上市公司，而「京西旅遊」「張家界」是以自然與人文景觀為主的綜合類上市公司。綜合類旅遊上市公司是指其主業在旅遊業內的比例比較均衡的上市公司，如「中青旅」「西安飲食」「西藏聖地」和「桂林旅遊」等。儘管綜合類旅遊上市公司的經營範圍非常廣泛，但主營業務仍然圍繞著旅遊業進行。

近年來，儘管中國旅遊環境逐步完善，旅遊經濟也日趨拓展，但是，旅遊上市公司的發展卻呈現出不盡人意的態勢，營運業績逐漸低於中國上市公司的平均水準[3]。公司治理的滯後性是阻礙中國旅遊上市公司成長的一個突出性因素，制約了旅遊上市公司內部運作機制的成熟與完善，而在中國旅遊上市公司治理體系中，董事會治理是關鍵性的環節，是公司治理的核心要素。因此，董事會治理的優化是完善中國旅遊上市公司治理結構的基礎性策略，從而提升了中國旅遊上市公司的運作績效，進而帶動了中國旅遊經濟的全面發展。

二、研究模型的構建

董事會治理是一個體系，在這個體系中，存在著一系列會對董事會治理績效產生不同影響的要素，而對這些要素的影響程度的分析是改進董事會運作效率的有效策略。旅遊上市公司董事會治理績效模型的檢驗是董事會治理機制解析的前提，而模型的構建一方面需要密切聯繫中國旅遊上市公司治理的內外部環境，另一方面需要借鑑中國旅遊上市公司董事會治理評價的研究成果。

儘管自21世紀以來，中國公司治理評價的研究取得了較大的進展，然而，旅

遊上市企業公司治理的研究並未得到實質性的開展，僅停留於初始階段。特別是旅遊上市企業董事會治理的研究，更處於空白狀態。因此，旅遊上市企業董事會治理評價的解析需要著力借鑑中國上市公司董事會治理的研究成果，而南開大學公司治理研究中心的研究成果在國內具有較高的權威性，同時在國際上也存在一定的影響力。2007年，南開大學公司治理研究中心在2003年調查數據的基礎上，經過4年多的研究，又推出了2007年度的公司治理指數，進一步拓展了公司治理的研究領域，在理論上構築了以公司治理邊界為核心範疇的公司治理理論體系。2007南開公司治理評價系統（CCGI^{NK}）將董事與董事會要素分為5個指標：董事會權利與義務、董事會運作效率、董事會組織結構、董事薪酬與獨立董事制度。其中，董事權利與義務指標包括董事遴選、董事的能力考核與董事年培訓等內容，董事會運作效率指標包括董事會規模、董事會人員構成與董事會會議質量等內容，董事會組織結構指標包括董事會領導結構、專業委員會設置與專業委員會運行等內容，董事薪酬指標包括董事薪酬水準、董事薪酬形式與董事績效評價等內容，獨立董事制度包括獨立董事比例、獨立董事激勵和獨立董事獨立性等內容。

根據以上分析，董事會治理績效影響因素包括董事會職責明晰性、董事會規模、董事會結構、董事會議質量、董事薪酬水準、董事薪酬形式、獨立董事獨立性、獨立董事資質與董事業績考評等方面，對這些因素影響功能的分析必然有助於董事會治理策略的改進。

第一，職責明晰性是發揮董事會治理功能的前提，董事會只有在明晰的功能界定的基礎上才能發揮其對經理層的監督作用。職責明晰既包括對董事權力與董事義務的界定，也包括對董事會職能與經理層職能的邊界的界定。中國旅遊上市公司董事會職能的界定存在著一定的模糊性，尤其是與經理層的職能沒有得到合理的分離，董事會與經理層甚至在人員上也存在著較大的重合，最終導致董事長與總經理職能的雙重弱化，從而降低了董事會治理的質量[4]。

第二，董事會規模與董事會治理質量之間存在著一定的相關性。根據西方國家董事會治理的經驗，董事會的人員規模與上市公司的人員規模、資產規模、行業特徵等均存在著內在的關聯性。一般而言，董事會規模與董事會質量之間呈倒U型的關係，即隨著董事會人員的增多，董事會治理質量將逐漸提高，然而，當董事會人員增多到一定程度時，董事會治理質量將又出現下降的趨勢。由於研究資料的欠缺，中國旅遊上市企業的董事會規模與董事會治理質量之間的關係尚不明朗[5]。

第三，隨著公司治理的成熟，董事會結構的影響作用越來越大。也就是說，董事會治理質量不僅與董事會的人員數量相關，也與人員配置的合理性相關，特別在公司治理的高級發展階段，董事會結構的功能將日益顯著。董事會結構包括董事會領導結構、專業委員會設置與運作、審計委員會設置與運作等內容，還包括內部執行董事與外部董事的配比等。對於中國旅遊上市企業而言，由於董事會治理仍處於初級發展時期，因而，董事會結構主要是指董事會的領導結構與專業

委員會結構設置的合理性。

第四,董事會會議是董事會治理最直接的形式,董事會會議的召開需要符合一定的規則,遵循一定的程序。董事會會議的規則與程序一般在公司法中均有明確的規定,包括董事參與人數、會議議題、會議頻次及會議提案處理方式等內容。董事會會議在西方國家的公司治理中已累積了成熟的經驗,而在中國公司治理中仍處於形式化階段。中國旅遊上市企業對董事會會議的重視程度存在著較大的差別,因此,僅從經驗上來判斷,很難預測董事會的會議質量在董事會治理中的影響程度。

第五,董事的薪酬水準對董事監督職能的發揮具有直接的影響,因為董事職能的實施也遵循著利益導向的規則。董事薪酬水準與董事能動性之間並非是單純的線性關係。在董事會薪酬處於低水準階段時,董事能動性隨著薪酬水準的增加而提高,而當薪酬達到一定水準之後,董事能動性的演化將呈現不確定態勢[6]。中國旅遊上市公司董事會薪酬水準的確立不存在經驗性的規則,隨機性較強,因此,對董事監督職能的激勵程度也參差不齊。

第六,董事職能的發揮不僅受到薪酬水準的影響,也受到薪酬形式的影響,特別是在董事會治理的高級階段,薪酬形式的影響程度將更為顯著。薪酬激勵的形式包括工資激勵、獎金激勵、股權激勵、期權激勵等,而不同激勵形式的組合將產生不同的效果。在國外上市公司中,股權激勵是一種極為重要的方式,而在中國旅遊上市公司中,工資激勵和獎金激勵是最常見的形式,同時輔以部分的股權激勵。

第七,獨立董事制度在歐美國家較為盛行,在中國上市公司治理中也開始興起,逐漸成為董事會治理的一個重要組成要素。獨立董事的設立在表面上是為了緩解董事會與經理層的衝突,然而在本質上是為了緩解控股股東與經理層的利益衝突。由於中國公司治理機制的特殊性,獨立董事制度也與西方國家存在著一定的差異。對於中國旅遊上市公司而言,獨立董事獨立性主要表現在其職能的行使不應該受到控股股東與經理層的約束。

第八,獨立董事是一種極為重要的董事會治理制度,需要嚴格遵循一定的選拔、任免、考核程度,才能保證獨立董事具有較高的勝任能力來行使其職責。獨立董事不僅需要具有一定的專業技能,或者管理技能,或者從業經驗,或者社會影響,更需要具有較高的責任感及行使獨立董事職能的願望。因此,獨立董事的基本要求是能夠具備一定的董事工作時間。因為只有實現對公司營運環境的瞭解,才能在監督過程中發揮自身的專長。

第九,業績考評是董事激勵的一種有效策略,在西方國家董事會治理中發揮了較大的作用,而在中國董事會治理中僅處於起步階段。業績考評就是對董事會成員的職能業績進行測評,並對董事成員的業績劃分出級差,從而為董事的聘任、任免、薪酬分配提供合理的根據。業績考評不僅需要對外部董事的業績進行考評,也需要對內部執行董事的業績進行考評。中國旅遊上市企業的董事會聘任機制存

在著高度的行政性，從而為業績考評的貫徹執行帶來一定的負面影響。

因此，本研究建立的中國旅遊上市企業董事會治理績效模型如下式所示：

$y = \beta_0 + \beta_1 x_1 + \beta_2 x_2 + \beta_3 x_3 + \beta_4 x_4 + \beta_5 x_5 + \beta_6 x_6 + \beta_7 x_7 + \beta_8 x_8 + \beta_9 x_9 + u$

其中，各變量符號的意義如下：y 表示旅遊上市公司董事會治理績效；x_1 表示職責明晰性，即董事會的權力與義務具有高度的明晰性；x_2 表示董事會規模，即董事會的人員數量具有一定的合理性；x_3 表示董事會結構，即董事會的領導結構與專業委員會結構具有一定的合理性；x_4 表示董事會議質量，即董事會議的召開符合一定的程序和規範；x_5 表示董事薪酬水準，即董事的薪酬水準對董事的監督行為產生有效的激勵；x_6 表示董事薪酬形式，即董事的薪酬形式對董事的監督行為產生有效的激勵；x_7 表示獨立董事獨立性，即獨立董事的監督行為不受控股股東與經理層的干擾；x_8 表示獨立董事資質，即獨立董事的專業能力能夠勝任獨立董事的職能；x_9 表示董事業績考評，即業績考評制度在董事會治理中產生了積極的作用；u 表示樣本殘差項。另外，β_0 為截距，β_1、β_2、β_3、β_4、β_5、β_6、β_7、β_8、β_9 分別為 x_1、x_2、x_3、x_4、x_5、x_6、x_7、x_8、x_9 的迴歸系數。

三、實證檢驗

本研究擬採用後向淘汰迴歸分析法進行模型檢驗。後向淘汰迴歸分析是逐步迴歸分析法的一種，而逐步迴歸分析法又稱為逐步選擇法，是為了達到選用一個有用的預報變量子集的目的，不斷剔出或添加變量進入迴歸模型之中。採用逐步添加變量的方法稱為前向選擇迴歸分析，而採用逐步剔出變量的方法稱為後向淘汰迴歸分析。

本研究採用李克特 7 點量表對 10 個測度指標進行數據收集，樣本總體為滬深兩市的旅遊上市公司。指標測評採用專家打分法，即在四川大學與雲南大學聘請七位相關研究領域的專家，對每一個樣本的指標分別評分，然後取其平均值作為該樣本指標的值。本次數據調查共選擇旅遊上市公司 35 家，調查時間自 2010 年 5 月 1 日起，至 2010 年 7 月 1 日止，共 62 天，最終獲取有效樣本 35 份。

基於中國旅遊企業董事會治理的績效模型，借助於 SPSS12.5 統計分析軟件，通過對有效樣本數據的迴歸分析，得第一次迴歸分析結果如表 1 所示。

表 1　　　　　　　　　　第一次迴歸分析結果

變量	β_0	β_1	β_2	β_3	β_4	β_5	β_6	β_7	β_8	β_9
參數值	0.324	0.152	0.512	0.360	0.426	0.414	0.455	0.202	0.370	0.348
標準誤	0.127	0.131	0.178	0.152	0.134	0.135	0.168	0.136	0.133	0.145
T 值	2.675	1.279	2.923	2.387	3.117	3.087	2.725	1.576	2.786	2.369

其中：$R^2=0.412$，$F=68.190$，F 值具有較高的顯著性。

根據檢驗結果可知，係數 β_1 和 β_7 的值不顯著，因此，在模型中剔除自變量 x_1 與 x_7 後進行第二次迴歸分析，結果如表 2 所示。

表 2　　　　　　　　　　第二次迴歸分析結果

變量	β_0	β_2	β_3	β_4	β_5	β_6	β_8	β_9
參數值	0.313	0.495	0.376	0.500	0.457	0.218	0.476	0.359
標準誤	0.134	0.166	0.128	0.187	0.142	0.178	0.193	0.156
T 值	2.581	2.890	2.917	2.565	3.213	1.386	2.572	2.314

其中：$R^2=0.488$，$F=78.109$，F 值具有較高的顯著性。

根據檢驗結果可知，係數 β_6 的值不顯著，所以，在模型中剔除自變量 x_6 後繼續進行第三次迴歸分析，結果如表 3 所示。

表 3　　　　　　　　　　第三次迴歸分析結果

變量	β_0	β_2	β_3	β_4	β_5	β_8	β_9
參數值	0.378	0.487	0.354	0.512	0.431	0.376	0.345
標準誤	0.143	0.164	0.137	0.165	0.152	0.134	0.128
T 值	2.865	2.912	2.625	3.120	2.674	2.765	2.718

其中：$R^2=0.556$，$F=93.426$，F 值具有較高的顯著性，各係數值也具有一定的顯著性，因此，本研究模型停止後向淘汰迴歸分析。

四、結論

根據檢驗結果可知，在中國旅遊上市公司董事會治理體系中，董事會規模、董事會結構、董事會會議質量、董事薪酬水準、獨立董事資質與董事業績考評等因素對董事會治理績效的改進存在著顯著的促進作用，而董事職責明晰性、董事薪酬形式與董事獨立性等要素對董事會治理績效的改進沒有產生實質性的影響。

因此，在中國旅遊上市公司董事會治理中，董事會的人員規模基本上適應於董事會治理的需要，董事會結構具有一定的合理性，董事會會議已經產生了積極的作用，董事薪酬水準較為適中，獨立董事具備一定的專業能力或業務素質，董事業績考評制度發揮了實質性的效應。所以，這些優勢因素功能的發揮和改進有利於董事會治理績效的持續性提高。

同時，在中國旅遊上市公司董事會治理中，董事會及董事長的職責有待明晰，董事的薪酬形式有待優化，獨立董事的獨立性有待提高，所以，這些劣勢因素的激活與挖掘可以使中國旅遊上市公司董事會治理水準達到一個新的高度，從而進一步提高董事會治理的質量。

參考文獻：

［1］祁黃雄，陸建廣. 旅遊上市公司多元化戰略選擇實證研究［J］. 經濟論壇，2009（2）：119-122.

［2］劉海英，劉志遠. 旅遊上市公司增長機會與資本結構關係實證研究［J］. 山東大學學報，2007（3）：85-91.

［3］孔莉，餘虹. 投資者關係管理——雲南旅遊上市公司提升價值的新坐標［J］. 經濟問題探索，2009（5）：134-139.

［4］張同建. 中國星級酒店業知識資本微觀機理研究［J］. 旅遊學刊，2008（1）：70-76.

［5］張同建. 中國旅遊企業互惠性偏好、內部行銷與核心能力的相關性研究［J］. 經濟地理，2009（11）：1927-1930.

［6］鄧健，張同建. 中國旅遊企業電子商務成長性測度體系研究［J］. 技術經濟與管理研究，2010（1）：6-8，19.

上市公司獨立董事治理績效影響因素實證研究

李光緒　廖曉莉　張同建

摘要：獨立董事制度是公司治理的重要內容。中國上市公司獨立董事制度取得了一定的成效，但也存在著不足。本文實證研究揭示了中國上市公司獨立董事制度的營運機理，從而為獨立董事治理績效的改進提供了現實性的理論借鑑。

關鍵詞：獨立董事；董事會；公司治理；上市公司；內部人控制

獨立董事制度是公司治理的重要組成部分。董事會治理是公司治理的核心內容，對其他公司治理要素的實施存在著全方位的促進作用。獨立董事制度是董事會治理新的發展方向，是董事會治理發展的延伸，是公司治理過程中所出現的深層次的委託代理問題解決的有效策略。本文結合中國上市公司獨立董事治理的特徵，揭示了中國上市公司獨立董事制度的營運機理，構建了獨立董事治理績效影響因素模型，並進行了實證分析，從而為獨立董事治理績效的改進提供了現實性的理論借鑑。

一、獨立董事制度理論及其治理機制

（一）獨立董事制度理論

公司治理是現代經濟社會發展的必由之路，是社會化大生產的必經階段，也是現代企業制度理論所關注的焦點。隨著現代企業的發展與成熟，企業所面臨的主要委託代理問題已由所有者與經營者的矛盾轉向所有者之間的矛盾，即大股東可以利用優勢份額的股權對中小股東的利益進行侵占，從而使傳統的公司治理方式失去效力。在這種環境下，獨立董事制度逐漸形成並引起廣泛的關注。獨立董事制度於20世紀30年代出現於美國，並於1940年寫入《投資公司法》。該法案規定，在投資公司的董事會中，至少要有40%的成員獨立於投資公司、投資顧問和承銷商。20世紀60年代，美國明確提出了「公司治理結構」問題，標誌著獨立董事制度的正式形成。在這一時期，越來越多的研究報告揭示了董事會職能減弱，導致公司被內部董事和以高層管理人員為核心的利益集團所控制的客觀事實，從而引起獨立董事制度受到更為廣泛的關注。1992年，倫敦幾家著名的審計和管理規範的研究機構通過對一系列大公司倒閉案件的分析，提交了著名的「凱德伯瑞

報告」，詳細地闡述了獨立董事制度的內涵。該報告指出，在公司的治理結構中，董事長和總經理應由二人分任，董事會應廣泛吸收非執行董事，董事會中應有足夠的有能力的非執行董事，以保證他們的意見能在董事會的決策中受到充分的重視。隨後，各發達國家對獨立董事制度的重視不斷增強，根據 OECD 組織於 1999 年的調查，上市公司獨立董事占董事會人數的比例，美國為 62%，英國為 34%，法國為 29%，德國為 19%。在公司治理體系中，獨立董事制度具有舉足輕重的作用，承擔著公司治理所面臨的最前沿性的委託代理問題的解決的重任。沒有獨立董事制度的興起，公司治理必然陷於停滯甚至倒退。然而，在公司治理理論體系中，獨立董事理論仍然屬於董事會治理的範疇，沒有實現與董事會治理理論的分離與獨立。

（二）中國獨立董事治理的營運機制分析

中國上市公司在形成的初期階段便顯現出西方上市公司在成熟發展階段所呈現的股權高度集中的問題，在「一股獨大」與「內部人控制」的雙重枷鎖下，中國上市公司治理的複雜度遠高於西方市場經濟的同類局面——這種局面在西方公司治理機制中已很少出現，因為在西方公司的治理體系中，「內部人控制」與「一股獨大」分屬公司不同治理階段所出現的問題，即前者源於所有者與經營者的矛盾，而後者源於所有者之間的矛盾。在西方治理體系中，無論是前一類代理問題的出現，或者是後一類代理問題的出現，或者是兩類代理問題的同時出現，董事會均會對經理層實施積極的監督，以最大限度地減少自身收益的損失。然而，在中國上市公司的治理體系中，董事會與經理層同樣源於政府任命，董事會對經理層的監督迄今為止仍處於道義上的、形式上的、互為諒解的無效狀態。在如此尷尬的公司治理環境下，中國在 20 世紀 90 年代引入了獨立董事制度，以期緩解上市公司中所出現的各種代理難題。1997 年，中國證監會發布了《上市公司章程指引》，提出了「上市公司可以根據需要設立獨立董事」，但沒有做出具體的硬性要求。1999 年 3 月 29 日，為了適應中國內地公司到香港、紐約等地上市的要求，中國證監會與國家經濟貿易委員會聯合發布了《關於進一步促進境外上市公司規範化運作和深化改革的意見》，對境外上市公司如何建立獨立董事制度提出了具體的要求。2001 年 8 月 21 日，中國證監會發布了《關於在上市公司建立獨立董事制度的指導意見》，明確闡述了獨立董事的定義和職責，同時也對上市公司實行獨立董事制度的時間、人數等問題進行了具體的規定。無論在西方還是在中國的市場經濟環境下，引入獨立董事的初衷都並非為了提高公司業績，而是為了解決股東與經理層的代理問題以及大股東對小股東的侵害問題，所以，監督是獨立董事最主要的職能，監督力度是衡量獨立董事監督效率的標準。事實上，中國的獨立董事制度已發揮了作用，在一定程度上實現了對大股東和經理層的有效監督，一方面降低了經理層的在職消費，使公司的經理人員在經營業績不佳時存在被解雇的可能，從而提高了經理層的經營效率；另一方面能夠識別公司盈餘管理，抑制了大股東掏空，從而降低了大股東對小股東的侵害程度。然而，中國獨立董事制度的

缺陷與不足仍然是有目共睹的，仍然需要不斷地調整與變革，從而導致董事會治理仍處於不斷變遷之中。因此，近年來，中國上市公司董事會變遷的一個重要目的是希望通過引入獨立董事制度來解決監事會形同虛設的問題，真正發揮獨立董事監督大股東的作用，但是在實際執行過程中，獨立董事的獨立性卻沒有得到有效的保證。首份中國獨立董事調查報告顯示：63%的獨立董事由上市公司董事會提名產生，超過36%的獨立董事為第一大股東提名，33.3%的獨立董事在董事會表決時從未投過棄權票或反對票，35%的獨立董事從未發表過與上市公司大股東或高管等實際控制人有分歧的獨立意見。因此，儘管獨立董事制度的本意是通過獨立董事牽制大股東的行為，但實際執行中反受制於大股東。

二、獨立董事治理績效模型構建

（一）中國獨立董事治理績效的影響因素分析

鑒於中國上市公司獨立董事機制所面臨的獨特的營運環境，對於獨立董事的治理目標而言，主要影響因素包括如下九個因素。第一，獨立董事需具備獨立性。獨立董事的直接目標就是對經理層的道德風險與逆向行為進行監督，對大股東掏空行為進行審核，如果獨立董事缺乏應有的獨立性，受制於大股東或監事會，則獨立董事將失去應有的存在價值。第二，獨立董事的根本任務就是保護中小投資者的權益，防止中小投資者的權益受到包括大股東、經理層以及其他相關利益者的侵害。因為在公司治理體系中，中小投資者往往占據一定量的股份，然而，與控股股東或其他大股東相比，中小投資者對自身的保護力度卻較弱，因此，中小投資者的利益被侵害的現象屢見不鮮。獨立董事的設置，就是在保護中小投資者的利益的前提下保護上市公司的利益，從而維護社會資本的完整。第三，獨立董事的提名和聘任需要具有一定的合理性與獨立性，不受控股股東或重要經理人員的約束。具體可以由董事會、經理會、監事會人員實施，也可以由其他獨立董事實施，提名的對象必須具備行使獨立董事職能的基本素質要素，然而，提名的過程必須具有法定的程序，不能給獨立董事的職能行使留下後顧之憂。第四，獨立董事人員規模的配置是一個科學性與藝術性的問題，既要符合公司治理的客觀需要，又要隨著治理環境的變化而調整。理論上講，董事會構成的最佳狀態是包括一名內部執行董事，其餘全為獨立董事，然而，在實際操作中很難達到這一標準，特別是在中國現有的公司治理環境下，更不能完全傾向於這一理想化標準。但是，在中國上市公司的治理環境中，獨立董事人員既不能太少，也不能太多，需要治理各方的認真協調。第五，獨立董事是一種職能，是任職者憑藉自身的人力資本優勢所獲取的職位，因此，需要為獨立董事賦予相應的報酬。一般而言，獨立董事的激勵方式是薪酬激勵，而非股權激勵。近年來，聲譽激勵在獨立董事市場上也日益發揮顯著的作用。當然，獨立董事的激勵機制真正發揮的環境是市場機制，而在非完全市場機制環境下，薪酬激勵的方式更應採取靈活的策略。第六，根據國外上市公司獨立董事治理實施的經驗，獨立董事的績效測評是提高獨立董事效

率的一種有效方式。獨立董事的工作方式存在著很大的自由性，除了參加股東大會與董事會之外，不存在具體的約束形式，從而有可能導致獨立董事職能實施形式的鬆散性，因此，獨立董事的績效評價存在著必然性。在非完全市場經濟體制下，獨立董事績效測評存在著一定的障礙，但是，對這些障礙性因素的局部性削減也是實施獨立董事績效考評的可行方法。第七，獨立董事的職能行使不僅受到客觀環境的影響，更主要源於獨立董事的主觀性，即獨立董事的責任心與使命感。一般而言，獨立董事需要具備一定的時間和精力來從事公司治理的工作，並且盡量以各種合同文本的形式進行約定，以保證獨立的職能效果。然而，由於各種隨機因素的影響，獨立董事的主觀意識經常偏離既定的約束，從而降低了獨立董事的監督效率。因此，上市公司在對獨立董事進行提名或聘任之前，需要對獨立董事的任職條件進行認真的審核。第八，除了具有一定的時間與精力之外，獨立董事應具備相應的專業技能，包括資質、履歷和經驗等。獨立董事不僅要具有豐富的管理學、經濟學、金融學與財務學等基本知識，也要對所從事的行業具有深入的瞭解，把握住行業的內部運行規律，更要具備必要的實踐經驗，才能勝任股東的委託，發揮應有的監督職能。一般而言，獨立董事成員包括社會知名人士、大學教授、前任董事長或總經理、退休政府要員等。第九，獨立董事應具備基本的職業道德，發揮對公司治理機制的監督功能，對大股東與經理層的行為進行監督，協調控股股東與經理層的關係，從而在維護全體股東利益的同時有助於上市公司的長遠發展。因此，從中國上市公司發展的基本環境與目標來看，獨立董事需要存在對監督對象的一定程度的監督意願，才能為獨立董事職能的展開創造良好的開端。由於受到控股股東與經理層的約束，中國上市公司中獨立董事不作為的現象較為普遍，從而使獨立董事制度淪為花瓶式的擺設，沒有發生實質性的作用。

（二）中國獨立董事治理績效測評的因素分析

獨立董事在中國公司治理中出現的時間較短，尚未形成一套完整的機制，從而導致獨立董事治理績效測評的研究仍處於起步狀態。相比於西方發達國家而言，中國獨立董事治理績效極低，而相比於發展中國家而言，中國獨立董事治理績效也較低。然而，與中國獨立董事起步階段相比較，中國獨立董事的治理業績也呈現出不斷改進的狀態，獨立董事的監督功能不斷完善。平衡計分卡是近年來績效管理理論領域興起的一種績效測評方式，在許多行業中具有廣泛的用途，獲得了管理學界的普遍關注。本研究採用平衡記分卡來構建中國上市公司獨立董事的運作績效，將平衡記分卡的財務、客戶、內部機制、學習與成長四個要素在獨立董事治理方面的體現進行解析，從而得到如下四個測評指標：獨立董事制度近年來對公司的發展產生了一定的激勵作用；獨立董事制度的價值得到了包括中小股東在內的利益相關者的信任；中國上市公司中獨立董事制度的運作具有一定的規範性與穩定性；獨立董事制度最終能夠有效解決大股東對中小股東的利益侵害問題。因此，本研究關於中國上市公司獨立董事績效測評的實施是以這四個指標為基礎而展開的。

（三）模型建立

根據以上的分析，在文獻研究的基礎上，本研究構建中國上市公司獨立董事治理績效影響因素模型如下所示：$y=\beta_0+\beta_1 x_1+\beta_2 x_2+\beta_3 x_3+\beta_4 x_4+\beta_5 x_5+\beta_6 x_6+\beta_7 x_7+\beta_8 x_8+\beta_9 x_9+u$

其中，各變量符號的意義如下：y 表示上市公司獨立董事治理績效；x_1 表示獨立性，即獨立董事的行為不受到大股東與經理層的影響；x_2 表示信任性，即上市公司中小股東相信獨立董事制度有利於公司的發展；x_3 表示聘任機制，即獨立董事的提名與評聘程序具有一定的合理性；x_4 表示規模效應，即獨立董事的人員規模有利於獨立董事職能的發揮；x_5 表示薪酬激勵，即薪酬激勵制度對獨立董事職能的發揮具有一定的促進作用；x_6 表示績效考核，即對獨立董事職能的發揮程度實施了有效的績效考核；x_7 表示盡責條件，即獨立董事能夠確保約定的時間與精力來服務於企業；x_8 表示專業技能，即獨立董事具備行使監督職能的資質、履歷與經驗；x_9 表示監督意願，即獨立董事具有較強的意願來實施自己的監督職能；u 是樣本殘差項；β_0 是截距，β_1、β_2、β_3、β_4、β_5、β_6、β_7、β_8、β_9 分別為 x_1、x_2、x_3、x_4、x_5、x_6、x_7、x_8、x_9 的迴歸係數。

三、實證結果分析

（一）樣本選取和數據來源

本研究以中國上市公司為樣本，採用李克特 7 點量表對 13 個測度指標進行數據收集。13 個測度指標包括 9 個自變量指標與 4 個因變量分量指標，而因變量的值來自於這 4 個分量值的平均值。樣本總體分佈於化工、運輸、電子、生物、煤礦、旅遊、金融、石油與鋼鐵 9 個行業，可以代表中國上市公司的樣本特徵。本次調查共發放問卷 200 份，收回問卷 180 份，問卷回收率為 90%，然後，在回收的樣本中選擇數據質量較高的樣本 80 份進行模型檢驗。數據收集自 2010 年 5 月 8 日起，至 2010 年 6 月 7 日止，共 31 天。

（二）研究方法

本研究擬採用後向淘汰迴歸分析法進行模型檢驗。後向淘汰迴歸分析是逐步迴歸分析法的一種，而逐步迴歸分析法又稱為逐步選擇法，是為了達到選用一個有用的預報變量子集的目的，不斷剔除或添加變量進入迴歸模型之中。逐步迴歸法是一種建立多個自變量與一個因變量的多重線形迴歸方程的方法，根據用戶事先設定的 α（Alpha）值，或 F 值標準（界值），在計算過程中逐步引入或剔除滿足標準條件的自變量，從而建立只含有對因變量有顯著作用的自變量而不包含對因變量沒有顯著作用的自變量的「最優」多重線性迴歸方程。逐步迴歸分析法中，採用逐步添加變量方法的稱為前向選擇迴歸分析，而採用逐步剔除變量的方法的稱為後向淘汰迴歸分析。

（三）迴歸分析

基於所獲取的有效樣本數據，借助於 SPSS12.5 統計分析軟件，可以實現理論

模型的數據檢驗。第一次迴歸分析結果如表1所示。可見，$R^2 = 0.423$，$F = 39.185$，F值具有較高的顯著性。根據檢驗結果可知，係數β_1和β_6的值不顯著，因此，在模型中剔除自變量x_1與x_6後進行第二次迴歸分析，結果如表2所示。可見：$R^2 = 0.467$，$F = 45.109$，F值具有較高的顯著性。根據檢驗結果可知，係數β_2與β_7的值不顯著，所以，在模型中剔除自變量x_2與x_7後繼續進行第三次迴歸分析，結果如表3所示。可以發現：$R^2 = 0.611$，$F = 51.116$，F值具有較高的顯著性，各系數值也具有一定的顯著性，因此，本研究模型停止後向淘汰迴歸分析。

表1　　　　　　　　　第一次迴歸分析結果

變量	β_0	β_1	β_2	β_3	β_4	β_5	β_6	β_7	β_8	β_9
參數值	0.671	0.239	0.451	0.339	0.512	0.385	0.198	0.243	0.389	0.415
標準誤	0.213	0.198	0.203	0.147	0.224	0.117	0.152	0.104	0.124	0.198
T值	3.345	1.783	2.236	2.413	2.272	3.459	1.216	2.465	3.321	2.189

表2　　　　　　　　　第二次迴歸分析結果

變量	β_0	β_2	β_3	β_4	β_5	β_6	β_8	β_9
參數值	0.712	0.512	0.389	0.506	0.390	0.313	0.407	0.479
標準誤	0.312	0.223	0.163	0.236	0.192	0.140	0.132	0.214
T值	2.347	2.289	2.518	2.176	2.012	2.322	3.103	2.476

表3　　　　　　　　　第三次迴歸分析結果

變量	β_0	β_3	β_4	β_5	β_8	β_9
參數值	0.899	0.433	0.612	0.446	0.522	0.534
標準誤	0.368	0.193	0.200	0.184	0.217	0.225
T值	2.517	2.332	3.017	2.476	2.454	2.450

四、結論

根據檢驗結果可知，中國上市公司獨立董事制度對公司治理的改進存在著一定的激勵功能，有利於抑制大股東對中小股東權益的侵害行為，然而，由於各種制約因素的影響，獨立董事的激勵性沒有得到充分發揮。在中國上市公司獨立董事制度實施過程中，聘任機制具有一定的合理性，獨立董事的規模也有利於獨立董事監督職能的發揮，薪酬激勵制度也產生了一定的作用，獨立董事一般具有較強的監督職能行使的意願，並具有實施監督職能所必備的能力與資質，所有這些因素均有利於獨立董事績效的改進與提高。同時，在中國上市公司獨立董事制度實施過程中，獨立董事在一定程度上仍然受制於大股東或經理層，甚至淪為大股

東或經理層的附庸。包括中小股東在內的利益相關者對獨立董事缺乏足夠的信任，上市公司也普遍缺乏對獨立董事職能發揮的考核機制，並且，獨立董事沒有完全按照合約的工作時間要求來行使自己的責任，必然也降低了監督職能的實施效率。因此，這些因素在中國獨立董事制度中沒有發揮積極的作用。儘管在經濟運作平臺上，中國上市公司獨立董事治理與西方市場經濟條件下的相比存在著天壤之別，但是，作為現代經濟中的一種企業治理工具，獨立董事制度對中國公司治理的發展仍然具有積極的促進效應。中國上市公司在現有的經濟平臺上，需要充分實施與改進西方經濟體制中的各種策略，以促進獨立董事績效的增長。

參考文獻：

[1] 岳中志，蒲勇健. 公司治理結構完善度水準指標體系及評價模型 [J]. 管理世界，2005（5）：154-155.

[2] 李維安，程新生. 公司治理評價及其數據庫建設 [J]. 中國會計評論，2005（3）：387-400.

[3] 張同建，李迅，孔勝. 國有商業銀行業務流程再造影響因素分析及啟示 [J]. 技術經濟與管理研究，2009（6）：104-107.

上市公司股權結構與公司績效關係研究

李光緒

摘要：上市公司的經營績效提升受到多方面因素的影響，其中股權結構、股權集中度是非常重要的因素。本文的實證分析結果表明，上市公司的經營績效和股權集中度、股權制衡度都表現出明顯的正向相關。要穩步提升上市公司的經營績效，需要提高公司的股權集中程度並合理地制衡第一大股東的權利。

關鍵詞：上市公司；經營績效；股權結構；股權集中度；股權制衡度

受到長期計劃經濟體制的影響，中國絕大多數企業的所有人都是國家，這給這些企業的股份化帶來了很多問題。除了國有企業轉制所帶來的問題以外，還出現了民營企業家族化問題。一些民營企業上市以後，股份過於集中在一個人或一個家族手中，家長制風氣盛行，其他股東的權益根本無法得到保證。因此，如何有效地優化中國上市公司的股權結構，已經成為中國經濟發展所面臨的重要課題。

一、文獻綜述

（一）國外文獻

上市公司股權結構、股權集中度與公司績效之間有著什麼樣的聯繫，一直是國內外學者廣泛關注的焦點問題。Jenson 的早期研究發現，上市公司的股權過於分散，會導致因利益衝突而產生的分歧，不利於企業績效的提高，相對集中的股權結構對於公司績效的提升有益處。Shleifer 認為，相對集中的股權是上市公司健康發展的必然要求，相比於分散型的股權結構對公司績效的提升更加有利。Pagan 認為股權集中對於上市公司的發展是有利的，但不宜過分集中於少數股東手中，否則會因缺乏監督機制而導致上市公司出現嚴重的發展方向錯誤。Martin 通過研究發現，股權結構和股權集中度與上市公司績效之間的關係呈現出非線性關係，只有掌控最佳的股權結構占比，才能真正地實現企業的績效最大化。Morck 的實證分析結果則顯示，股權結構和上市公司績效之間的相關性並不顯著。

（二）國內文獻

國內此領域的研究成果也比較豐富。蘇武康（2010）認為，上市公司大股東的持股比例越高，公司經營績效越好。余靜懷（2011）的研究則顯示出相反的結

論,他認為分散型的股權配置有利於上市公司經營決策過程中的民主化,從而避免武斷的錯誤結論產生。葉銀華(2009)通過對臺灣地區的家族式上市企業的實證研究,發現股權集中度和上市公司績效之間存在非線性相關關係,體現形式為倒 U 型。朱紅軍(2010)認為,有效地制衡上市公司股東的持股比例,即股權不過分集中也不過分擴大,是保證上市公司穩定經營績效的最佳方式。

通過國內外相關研究可以看出,對於股權結構和上市公司績效的關係問題,不同學者有不同的看法和結論,有的認為二者之間存在正向相關關係,有的認為二者之間存在負向相關關係,有的認為這種關係為非線性,有的則認為沒有關係。本文對股權結構、股權集中度和上市公司經營績效的關係進行確認性研究,並通過對股權制衡度的研究,作為股權集中度研究的有利佐證,力求探尋出中國上市公司股權結構的最佳模式。

二、研究設計

(一) 研究假設

從已有研究可以看出,股權結構的相對集中比相對分散有利,因為集中型的股權結構下,大股東擁有對上市公司的控制權,這也決定了其決策過程必然以公司利益為重,因為公司利益在很大程度上決定了其個人利益。但是如果股權過於集中,公司的決策過程就缺乏了制衡因素,第一大股東的個人意志和價值取向將在很大程度上決定了公司的未來走向。這兩點說明,上市公司既需要股權集中,又需要股權制衡。衡量股權集中度的指標近年來已經得到公認,CR_n 系列指標最為常用,其中 n 代表股東數量,CR_1 代表的是第一大股東的持股比例,CR_5 代表的是前五大股東的持股比例,CR_{10} 代表的是前十大股東的持股比例。不僅如此,它們的動態變化也反應了不同股東對於公司業績的認可程度,如果 CR_1 比上一年有所降低,則反應了第一大股東的獲利減少或者公司的當前經營情況不符合第一大股東的預期。如果 CR_1 增加而 CR_5 減少,則表明第一大股東領導力加強,而其他股東話語權減弱,沒有形成有效的股權制衡。為此,學者們也提出了 DR_n 系列指標來表徵其他股東對於第一大股東的制衡情況。從最近的研究成果看,對於股權集中度和上市公司績效之間呈現倒 U 型關係的支持者越來越多。另外,很多學者也從理論上指出了股權制衡對於公司健康經營的重要性。據此假設如下:

假設 1:上市公司的股權結構和經營績效之間呈現非線性關係,並且這種關係可以用倒 U 型曲線描述,即股權集中度對於上市公司經營績效的影響不是直線型的,而是以某點為分界並在兩側表現出不同影響。在分界點的一側,隨著股權集中度的提高,上市公司績效會顯著提升;在分界點的另一側,隨著股權集中度的提高,上市公司績效會顯著下降。

假設 2:在股權集中的股本結構下,前幾大股東之間的制衡程度和上市公司經營績效之間存在正向相關關係。

（二）樣本選取

為了獲得實證分析所需的樣本數據，本文重點選取了那些股權結構問題嚴重的上市公司來獲取分析數據。商業界的普遍標準認為，一個公司的第一大股東持股比例超過20%，即可以認為股權結構過於集中；如果公司第一大股東持股比例介於10%~20%，但沒有其他更大的股東，也可以認為股權結構集中。上述條件，也成為本文遴選實證分析所需上市公司的標準。從2010年至2012年的滬市和深市，遴選股權機構集中的上市公司作為數據提取樣本。首先，從CCER數據庫選取1,600家此類公司並獲得其財務數據；其次，從中去除掉那些財務數據不全的公司；再次，從中去除掉ST公司，也就是不考慮有財務危機的公司；最後，將剩餘的公司與巨潮資訊做對比，最終得到可用的樣本數據公司共230家。

（三）變量定義和模型構建

本文的研究假設涉及上市公司股權結構、上市公司經營績效兩大問題，要理清二者的關係，需要進一步借助股權集中度、股權制衡度來表徵上市公司的股權結構，用總資產、資產負債率來表徵上市公司的經營績效。我們分別選擇CR_1指數和CR_5指數表徵上市公司的股權結構，用Z指數和DR_5指數表徵上市公司的股權制衡度。正面對本文研究所涉及的各個變量進行具體闡述。CR_1指數也稱第一大股東在上市公司股權結構中的持股比例。如果CR_1指數大於50%，說明第一大股東對於整個上市公司具有絕對的控制權，處於領導地位，而其他股東處於從屬地位；如果CR_1指數小於20%，說明該上市公司的股權結構相對分散，沒有哪個股東具有決定的領導權；如果CR_1指數介於20%~50%，說明該公司的股權結構屬於相對集中的類型，大股東具有一定的領導地位，但小股東也擁有一定程度的話語權。CR_5指數也是表示上市公司股權集中度的重要參數，是指上市公司排名前五位的股東手中的股份之和占整個公司股份的權重。可以進行如下計算：$CR_5 = \sum_{i=1}^{n=5} S_i$。式中，$S_i$表示第$i$個股東在上市公司中持股比例。

Z指數是表徵股權制衡度的重要參數，它描述的是上市公司股權結構中第二大股東持股比例和第一大股東持股比例的比值。如果Z指數高，說明第二大股東的持股比例也比較高，對於第一大股東的制衡能力就比較強，反之制衡能力就比較弱。DR_5指數是表徵股權制衡度的另一個重要參數，它描述了上市公司股權結構中第二大股東到第五大股東的持股之和與第一大股東的持股比例的對比，它也反應出排名第二到第五的股東對於第一大股東的制衡能力。總資產（ZZC）反應出了上市公司的經營規模，它可以解讀為上市公司可以控制的或者說實際擁有的全部資產。從一般意義上來講，總資產是可以比較直觀地反應出公司的經營績效的，總資產較大的企業一般都有著比較充足的資金保證，因此在發展技術、開拓經營等方面都有著更大的優勢，公司的經營績效相對較好。總資產負債率（ZFZ）是指單位總資產的負債情況，可以通過總負債和總資產之比加以描述。在實證分析中，將首先考慮各個變量的相關性，繼而展開迴歸分析。為了便於後續實證分析

的展開，依據上述的 6 個變量分別建立如下的方程：

方程 1：$Y = w_0 + w_1 CR_1 + w_2 CR_{12} + w_3 ZZC + w_4 ZFZ + e \cdots$ （1）

方程 2：$Y = w_0 + w_1 CR_5 + w_2 CR_{52} + w_3 ZZC + w_4 ZFZ + e \cdots$ （2）

方程 3：$Y = w_0 + w_1 Z + w_2 ZZC + w_3 ZFZ + e \cdots$ （3）

方程 4：$Y = w_0 + w_1 DR_5 + w_2 ZZC + w_3 ZFZ + e \cdots$ （4）

三、實證檢驗分析

（一）描述性統計

根據樣本公司的財務數據，分別計算每家公司的 6 個指標，即 CR_1、CR_1^2、CR_5、CR_5^2、Z、DR_5，其數據描述性統計結果如表 1 所示。由表可知，在這 230 家公司中，第一大股東持股比例最高的公司達到了 75.01%，平均水準也達到了 31.58%。這表明這些公司的股權是相當集中的，適合作為本文實證分析的數據。而從股權制衡度來看，這 230 家公司的平均水準只有 0.266,9，這說明第二大股東對於第一大股東的制衡程度明顯不足。這表明這些公司的股權制衡度很低，適合作為本文實證分析的數據。

表 1　　　　CR_1、CR_1^2、CR_5、CR_5^2、Z、DR_5 描述性統計

	CR_1	CR_1^2	CR_5	CR_5^2	Z	DR_5
樣本數	230	230	230	230	230	230
最小值	0.045,1	0.001,9	0.103,1	0.009,9	0.005,7	0.018,7
最大值	0.750,1	0.562,2	0.848,0	0.716,9	0.989,2	0.748,9
均值	0.315,8	0.118,8	0.444,8	0.220,1	0.266,9	0.535,0
標準差	0.127,7	0.105,7	0.143,9	0.137,7	0.256,9	0.510,2
方差	0.021,1	0.010,9	0.020,3	0.019,1	0.065,8	0.260,1

（二）相關性分析

分別提取模型對應的 6 個變量展開相關分析。首先對各個變量展開相關性分析，其結果如表 2 所示。可以看出，第一大股東持股比例的兩個表徵變量和前 5 大股東持股比例的兩個表徵變量均通過顯著性檢驗，與上市公司經營績效之間的關係表現出明顯的正相關關係，從而說明上市公司的經營績效隨著股權集中度的提高而提高。同時還顯示，股權制衡度的兩個表徵變量也和上市公司經營績效表現出明顯的正相關關係。這說明，第二大股東到第五大股東對於第一大股東的制衡作用也是提高上市公司經營績效的重要原因。

表2　　　　　　　　　　　　　相關性分析結果

	Y	CR_1	CR_1^2	CR_5	CR_5^2	Z	DR_5	ZFZ	ZZC
Y	1.000	0.229**	0.231**	0.401**	0.411**	0.121	0.091	0.201**	0.321**
		0.000	0.001	0.001	0.001	0.001	0.092	0.175	0.002	0.000
CR_1	0.229**	1.000	0.966**	0.798**	0.801**	−0.501**	−0.566**	0.122	0.169*
	0.001	0.000	0.001	0.001	0.001	0.000	0.001	0.088	0.012
CR_1^2	0.231**	0.966**	1.000	0.782**	0.799**	−0.433**	−0.492**	0.121	0.163*
	0.001	0.001	0.000	0.001	0.000	0.001	0.001	0.081	0.019
CR_5	0.401**	0.798**	0.782**	1.000	0.977**	0.041	−0.069	0.177**	0.255**
	0.001	0.001	0.001	0.000	0.001	0.601	0.302	0.004	0.001
CR_5^2	0.411**	0.801**	0.799**	0.977**	1.000	0.013	−0.073	0.181**	0.269**
	0.001	0.001	0.000	0.001	0.000	0.922	0.219	0.007	0.001
Z	0.121	−0.501**	−0.433**	0.041	0.013	1.000	0.913**	0.075	0.029
	0.092	0.000	0.001	0.601	0.922	0.000	0.001	0.283	0.664
DR_5	0.091	−0.566**	−0.492**	−0.069	−0.073	0.913**	1.000	0.059	0.011
	0.175	0.001	0.001	0.302	0.219	0.001	0.000	0.372	0.866
ZFZ	0.201**	0.122	0.121	0.177**	0.181**	0.075	0.059	1.000	0.021
	0.002	0.088	0.081	0.004	0.007	0.283	0.372	0.000	0.801
ZZC	0.321**	0.169*	0.163*	0.255**	0.269**	0.029	0.011	0.021	1.000
	0.000	0.012	0.019	0.001	0.001	0.664	0.866	0.801	0.000

（三）迴歸分析

在相關性分析的基礎上，進一步利用公式（1）、（2）、（3）、（4）展開迴歸分析，分析結果如表3所示。可以看出，上市公司經營績效和第一大股東持股比例CR_1的迴歸係數達到了0.978，而和CR_{12}的迴歸係數為−0.961。這說明二者之間是明顯的正相關關係，而不滿足倒U型的曲線關係，從而否定了本文的假設1。上市公司經營績效和前五大股東持股比例CR_5迴歸係數達到了1.059，而和CR_5^2的迴歸係數為−0.543。這說明二者之間是明顯的正相關關係，而不滿足倒U型的曲線關係，從而也不支持本文的假設1。上市公司經營績效和Z指數的迴歸係數為0.128，和DR_5^2的迴歸係數為0.079，說明上市公司經營績效和公司股權制衡度存在正相關關係，從而證明了假設2。這樣，本文得到的實證結論就是，上市公司經營績效與公司的股權集中度、股權制衡度都表現出正相關關係。這也說明了公司的股權集中和股東之間的互相制衡，對於上市公司經營績效的提升起到了有益的作用，並相輔相成地協同作用於公司的經營績效。

表3　　　　　　　　　　　　迴歸分析的結果

	根據公式（1）的迴歸分析結果								
	常數	CR_1	CR_1^2	ZFZ	ZZC	卡方	修正	F	顯著性
迴歸係數	-1.827	0.978	-0.961	0.049	0.069	0.201	0.164	6.079	0.000
T檢驗值	-3.198	1.944	-1.400	2.257	2.813	0.201	0.164	6.079	0.000
P檢驗值	0.001	0.039	0.224	0.019	0.005	0.201	0.164	6.079	0.000

	根據公式（2）的迴歸分析結果								
	常數	CR_5	CR_5^2	ZFZ	ZZC	卡方	修正	F	顯著性
迴歸係數	-4.602	1.059	-0.543	0.038	0.066	0.301	0.261	8.995	0.000
T檢驗值	-2.978	1.801	-0.667	1.902	2.402	0.301	0.261	8.995	0.000
P檢驗值	0.002	0.101	0.582	0.057	0.021	0.301	0.261	8.995	0.000

	根據公式（3）的迴歸分析結果							
	常數	Z	ZFZ	ZZC	卡方	修正	F	顯著性
迴歸係數	-1.902	0.128	0.068	0.082	0.167	0.151	11.881	0.000
T檢驗值	-3.435	1.709	5.004	2.983	0.167	0.151	11.881	0.000
P檢驗值	0.001	0.102	0.001	0.002	0.167	0.151	11.881	0.000

	根據公式（4）的迴歸分析結果							
	常數	DR_5	ZFZ	ZZC	卡方	修正	F	顯著性
迴歸係數	-1.792	0.079	0.073	0.081	0.194	0.166	12.578	0.000
T檢驗值	-3.651	1.955	5.018	3.202	0.194	0.166	12.578	0.000
P檢驗值	0.000	0.051	0.000	0.001	0.194	0.166	12.578	0.000

四、結論與建議

　　本文研究結論表明，股權集中度、股權制衡度都和上市公司的經營績效表現出明顯的正相關關係。因此，在中國未來的上市公司股權結構優化中，一方面要引導公司股權的集中，另一方面要加大對第一股東的制衡，使得上市公司的績效得到穩定的提升。為此，本文給出如下的建議：①中國的上市公司還應該在相當長的一段時期內保持較高的股權集中度。從實證分析的結果來看，中國上市公司的股權集中對於經營業績的提升還具有很大的正向促進作用，這一點和國外的情況有所差異。這是因為中國企業的上市運作時間還比較短暫，相應的立法體系還不健全。如果股權過於分散，各個股東因為利益追求的差異，很可能無法形成統一的決策，甚至導致企業的管理層分裂。而集中度較高的股本結構下，第一大股東和前幾大股東是企業利益的最大受益者，他們從自身的利益出發也會努力提高公司的經營業績。②在集中度較高的股權結構下，大股東侵占或損害小股東利益的情況就很難避免。因此，實施股權制衡策略也應該在相當長的一段時間內保持。另外，中國的上市公司還應該建立起訴訟制度、不定期的小股東聯席會議制度，

並充分借助國家管理局的管理職能，制約大股東可能發生的侵權行為。③逐步引入所有權、經營權兩權分離的上市公司發展機制。實際上，在國外的上市公司發展歷程中，公司的所有權和經營權最後都是分開的。所有權在股東手中，經營權則在經理人手中，這種方式有效地規避了股東之間的利益傾軋和內部爭鬥，因此，股權集中也好，股權分散也好，都會保證公司的健康經營。雖然中國的上市公司尚未形成同國際接軌的運作模式，但兩權分離的經營方法還是非常值得借鑑的。

參考文獻：

[1] 蒙立元，張世俊. 股權結構視角下會計信息質量與公司非效率投資的研究 [J]. 貴州財經學院學報，2013（1）：64-68.

[2] 朱惠宇. 董事責任限制制度探析 [J]. 邵陽學院學報（社會科學版），2013（1）：29-33.

[3] 王飛雲. 中國現行法人制度下的合夥財產性質之重構 [J]. 四川理工學院學報（社會科學版），2012（3）：52-59.

[4] 管建強，王紅領. 上市公司股權激勵與治理結構對盈餘管理行為的影響分析 [J]. 貴州財經學院學報，2012（1）：68-75.

[5] 李中，劉衛柏. 發展土地股份合作制龍頭企業的思考 [J]. 邵陽學院學報（社會科學版），2012（2）：44-47.

[6] 蘇武康. 中國上市公司股權結構與公司績效 [J]. 經濟研究，2010（3）：111-114.

[7] 田青青. 上市公司高管人力資本與企業績效的實證研究——以醫藥行業為例 [J]. 四川理工學院學報（社會科學版），2012（2）：46-50.

[8] 王曉麗，陸國昆. 上市公司股權結構與經營績效的實證分析 [J]. 稅務與經濟，2007（2）：42-46.

上市企業公司治理績效影響因素實證研究

李光緒　廖曉莉　張同建

摘要：公司治理是現代企業發展的必然要求。中國上市公司治理績效受到多種治理因素的影響。治理績效影響因素理論模型的構建需要借助於公司治理評價的研究成果。本文揭示了各種治理要素對治理績效影響的內部機制，以期為上市公司治理績效的改進提供參考。

關鍵詞：公司治理；獨立董事；內部人控制；信息披露；多元迴歸分析

一、引言

公司治理的目標是解決現代企業中的兩類治理問題——代理型公司治理問題與剝奪型公司治理問題，前者主要處理投資者與經理層之間的矛盾，而後者主要處理投資者之間的矛盾。公司治理的直接功能是在現代企業制度框架下建立一種保障機制，來解決公司化進程中的負面影響。隨著公司治理理論與實踐的開展，公司治理績效影響因素的研究已逐漸成為公司治理研究的一個重要方向。本文基於公司治理評價的理論平臺，合理地構建上市公司治理績效的影響因素模型，然後借助於現實性的調查數據對理論模型進行實證檢驗，進而為中國上市企業的公司治理績效的改進提供策略性的指導。

二、上市企業公司治理績效影響因素模型構建

(一) 上市企業公司治理績效評價體系的研究

國外著名的上市公司治理評價體系包括標準普爾公司治理評價（Corporate Governance Score, CGS）、穆迪公司的公司治理評價（Corporate Governance Assessment, CGA）、戴米諾公司的公司治理評價（Corporate Governance Rating, CGR）以及里昂證券（亞洲）的公司治理評價，而國內著名的公司治理評價體系包括南開大學公司治理評價體系和海通證券的公司治理評價體系。標準普爾於1998年初期就開始研究如何確定公司治理的標準，並於2000年開始進行治理評分。公司治理評分從個體公司及其所在國兩個方面進行，採用財務的觀點，即從金融利益相關者包括股東和債權人的角度進行評分活動。公司治理評分反應了標準普爾對公

司治理實踐的評估和為金融利益相關者的利益服務，特別是股東的利益，同時也認識到超出股東權利之外的利益相關者權利的重要性。評分包括：公司治理成績（Company Score），即關於公司管理層、董事會、股東和其他利益相關者之間相互作用的效率分析，主要關注個體公司的內部控制結構和程序；國家治理評價（Country Governance Review），即關於法律、法規、信息、市場基礎的效率分析，主要關注在宏觀層面上外部力量是如何影響一個公司的治理質量。穆迪公司的公司治理評估是作為增強信用分析的一部分而引入的，主要針對美國和加拿大的公司，關注公司治理的特徵和實踐，著重分析董事會的獨立性和程序質量、是否與普遍接受的最佳實踐有重大偏離以及董事和主管的重大利益衝突等。穆迪公司主要從債權人的角度考慮被評級公司職責結構的力量和完整性，因此，採用CGA的主要目的是提高評級質量和幫助投資者評估發行者的信用風險。CGA是穆迪公司信用研究的一部分，希望通過提供關於公司治理特徵的評價來提高評級透明度。CGA的構成部分一般有董事會、審計委員會、關鍵審計、責任功能、利益衝突、主管薪酬、管理層發展及評價、股東權利、所有權和治理透明度等。戴米諾公司是歐洲第一個開展公司治理評級的公司，主要為股東管理他們的少數投資者提供幫助以及為股東和公司在公司治理問題上提供建議，同時也為機構投資者提供選舉服務。戴米諾公司的治理評級是從機構投資者的利益角度出發的，使機構投資者能精確計量歐洲上市公司的公司治理標準和實踐。CGR的構成部分一般包括股東的權利和義務、接管防禦策略的範圍、公司治理的披露、董事會結構及作用等。里昂證券（亞洲）從2000年開始推出對新興市場的公司治理評級體系，分為7個方面57個指標，主要包括：管理層的約束、公司透明度、董事會獨立性、董事會的問責性、董事會的責任、公平性、社會意識。里昂證券評級體系採用了廣義的公司治理定義，即不僅包括公平對待中小股東和其他利益相關者，還包括對管理層的約束和管理層的社會責任，且對良好的公司治理和良好的公司管理沒有進行明確區分。南開大學公司治理研究中心於2007年推出了「中國公司治理評價指數CCGINK」，簡稱南開治理指數，進一步拓展了公司治理的研究領域，在理論上構築了以公司治理邊界為核心範疇的公司治理理論體系。南開治理指數CCGINK從股東權益、董事會、監事會、經理層、信息披露、利益相關者六個緯度來評價上市公司的治理狀況，並設置了六個評價等級，分別為CCGINKI（治理指數90%~100%）、CCGINKI（80%~90%）、CCGINKI（70%~80%）、CCGINKIV（60%~70%）、CCGINKV（50%~60%）、CCGINKVI（<50%），從而為每年一度的《中國上市公司治理評價報告》的構建提供了基準。海通證券公司治理評價體系由兩個部分構成：一是公司治理的個性化評價，評價的依據是現有的公司治理規範和關於上市公司的相關研究成果；二是公司治理與公司管理的匹配性評價，評價內容包括公司股權結構、公司股東權利的保護、公司財務及信息的披露、公司的治理結構、公司治理與公司管理的匹配性五個方面，共68個問題。根據這兩個構成部分，海通證券公司構建了公司治理的評價指數體系，並對上市公司治理的有效性

編製了一個合適的、公允的、可比較的治理指數。

（二）上市企業公司治理績效測評分析

上市公司治理績效的測評是一項複雜的機制，涉及上市公司發展的各種因素。一般而言，公司治理績效的評價具有一定的模糊性，既不等同於企業的財務績效，也不等同於潛在的發展趨勢，而是要兼顧兩者的特徵。中國上市企業的治理績效測評的研究尚未深入開展，測評內容的結構也未形成固定的模式，因此，測評要素的選擇具有較大的靈活性。本研究擬採用平衡記分卡的原理來進行上市企業的公司治理績效測評體系的構建。「平衡記分卡」（Balance Score Card，BSC）的概念出現於1988年，由KPMG公司幫助Apple公司設計績效制度時問世，後來由哈佛大學商學院教授羅伯特・S.卡普蘭和諾朗頓研究院總裁戴維・P.諾頓帶領下的研究小組在「衡量未來組織的業績」的研究課題中提出的為企業績效評價體系的研究為之奠定了新的里程碑。平衡記分卡既是一種戰略規劃工具，也是一種戰略部署工具，其核心思想是：企業必須不斷地創新和學習，持續改善企業內部運作過程，獲得最大化的客戶滿意，才能獲取持續的財務收益。平衡記分卡理論認為，企業的財務收益是和外部客戶、內部流程、學習與發展三個方面高度關聯的。企業的整體戰略績效相當於一棵大樹，只有「根深」（學習創新能力強）、「枝壯」（高效的內部流程）、「葉茂」（客戶滿意度高），才能結出豐碩的「果實」（財務績效）。因此，平衡記分卡的四個要素是財務、客戶、內部機制、學習與成長，能夠實現測評目標的全方位評價。根據平衡記分卡的思想，中國上市企業的公司治理績效評價體系可分為四個要素或指標：公司治理的實施近年來顯著地促進了企業的穩定性發展；利益相關者對公司治理實施的成功基於一定的厚望；公司治理的運作機制具有一定的規範性；公司治理的成熟與成長對公司的長遠發展具有潛在的激勵性。

（三）上市企業公司治理績效影響因素分析

中國公司的治理環境具有一定的特殊性，與西方發達國家有一定的差異。中國是一個不完全市場經濟的國家，國有資產在社會資產中占主體地位，制度經濟學與產權經濟學所闡述的自由市場機制在中國是不存在的，產權交易存在著較大的局限性，因此，與西方國家上市公司相比，中國公司治理的影響因素也有所不同。一般而言，中國上市企業的公司治理績效影響因素包括董事會的職責明晰性、董事會對經理層行為監督的有效性、監事會職能的實施程度、股權結構的合理性、「內部人控制」的反控制程度、中小股東權益的保護程度、獨立董事制度的實施程度、信息披露程度以及上市公司所承擔的社會責任等。第一，董事會的職責與經理層的職責不能混淆。這是公司治理實施的基本前提，否則公司治理將流於形式。董事會需要對全體股東負責，其行為的出發點是維護股東的利益，而經理層對董事會負責，其行為的出發點是遵循董事會的指導。在中國公司治理機制實施過程中，由於產權機制的缺失，導致董事會與經理層的交匯區域甚大，甚至出現董事長兼任總經理的現象，嚴重背離了現代企業制度的基本要求。第二，董事會對經

理層的監督是發揮董事會職能的基本形式。當然，這種監督職能的實施是以雙方的職能明晰為前提的。董事會代表全體股東的利益，包括控股股東、大股東及中小股東，但是，董事會並不從事具體的企業營運行為，而具體的企業營運行為是經理層的職責。董事會對經理層行為負有指導、監督與協調的義務。第三，監事會的職能在成熟的公司治理機制中必不可少，監事會不僅可以對經理層的運作進行監督，也可以對董事會的行為進行監督，還可以對上市企業的一切營運行為進行監督。監事會治理是中國上市公司治理的薄弱環節，處於被忽視的地位，許多職能被董事會所侵占，甚至被經理層所享有。因此，監事會機構及職能的建設與加強是中國公司治理機制中一個重要的發展方向。第四，上市公司的股權結構要維持一定的均衡性，才能有利於公司的長遠發展，這是歐美國家上市公司多年運作所獲取的成功經驗之一。在上市公司股權結構中，不僅需要大股東與中小股東的股權維持一定的均衡，也需要控股股東與其餘大股東之間的股權維持一定的均衡。股權均衡有利於對控股股東的制衡，從而保護中小投資者的利益，也可以保護其餘大股東的利益。第五，中國上市公司在世界範圍內是內部人控制較為嚴重的上市公司，即內部人把持了公司營運的重大決策權，在諸多方面過多地考慮了自身的利益，從而對股東利益帶來一定的損害。內部人控制是一種典型的逆向選擇行為，在很多場合下削弱了公司的有效權益，降低了公司的營運效率。由於產權機制的缺失，中國上市公司的內部人控制與西方國家存在著本質性的不同。儘管中國內部人控制問題不可能在短時間清除，但可以運用各種博弈策略逐步緩解，將危害程度盡可能地降至最低點。第六，中小股東利益保護已成為近年來中國上市企業公司治理的一個重要目標。中小股東不僅易受到大股東的利益侵害，也會受到經理層和其他利益相關者的侵害。近年來，中小股東利益保護問題已引起社會的廣泛關注，特別是國有企業的上市行為被指責為圈錢行為，是對中小股東的利益侵奪。中小股東利益保護涉及公司治理主體的多個方面，是一種多渠道的行為。第七，獨立董事制度近年來開始在中國上市公司治理體系中出現，且越來越受到相關管理機構的重視。獨立董事制度屬於董事會治理的範疇，其主要目標是協調控股股東、大股東與經理層之間的關係，同時對中小股東的利益進行保護。中國獨立董事制度實施較晚，運作程序與運作機制有待規範，但是，獨立董事制度在公司治理中已開始發揮作用，有效地緩解了治理各方的利益衝突。第八，上市公司應該積極主動地進行信息披露，將重要的營運信息公開發布，以有利於股東、潛在投資者與社會公眾的監督。年度報告是信息披露的重要形式，年度報告的基本內容包括公司營運的各項重要指標、公司基本情況、股本變動與股東情況、董事監事及高級管理人員情況、董事會報告、重要事項、財務會計報表與備查文件目錄等。信息披露的最終目標是保護投資者的利益、提高證券市場的交易效率與完善證券市場的監管。第九，隨著全球公司治理的深化，上市公司的社會責任逐漸為社會公眾所重視。上市公司不再被簡單地定義為一個純粹的營利性主體，而應首先作為經濟社會的一分子，必須對社會的協調發展做出相應的貢獻。對上

市公司自身的發展而言，社會效應已成為影響公司營運業績的一個重要因素，既可能為公司帶來正的外部經濟效應，也可能為公司帶來負的外部經濟效應。

（四）模型建立

根據以上分析，在海通證券公司治理評價理論與南開公司治理評價理論研究的基礎上，借鑑標準普爾治理評價體系、穆迪治理評價體系、戴米諾治理評價體系與里昂治理評價體系的研究成果，並結合中國上市公司治理的實踐性經驗，可以構建中國上市公司治理績效影響因素的迴歸分析模型如下：$y=\beta_0+\beta_1 x_1+\beta_2 x_2+\beta_3 x_3+\beta_4 x_4+\beta_5 x_5+\beta_6 x_6+\beta_7 x_7+\beta_8 x_8+\beta_9 x_9+u$

其中，各變量符號的意義如下：y 為上市公司治理績效；x_1 為職責明晰性，即董事會與經理層之間職責分明；x_2 為監督有效性，即董事會能夠對經理層的行為實施有效監督；x_3 為監事會職能實施，即監事會在公司治理中發揮了積極的職能；x_4 為股權結構，即控股股東與其他大股東股權之間具有一定的制衡性；x_5 為「內部人控制」控制，即對「內部人控制」行為進行有效的抑制；x_6 為中小股東利益保護，即上市公司積極地保護中小股東的利益；x_7 為獨立董事職能，即獨立董事制度在公司治理中發揮了顯著的功能；x_8 為信息披露，即上市公司能夠進行主動的信息披露；x_9 為社會責任，即上市公司積極地進行義務性的社會活動；u 為樣本殘差項；β_0 為截距；β_1、β_2、β_3、β_4、β_5、β_6、β_7、β_8、β_9 分別為 x_1、x_2、x_3、x_4、x_5、x_6、x_7、x_8、x_9 的迴歸係數。

三、上市企業公司治理績效影響因素模型檢驗

（一）樣本選取和數據來源

本文以中國上市公司為樣本，採用李克特 7 點量表對 13 個測度指標進行數據收集。13 個測度指標包括 9 個自變量指標與 4 個因變量分量指標，而因變量的值來自於這 4 個分量值的平均值。樣本總體分佈於化工、運輸、電子、生物、煤礦、旅遊、金融、石油與鋼鐵 9 個行業，可以代表中國上市公司的樣本特徵。本次調查共發放問卷 100 份，收回問卷 74 份，問卷回收率為 74%，從而滿足了多元迴歸分析的樣本數據要求。數據收集自 2010 年 3 月 8 日起，至 2010 年 4 月 7 日止，共 31 天。在有效樣本中，包括如下 50 家上市公司：生益科技、惠天熱電、萬科 A、際華集團、民生銀行、金宇車城、中福實業、永安林業、豐樂種業、羅牛山、綠大地、獐子島、金嶺礦業、神火股份、煤氣化、準油股份、恒邦股份、深華發 A、深紡織 A、德賽電池、深天馬 A、寶石 A、吉林化纖、小天鵝 A、湖北宜化、江鈴汽車、萬向錢潮、佛山照明、時代科技、焦作萬方、長春高新、格力電器、長安汽車、吉林敖東、風華高科、三毛派神、美達股份、西南合成、江西水泥、岳陽興長、萬澤股份、大通燃氣、吉電股份、凱迪電力、金山股份、北海港、國恒鐵路、中國中期、南京港和東方航空。

（二）模型檢驗

本研究採用後向淘汰迴歸分析法進行模型檢驗。後向淘汰迴歸分析是逐步迴歸分析法的一種，而逐步迴歸分析法又稱為逐步選擇法，是為了達到選用一個有用的預報變量子集的目的，不斷剔除或添加變量進入迴歸模型之中。逐步迴歸法是一種建立多個自變量與一個因變量的多重線形迴歸方程的方法，根據用戶事先設定的α（Alpha）值或F值標準（界值），在計算過程中逐步引入或剔除滿足標準條件的自變量，從而建立只含有對因變量有顯著作用的自變量而不包含對因變量沒有顯著作用的自變量的「最優」多重線性迴歸方程。逐步迴歸分析法中，採用逐步添加變量的方法稱為前向選擇迴歸分析，而採用逐步剔除變量的方法稱為後向淘汰迴歸分析。基於所獲取的有效樣本數據，借助於SPSS12.5統計分析軟件，可以實現理論模型的數據檢驗。第一次迴歸分析結果如表1所示。其中：R^2 = 0.327，F = 42.125，F值具有較高的顯著性。根據檢驗結果可知，系數 β_3 和 β_4 的值不顯著，因此，在模型中剔除自變量 x_3 與 x_4 後進行第二次迴歸分析，結果如表2所示。其中：R_2 = 0.451，F = 40.156，F值具有較高的顯著性。根據檢驗結果可知，系數 β_1 與 β_9 的值不顯著，所以，在模型中剔除自變量以後繼續進行第三次迴歸分析，結果如表3所示。其中：R^2 = 0.563，F = 55.780，F值具有較高的顯著性，各系數值也具有一定的顯著性，因此，本研究模型停止後向淘汰迴歸分析。可以發現：董事會對經理層的監督、「內部人控制」的抑制、中小股東的利益保護、獨立董事職能的發揮、上市公司的信息披露等要素對中國上市公司治理績效的改進存在著積極的促進作用。同時，董事會職責的明晰性、監事會職能的實施、股權結構的制衡性、上市公司的社會責任等要素對上市公司治理績效的改進沒有產生顯著的激勵功能。

表1　　　　　　　　　　第一次迴歸分析結果

變量	β_0	β_1	β_2	β_3	β_4	β_5	β_6	β_7	β_8	β_9
參數值	2.908	2.102	0.889	0.425	0.655	1.756	2.338	0.917	0.824	1.167
標準誤	0.612	0.729	0.334	0.318	0.432	0.526	0.727	0.446	0.401	0.434
T值	4.677	2.898	2.765	1.332	1.890	3.243	3.452	2.056	2.055	2.897

表2　　　　　　　　　　第二次迴歸分析結果

變量	β_0	β_1	β_2	β_5	β_6	β_7	β_8	β_9
參數值	3.107	0.776	0.889	2.345	1.789	1.334	1.010	1.232
標準誤	0.653	0.527	0.334	0.707	0.628	0.526	0.336	0.698
T值	4.892	1.341	2.765	3.454	2.985	2.878	2.765	1.912

表3　　　　　　　　　　　第三次迴歸分析結果

變量	β_0	β_2	β_5	β_6	β_7	β_8
參數值	2.289	1.998	2.998	2.303	1.727	1.872
標準誤	0.712	0.543	0.707	0.717	0.633	0.442
T值	3.011	3.772	3.454	2.251	2.918	4.227

四、結論

根據檢驗結果可知，在中國上市企業公司治理體系中，各種影響因素的功能存在著較大的差異。有些因素促進了上市企業公司治理的發展，而有些因素對公司治理的發展沒有產生實質性的促進作用。因此，中國上市企業應繼續加強董事會對經理層的監督力度、實施對「內部人控制」的反控制、大力保護中小股東的權益、強化獨立董事的監督職能並提高上市公司的信息披露質量，才能持續性地獲取現有公司的治理業績。因此，中國上市公司應進一步明晰董事會與經理層的職責、改進監事會的監督機制、完善股權結構，並積極地承擔上市公司應有的社會責任，才能使公司治理業績獲得飛躍性的發展。總之，中國上市公司治理在取得了一定的成效的同時，也存在著若干不足之處。而對於各種治理要素影響機理的確定性認識必然有助於各種要素功能的發揮與改進，從而為中國上市企業的公司治理能力的提高提供策略性的指導。

參考文獻：

[1] 岳中志，蒲勇健. 公司治理結構完善度水準指標體系及評價模型 [J]. 管理世界，2005 (5)：154-155.

[2] 蒲勇健，許光超. 競爭條件下基於實物期權的R&D投資決策分析 [J]. 科技管理研究，2009 (6)：341-343.

[3] 李維安，程新生. 公司治理評價及其數據庫建設 [J]. 中國會計評論，2005 (3)：387-400.

[4] 張同建，李迅，孔勝. 國有商業銀行業務流程再造影響因素分析及啟示 [J]. 技術經濟與管理研究，2009 (6)：104-107.

上市企業公司治理評價體系實證研究

任文舉　廖曉莉　張同建

摘要：公司治理評價是公司治理實施的內部性激勵因素。中國上市企業公司治理評價體系包括股權結構、股東權利保護、信息披露與盈利能力四個要素。實證性的檢驗揭示了公司治理的內部機理，發現股權的高度集中性、董事會功能的缺失性與信息披露的形式性是阻礙中國上市企業公司治理評價的瓶頸性問題，從而為上市企業公司治理的改進指明了方向。

關鍵詞：公司治理；股權結構；董事會；信息披露

一、公司治理及公司治理評價

技術創新直接催生了經理革命的產生，導致了企業的兩權分離，並引發了公司治理的出現與成長。對於現代企業而言，公司治理已成為企業的一項核心競爭優勢，可以為企業帶來不可低估的外部競爭效應。麥肯錫公司的調查表明，公司治理在投資決策中發揮著越來越大的作用，投資者願意為具有良好公司治理的公司支付18%～24%的溢價。

20世紀90年代中期，英國和美國率先發起了公司治理的改革運動，直接將公司治理與公司管理並立，並強調公司治理在公司管理中的主導性與支持性。亞洲金融危機爆發之後，公司治理又逐漸引起亞洲國家的關注。目前，許多發展中國家迫切需要通過公司治理的改革來增強市場信心、吸引國外投資，並進行經濟結構的優化。1999年，經濟合作與發展組織發布了《OECD公司治理原則》，從而使公司治理演化成了一個全球性的浪潮。

在現代企業制度中，公司治理在本質上是一種組織結構，是傳統組織結構的擴展，是與市場經濟發展相適應的企業管理機制。一般而言，公司治理的核心問題是在企業所有權與控制權分離的條件下，通過適當的制度安排來解決公司股東和內部人之間的委託代理關係。良好的治理結構能夠保證經營者行為與股東及利益相關者的利益相一致，實現股東及利益相關者對經營者的有效監督，因此，公司治理涉及管理層、董事會、股東及其他利益相關者之間的一系列關係。

根據各國公司治理實施的方式，公司治理可分為兩種模式：外部控制模式和

內部控制模式。外部控制模式也稱為英美模式，股權分散在個人和機構投資者手中，通過富有流動性的資本市場對公司經理進行監督是其主要特徵。內部模式也稱為德日模式，股權集中在銀行和相互持股的企業手中，通過公司內部的直接控制機制對管理層實施監督是其主要特徵。

進入21世紀以來，公司治理的研究與實踐在中國得到了快速發展，並迅速成為經濟學、管理學與法學關注的焦點。然而，由於中國證券市場是一個新興的市場，同時也是計劃經濟向市場經濟轉軌的市場，從而使公司治理的基本框架在執行過程中存在著多方面的制度約束。近年來，中國監管部門、司法機構與相關自律組織先後出抬了一系列上市公司治理機制的規章，有效地促進了公司治理規範性行為的改進。2005年，股權分置改革的啟動，為公司治理的深入實施創造了有利條件。

公司治理評價是公司治理研究中一個突出性的方向，並隨著公司治理研究的深入而不斷成熟和完善。公司治理評價是基於一定的公司治理評價標準或評價體系，對公司治理的整體績效與局部績效進行測評，從而發現公司治理實施過程中的優勢功能，並揭示公司治理實施過程中的不足之處，從而為公司治理績效的改進提供明確的策略性指導。可見，在現代企業的公司治理體系中，公司治理評價是完善公司治理運作機制的內部動力。

二、中國上市企業公司治理評價體系的構建

一般而言，公司治理評價制度的實施分為兩大類：一類由仲介機構進行評價，如標準普爾、戴米諾與里昂等公司治理評價機構所實施的評價，這類評價的優點是能夠充分發揮市場機制與信譽機制在評價改進中的作用；一類是非營利機構的評價，這類評價的優點是能夠避免仲介評價機構的非公正性行為。

21世紀初期，公司治理評價在中國相關研究領域開始興起，並對公司治理實踐產生了實質性的促進。其中，以李維安教授為核心的南開大學公司治理研究中心所設計的「南開公司治理評價系統」在國內外產生了廣泛而深遠的影響，獲得了許多國際性公司治理評價機構的認同與讚譽。

2003年，基於中國上市公司面臨的治理環境特點，南開大學公司治理研究中心課題組以《上市公司治理準則》為基準，綜合考慮《中華人民共和國公司法》《中華人民共和國證券法》《上市公司章程指引》《上海證券交易所上市公司治理指引》（徵求意見稿）、《關於在上市公司建立獨立董事制度的指導意見》《股份轉讓公司信息披露細則》等有關上市公司的法律法規及其相應的文件，同時借鑑國內外已有的公司治理評價指標體系，設計推出了中國上市公司治理評價指標體系，涉及控股股東行為、董事會治理、經理層治理、信息披露、利益相關者治理、監事會治理6個維度。

2007年，南開大學公司治理研究中心在2003年調查數據的基礎上，經過4年多的研究，又推出了2007年度的公司治理指數，進一步拓展了公司治理的研究領

域，在理論上構築了以公司治理邊界為核心範疇的公司治理理論體系。2007 南開公司治理評價系統（CCGI^{NK}）將董事與董事會要素分為 5 個指標：董事會權利與義務、董事會運作效率、董事會組織結構、董事薪酬與獨立董事制度。其中，董事權利與義務指標包括董事遴選、董事的能力考核與董事年培訓等內容，董事會運作效率指標包括董事會規模、董事會人員構成與董事會會議質量等內容，董事會組織結構指標包括董事會領導結構、專業委員會設置與專業委員會運行等內容，董事薪酬指標包括董事薪酬水準、董事薪酬形式與董事績效評價等內容，獨立董事制度包括獨立董事比例、獨立董事激勵和獨立董事獨立性等內容。

公司治理評價是一項對目標公司、股東、利益相關者和社會均存在重要影響的事件，因此，公司治理評價必須具有較高的公正性、客觀性與科學性。本研究在 2007 南開公司治理評價系統的基礎上，通過對近三年來中國公司治理實踐的動態性分析，去除了一些與中國公司治理實踐相關性較弱的指標，合併了一些關聯性較強的指標，並增添了反應中國公司治理實踐的前沿性發展的指標，從而構建了與中國上市企業公司治理發展趨勢相適應的公司治理評價指標體系，具體內容如表 1 所示。

表 1　　　　　　　　　　中國上市公司治理評價體系

要素	指標	指標含義
股權結構	股權結構非集中性 X_1	股權結構不存在高度集中的弊端
	股權結構非分散性 X_2	股權結構不存在高度分散的弊端
	股權結構制衡性 X_3	主要控股股東的股權匹配存在著一定的制衡性
	股權結構規範性 X_4	交叉持股與間接持股受到一定的約束
股東權利保護	股東大會決策權 X_5	股東大會對重大公司事務具有較強的決策權
	股東控制權 X_6	股東能夠較好地實施自己的控制權
	股東收益權 X_7	股東能夠較好地維護自己的收益權
	中小股東權益維護 X_8	公司能夠積極地維護中小股東的權益
信息披露	股權信息披露 X_9	公司能夠有效地披露股權結構的信息
	關聯交易信息披露 X_{10}	公司能夠有效地披露關聯交易信息
	財務透明性 X_{11}	公司的財務信息具有較高的透明性
	信息披露實施 X_{12}	公司能夠及時、準確、全面地進行信息披露
盈利能力	資金利潤率 X_{13}	公司資金利潤率在同行業中的領先程度
	淨資產收益率 X_{14}	公司淨資產收益率在同行業中的領先程度
	每股收益 X_{15}	公司每股收益在同行業中的領先程度
	每股淨資產 X_{16}	公司每股淨資產在同行業中的領先程度

三、模型檢驗

本研究已將中國上市企業公司治理評價體系分解為 4 個因子（潛變量）和 16

個指標（觀察變量），因此，可以採用驗證性因子分析來驗證模型的收斂性，同時驗證因子負荷的顯著性、因子相關係數的顯著性、指標誤差方差的顯著性，以及模型的整體擬合性，從而實現對研究模型的檢驗。

本研究採用李克特 7 點量表制對 16 個觀察指標進行數據收集，樣本單位為中國境內的上市企業。本次數據調查共發放問卷 200 份，收回問卷 130 份，回收率為 65%，滿足數據調查回收率不低於 20% 的要求。在回收的問卷中，選擇數據質量較高的問卷 112 份，從而使樣本數與指標數之比為 7：1，滿足驗證性因子分析的基本要求。數據收集自 2010 年 2 月 1 日起，至 2010 年 3 月 1 日止，共 29 天。

我們採用了 SPSS11.5 和 LISREL8.7 進行驗證性因子分析，得因子負荷列表如表 2 所示。

表 2　　　　　　　　　因子負荷列表

	X_1	X_2	X_3	X_4	X_5	X_6	X_7	X_8
負荷	0.13	0.33	0.45	0.34	0.12	0.36	0.22	0.37
SE	0.08	0.10	0.10	0.08	0.08	0.09	0.08	0.08
t	1.57	3.31	4.57	4.20	1.50	4.00	2.84	4.32
	X_9	X_{10}	X_{11}	X_{12}	X_{13}	X_{14}	X_{15}	X_{16}
負荷	0.30	0.39	0.32	0.14	0.23	0.36	0.40	0.34
SE	0.11	0.10	0.09	0.10	0.07	0.09	0.08	0.08
t	2.87	3.90	3.48	1.40	3.23	4.04	5.01	4.25

得模型擬合指數列表如表 3 所示。

表 3　　　　　　　　　擬合指數列表

Df	CHI-$Square$	$RMSEA$	$NNFI$	CFI
82	127	0.059	0.977	0.981

四、結論

根據檢驗結果可知，模型擬合效果較好，因此，本研究所設計的中國上市企業公司治理評價體系具有一定的合理性。但是，由因子負荷參數列表可知，指標 X_1、X_5、X_{12} 的因子負荷缺乏顯著性，從而間接地反應了中國上市企業公司治理實施中所存在的若干問題。結合中國上市企業公司治理的現實性環境，可對這些問題解釋如下：

第一，中國上市企業中的股權存在高度集中性，從而帶來了股權結構的非合理性，必然會對公司治理的實施產生一系列潛在的負面影響。中國上市公司大多數是由原國有企業進行股份制改造而來的，大股東與國有股東的代表基本上控制了董事會，因此，「一股獨大」與「內部人控制」的現象較為普遍。

第二，股東大會流於形式，缺乏實質性的決策權，對經理層監督乏力，從而導致委託代理關係的斷裂。英美國家奉行明確的董事會中心主義，即董事會是公司管理的權利核心，而中國公司法將公司管理權力在股東會、董事會和經理層之間進行了劃分，從而產生了權利劃分的模糊性，導致董事會權利的實施存在著較高的彈性。

第三，信息披露缺乏實質性的內容，不能夠充分地發揮信息披露的監督性作用。通常情況下，中國上市公司的信息披露是一種被動式的披露，缺乏必要的主動性、積極性與責任心，從而導致信息披露的形式遠遠大於信息披露的實質。事實上，許多上市公司並未建立起行之有效的信息披露機制，同時也缺乏對信息披露主體有效性的法律約束。

本研究所揭示的中國上市企業公司治理中存在的問題是公司治理運作過程中大量存在的現實性問題，同時也是中國上市企業公司治理實施體系中迫切需要解決的問題，因此，對於中國上市企業公司治理的改進具有積極的指導意義。一般而言，股東權利的維護是公司治理的基本目標，董事會的獨立性是公司治理的核心，而信息披露是公司治理的基本手段。可見，中國上市企業公司治理完善與優化的路途仍然相當遙遠。

參考文獻：

[1] 彭成武. 中國公司治理評價體系設計 [J]. 新疆社會科學，2003（3）：28-33.

[2] 岳中志，蒲勇健. 公司治理結構完善度水準指標體系及評價模型 [J]. 管理世界，2005（5）：154-155.

[3] 李維安，程新生. 公司治理評價及其數據庫建設 [J]. 中國會計評論，2005，3（2）：387-400.

[4] 蒲勇健，許光超. 競爭條件下基於實物期權的R&D投資決策分析 [J]. 科技管理研究，2009（6）：341-343.

[5] 張同建，李迅，孔勝. 國有商業銀行業務流程再造影響因素分析及啟示 [J]. 技術經濟與管理研究，2009（6）：104-107.

風險管理專題

國有商業銀行信息能力培育
與風險控制的相關性研究

熊豔　謝豔　張同建

摘要：信息能力是國有商業銀行的一項基礎性營運能力。信息能力對於國有商業銀行的風險控制存在著內在的激勵性。信息能力微觀激勵機制的解析可以為風險控制的加強提供策略性的指導。基於國有商業銀行的運作經驗，實證性的研究揭示了信息能力的激勵性機理。研究結果表明，國有商業銀行信息能力顯著地促進了風險控制的實施效應，但這種促進效應仍有待增強。

關鍵詞：國有商業銀行；信息能力；風險控制；操作風險控制；結構方程

一、引言

現代商業銀行在本質上不僅是信息管理的行業，也是風險管理的行業，銀行營運績效受到信息不對稱性與風險控制不確定性的雙重約束。花旗銀行總裁沃爾特·瑞斯頓說，事實上銀行家從事的是管理風險的行業。對於一個商業銀行而言，風險管理不僅是銀行本身的問題，也不僅是銀行行業的問題，更是一個金融市場性的問題，一個社會性的問題，因為一個銀行營運的成敗，不僅會影響到銀行本身的營運業績，也會影響到行業的營運環境，更會引發一系列的社會效應。因此，銀行風險的控制是銀行營運的根本性任務，在一定程度上等同於銀行營運本身。

根據國際銀行業的發展經驗，銀行風險主要包括信用風險、操作風險、市場風險、匯率風險、政策風險、流動性風險、法律風險與聲譽風險等內容。其中，信用風險、操作風險和市場風險是銀行業所面臨的三大風險。銀行風險的類型及其在風險體系中的影響將隨著金融營運環境與經濟營運機制的變化而不斷呈現出新的特徵。信用風險是銀行業所面臨的一項最古老的風險，一直延續至今。市場風險是金融市場發展到一定階段的產物，由各種不確定性的市場因素所引起。隨著信息技術與銀行業務流程的日益融合，操作風險後來居上，成為影響銀行營運

基金項目：本文為國家社會科學基金項目「金融雙軌制下融資擔保鏈危機形成與治理研究」（項目編號：12BG1025）的成果。

的一項重要風險，且對銀行營運的影響程度日漸超過信用風險與市場風險[1]。然而，在國際銀行業範圍內，無論何種風險控制均與其信息能力存在著密切的相關性，風險控制成效的好壞取決於信息能力發揮的強勢或不足。

國有商業銀行是中國銀行體系的重要組成部分，與股份制商業銀行、城市銀行、外資銀行一起構成了中國的銀行系統。而且，在這一系統中，國有商業銀行居於核心性的地位，對於中國金融市場的穩定營運存在著至關重要的支持性作用。如同國際銀行業一樣，風險控制也是國有商業銀行的關鍵性營運環節，信息能力不足是國有商業銀行風險控制低效的根本性問題，因此，信息能力的培育是提高風險控制效率的基礎性策略。中國著名金融信息學家張成虎教授認為，現代國有股份制商業銀行是一個龐大而複雜的系統，存在著大量的信息；如果加快這些信息在銀行內部的相互溝通，實現信息共享，提高國有商業銀行的信息能力，將能全面提高銀行的營運效率[2]。

事實上，信息能力的不足已在多方面制約了國有商業銀行的營運業績。首先，信息能力的不足導致了股份制商業銀行決策層在風險管理上片面地追求信貸資金的「安全性」，而將具有較高的發展潛力且急需資金支持的中小企業排斥在信貸服務之外。其次，信息能力的不足使國有商業銀行的投資決策程序過於僵化，導致銀行領導層按傳統的規則與程序來處理問題，從而失去投資決策的靈活性。再次，信息能力不足導致了國有商業銀行不能實現客戶群的合理細分，無法根據客戶的風險特徵進行差別定價。最後，信息能力的不足制約著股份制商業銀行在風險控制領域的創新能力，降低了銀行的風險價值評估能力[3]。

加強國有商業銀行信息能力的培育，不僅是改進風險控制功能的關鍵性策略，也是提高銀行營運績效的基礎性手段，因為風險控制功能的改進能夠直接提高各項業務的經營收益。因此，信息培育能力與風險控制能力的相關性研究揭示了基於風險控制目標上的信息能力的微觀激勵性激勵，從而為國有商業銀行加強信息能力的培育，進而增強風險控制的成效提供了現實性的理論借鑑。

二、研究模型的構建

（一）研究要素的選擇

1. 銀行信息能力體系的要素選擇

銀行信息能力體系的研究，無論在國內或國外的相關研究領域，都處於探索性狀態。因此，國有商業銀行信息能力體系的解析，不僅需要結合銀行的信息管理實踐，也要借鑑國內外企業信息能力體系研究的成果。

唐志武（2006）認為，在銀行業的IT戰略過程中，需要合理地利用IT資源，做到業務部門和IT部門的合理分工，強調信息安全管理是一個動態的系統過程，關係到安全項目的規劃、需求分析、網絡技術應用等諸多方面[4]。柴小卉（2007）認為，中國銀行信息化的不足之處是：「信息孤島」現象嚴重、系統維護升級艱難、信息系統的環境適應性較差、系統的整體安全性較差、缺乏系統的規範性和

前瞻性研究[5]。張美娜（2007）認為，銀行信息化的過程就是利用信息系統和數據庫技術把金融數據轉化為有用的信息而支持金融決策的過程，以數據大集中為前提、以綜合業務系統為平臺、以數據倉庫為工具、以安全技術為保障，包括管理信息化、人員信息化和技術信息化三個方面[6]。

本研究將國有商業銀行的信息能力分解為信息生產能力、信息檢索能力與信息應用能力三個要素。其中，信息生產能力是指銀行機構獲取業務營運信息的能力，信息檢索能力是指銀行機構對所生產的信息進行搜尋的能力，而信息應用能力是指銀行運用所搜尋到的信息進行管理決策的能力。

2. 銀行風險控制體系的要素選擇

國有商業銀行的風險控制體系是一個動態性的系統，包含諸多風險要素。本研究將國有商業銀行的風險控制體系分為四個要素：戰略風險控制、信用風險控制、操作風險控制與市場風險控制。

戰略風險控制是指銀行風險控制的基礎環境的改進與完善，包括風險決策機制、風險規避理念、風險管理定位、風險資金投入等事關風險控制全局性的戰略要素。這些要素不僅能夠促進信用風險、操作風險與市場風險控制效率的提高，而且能夠提高流動性風險、國家風險與聲譽風險等其他風險的控制效率。

信用風險是指銀行信貸資金安全系數的不確定性，表現為企業或個人不願意或無力償還貸款本息，致使銀行貸款到期無法收回，形成呆帳損失。信用風險是銀行業的一項古老風險，按照信息經濟學的解釋，其源於銀行和借款人之間的信息不對稱。由於信息不對稱在金融市場是永遠存在的，因而信用風險是不可能完全消除的。

操作風險是指由於不正確的內部操作流程、人員違規、系統損害或者外部事件所導致的風險。2006年，巴塞爾銀行監管委員會強調，操作風險正成為危害銀行業營運的第一大風險。操作風險的起因是銀行業務人員的操作不當，包括故意和非故意兩種類型。操作風險雖然涉及銀行外部的因素，但這些外部因素也是通過內部人員的違規操作而產生風險的。

市場風險是指由於金融市場上各市場要素的變化及其不確定性而給銀行資產帶來的損失。隨著金融市場規模的擴大和金融市場全球一體化的出現，金融市場要素的變化顯現出更大的不確定性特徵。市場風險不僅包括匯率的變化，國家金融貨幣政策的調整，也包括各類國際遊資的衝擊。

（二）研究假設的提出

1. 信息收集能力對風險控制的分析

信息收集能力是銀行信息能力的基礎性要素，因為只有進行信息收集並形成一定的銀行信息資源，才能發揮信息資源對銀行營運的激勵性作用，也才能形成行之有效的信息能力。首先，信息資源的擴張可以為風險決策提供更多的信息支持，以提高風險決策的效率，也可以形成更為先進的風險管理思想，塑造更為有效的風險管理技術，從而使風險防範機制得到進一步優化。其次，信息資源的擴

漲可以加強客戶關係管理的功能，增強銀行對客戶信用的預期與判斷能力，也可以反過來進一步強化對客戶不良思想與行為的約束，降低客戶的違約動機。再次，信息資源擴張可以直接為操作風險控制的實施提供支持，因為操作風險控制行為的完善主要依靠對過去風險控制經驗的總結。巴塞爾銀行監管委員會一再呼籲各國商業銀行建立風險數據庫，從而為操作風險控制提供數據支持。最後，信息資源的擴張可以使銀行掌握大量的國內外金融信息，包括國家經濟政策、金融政策、國際匯率協定、國際金融法律法規的變化等，從而減少了市場風險控制實施策略的盲目性。根據以上分析，可以提出如下研究假設：

H1A：國有商業銀行信息生產能力促進了戰略風險控制的實施效應。
H1B：國有商業銀行信息生產能力促進了信用風險控制的實施效應。
H1C：國有商業銀行信息生產能力促進了操作風險控制的實施效應。
H1D：國有商業銀行信息生產能力促進了市場風險控制的實施效應。

2. 信息檢索能力對風險控制的分析

信息檢索能力是銀行信息能力中的一項關鍵性要素，是承接銀行信息收集能力與銀行信息應用能力的橋樑。銀行內部蘊含著大量的信息，而對於某一項具體的風險事件的判斷而言，僅涉及其中的部分信息。在這種環境下，銀行需要具備快速獲取該部分必要信息的能力，才能保證風險決策的有效實現。首先，信息檢索的快速實現可以提高銀行風險管理定位的準確性，合理地分配風險控制資源，從而使風險控制機制更加完善。其次，信息檢索的快速實現可以使銀行迅速獲取對某一客戶的信用信息或者相關信用信息，在短時間內對該客戶的信用程度進行準確的界定，從而合理地控制住信貸額度。再次，大多數操作風險事件的產生不是由於相關信息的缺乏，而是源於沒有實現對相關信息的快速搜尋，從而失去操作風險防範的最佳時機。最後，金融市場信息紛繁複雜，但針對某一市場風險事件而言，均受到一系列顯性的或隱性的金融信息的制約，因此，如何快速實現系列信息的獲取是市場風險防範的基礎性策略。根據以上分析，可以提出如下研究假設：

H2A：國有商業銀行信息檢索能力促進了戰略風險控制的實施效應。
H2B：國有商業銀行信息檢索能力促進了信用風險控制的實施效應。
H2C：國有商業銀行信息檢索能力促進了操作風險控制的實施效應。
H2D：國有商業銀行信息檢索能力促進了市場風險控制的實施效應。

3. 信息應用能力對風險控制的分析

信息應用能力是信息能力的應用性要素，是銀行信息能力系統與外部業務流程系統的結合區域。信息資源只有與具體的營運業務相結合，才能發揮對業務營運的支持功能，而這種「結合」行為也是一種能力，因為即使在相同的信息資源環境下，並不是所有的銀行都能進行恰如其分的結合，即存在著結合效率的差異。信息資源與風險控制環境的結合具有廣泛性，能夠在多個方面促進風險控制環境的優化。信息資源與信用風險控制、操作風險控制與市場風險控制的結合是一項

過程式的結合，是一種技巧也是一門藝術，受到諸多因素的制約，如銀行的信息管理理念、領導風格、內部控制與稽核機制、風險文化建設等因素。但是，毋庸置疑，這種過程結合的效率越高，銀行的信息應用能力越強，對風險控制的支持力度越大，各種風險控制的效果也將越好。根據以上分析，可以提出如下研究假設：

H3A：國有商業銀行信息應用能力促進了戰略風險控制的實施效應。

H3B：國有商業銀行信息應用能力促進了信用風險控制的實施效應。

H3C：國有商業銀行信息應用能力促進了操作風險控制的實施效應。

H3D：國有商業銀行信息應用能力促進了市場風險控制的實施效應。

（三）研究要素的分解

1. 信息能力要素的分解

根據文獻［9］［10］的研究成果，結合國有商業銀行信息能力體系的現實性機制，可以實現對國有商業銀行信息能力體系的要素分解。

信息生產能力可分為四個測度指標：(X_1) 信息收集能力，即銀行機構對各種業務信息的獲取能力；信息存儲能力 (X_2)，即銀行機構對業務信息的分類儲存能力；信息組合能力 (X_3)，即銀行機構對初級信息的轉化和共享能力；(X_4) 信息過濾能力，即銀行機構對失去應用價值的信息的淘汰能力。

信息檢索能力分為四個測度指標：(X_5) 數據庫能力，即銀行機構對數據庫的設計、維護與升級能力；(X_6) 基礎設施性能，即銀行機構的信息基礎設施的支持功能；(X_7) 軟件能力，即銀行機構對各種應用性金融軟件的開發和維護能力；(X_8) 專業人才培育，即銀行機構在信息專業人員培育方面的成效。

信息應用能力分為四個測度指標：(X_9) 市場應用能力，即銀行機構利用信息資源進行市場開拓的能力；(X_{10}) 產品應用能力，即銀行機構利用信息資源進行產品開發的能力；(X_{11}) 流程改造能力，即銀行機構利用信息資源對業務流程進行改革的能力；(X_{12}) 決策應用能力，即銀行機構利用信息資源進行管理決策的能力。

2. 風險控制要素的分解

根據文獻［11］的研究成果，結合國有商業銀行風險控制的現實性實踐，可以實現對國有商業銀行風險控制體系的要素分解。

戰略風險控制可分為四個測度指標：(Y_1) 風險決策機制，指銀行所慣用的風險決策方法、程序和方案；(Y_2) 風險控制文化，制銀行的風險控制意識、風險控制理念和風險控制思想；(Y_3) 風險資源分配，指銀行能夠對風險控制的資金、設備與人員進行合理調配；(Y_4) 風險人才培育，指銀行能夠有效地進行風險專業人才的選拔、聘任與激勵。

信用風險控制可分為四個測度指標：(Y_5) 信貸流程質量，指信貸業務流程具有較高的穩健性；(Y_6) 客戶信用預測，指對貸款對象能夠實現合理的信用判斷；(Y_7) 信用評估機制，指銀行具有較為完善的信用評估機制；(Y_8) 信用風險反饋，指銀行能夠有效地對信息風險事件進行總結。

操作風險控制可分為四個測度指標：（Y_9）操作風險意識，指銀行人員對操作風險控制的重視程度；（Y_{10}）操作風險行為，指銀行的操作風險控制行為能夠得到不斷優化；（Y_{11}）操作風險計量，指銀行操作風險計量的策略日漸精確；（Y_{12}）操作風險反饋，指銀行能夠有效地對操作風險事件進行總結。

市場風險控制可分為四個測度指標：（Y_{13}）市場要素識別，指銀行能夠較好地識別影響市場風險的要素；（Y_{14}）市場趨勢判斷，指銀行能夠合理地判斷出市場風險的主要影響因素；（Y_{15}）系統市場分析，指銀行能將市場風險控制上升到系統的高度；（Y_{16}）市場風險反饋，指銀行能夠有效地對市場風險事件進行總結。

（四）研究模型的確立

本研究擬採用結構方程模型（SEM）來對研究假設體系進行檢驗。在本研究中，設 ξ_1 代表信息生產能力、ξ_2 代表信息檢索能力、ξ_3 代表信息應用能力，同時設 η_1 代表戰略風險控制、η_2 代表信用風險控制、η_3 代表操作風險控制、η_4 代表市場風險控制，則根據研究假設體系，得結構方程模型如圖 1 所示。

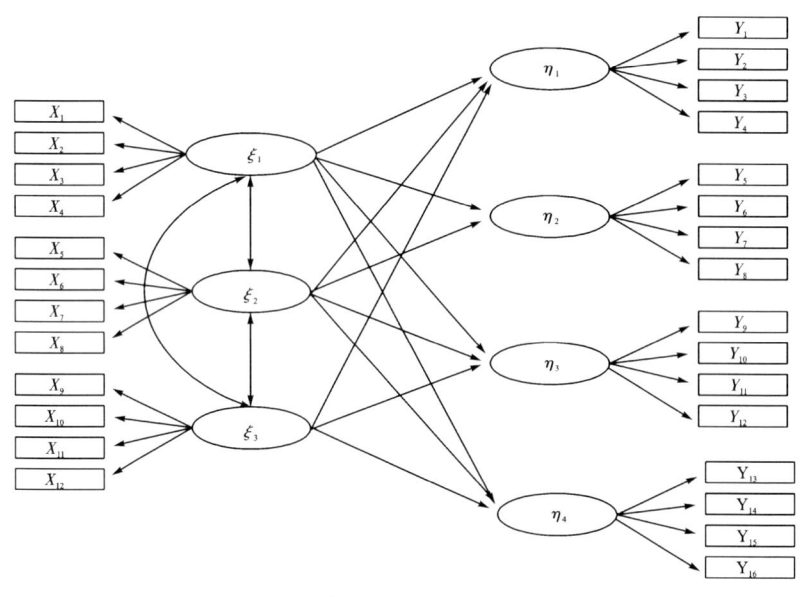

圖 1　研究模型

三、模型檢驗

（一）數據收集

本研究採用 7 點量表對 28 個測度指標進行數據收集，樣本單位為國有商業銀行的二級分行。本次數據調查共發放問卷 200 份，獲取有效問卷 176 份，問卷回收率為 78%。在回收的問卷中，選擇數據質量較高的問卷 140 份用於模型檢驗。樣本數與指標數的比值是 5，滿足結構方程檢驗的一般性數據條件。數據調查自 2012

年 5 月 18 日起，至 2012 年 7 月 23 日止，共歷時 67 天。樣本的行屬特徵和地域特徵分別如圖 2 和圖 3 所示。

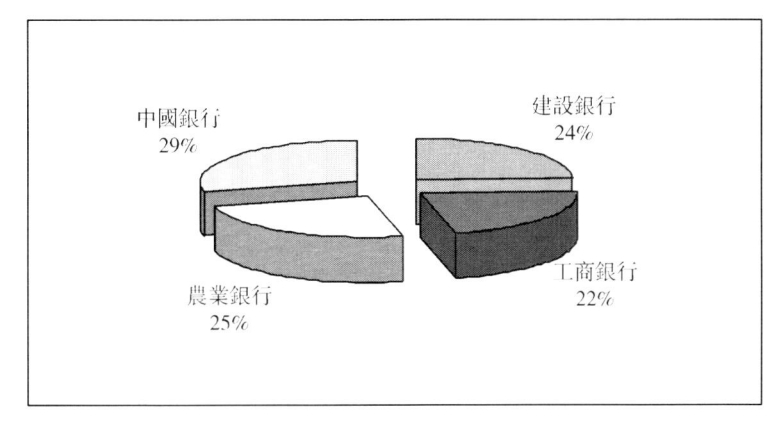

圖 2　樣本行屬特徵

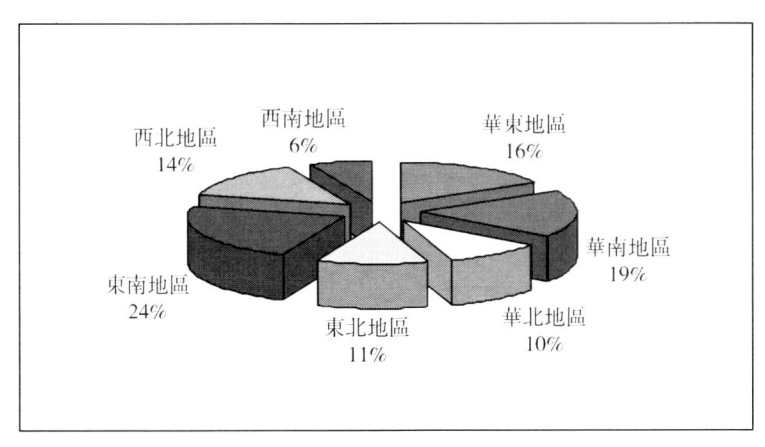

圖 3　樣本地域特徵

(二) 信度分析與效度檢驗

　　信度檢驗與效度檢驗的目的是測量理論量表的有效性與可靠性，從而提高理論假設的檢驗質量。信度檢驗的常用方法是探索性因子分析，效度檢驗的常用方法是驗證性因子分析，本研究的信度檢驗與效度檢驗分別採用這兩種檢驗方法。

　　銀行信息能力體系量表的 Cronbach's α 值為 0.773.6。其中，信息生產能力要素的 Cronbach's α 值為 0.725.8，樣本因子特徵值為 2.220，因素分析的解釋量為 80%；信息檢索能力要素的 Cronbach's α 值為 0.8,368，樣本因子特徵值為 2.751，因素分析的解釋量為 73%；信息應用能力要素的 Cronbach's α 值為 0.782.2，樣本因子特徵值為 2.656，因素分析的解釋量為 79%。銀行信息能力體系的一級驗證性分析結果是：$GFI = 0.915$，$CFI = 0.926$，$TLI = 0.933$，$RMR = 0.055$，$RMSEA =$

0.044，$X^2(39) = 47.126$，$p = 0.000$，並且各測度指標的因子負荷均大於 0.5，最小 T 值為 2.258。因此，銀行信息能力體系具有較好的信度和效度。

銀行風險控制體系的 Cronbach's α 值為 $0.771,6$。其中，戰略風險控制要素的 Cronbach's α 值為 $0.737,2$，樣本因子特徵值為 2.339，因素分析的解釋量為 72%；信用風險控制要素的 Cronbach's α 值為 $0.752,2$，樣本因子特徵值為 2.121，因素分析的解釋量為 70%；操作風險控制要素的 Cronbach's α 值為 $0.756,4$，樣本因子特徵值為 2.189，因素分析的解釋量為 77%；市場風險控制要素的 Cronbach's α 值為 $0.721,2$，樣本因子特徵值為 2.535，因素分析的解釋量為 80%。銀行風險控制體系的一級驗證性分析結果是：$GFI = 0.914$，$CFI = 0.925$，$TLI = 0.921$，$RMR = 0.047$，$RMSEA = 0.059$，$X^2(82) = 112.23$，$p = 0.000$，並且各測度指標的因子負荷均大於 0.5，最小 T 值為 2.114。所以，銀行風險控制體系具有較好的信度和效度。

（三）實證檢驗

本研究採用 LISREL8.7 進行全模型檢驗，得外源變量對內生變量的效應矩陣（ε）如表1所示。

表1　　　　　　　　　　效應矩陣表

假設	外源變量	內生變量	路徑假設	係數負荷	標準誤 se	T 值
H1A	信息生產能力	戰略風險控制	$\xi_1 \to \eta_1$	0.35	0.10	3.50
H1B	信息生產能力	信用風險控制	$\xi_1 \to \eta_2$	0.41	0.12	3.27
H1C	信息生產能力	操作風險控制	$\xi_1 \to \eta_3$	0.14	0.08	1.75
H1D	信息生產能力	市場風險控制	$\xi_1 \to \eta_4$	0.33	0.09	2.67
H2A	信息檢索能力	戰略風險控制	$\xi_2 \to \eta_1$	0.49	0.10	4.90
H2B	信息檢索能力	信用風險控制	$\xi_2 \to \eta_2$	0.13	0.10	1.30
H2C	信息檢索能力	操作風險控制	$\xi_2 \to \eta_3$	0.40	0.12	3.33
H2D	信息檢索能力	市場風險控制	$\xi_2 \to \eta_4$	0.09	0.07	1.23
H3A	信息應用能力	戰略風險控制	$\xi_3 \to \eta_1$	0.15	0.12	1.25
H3B	信息應用能力	信用風險控制	$\xi_3 \to \eta_2$	0.32	0.10	3.20
H3C	信息應用能力	操作風險控制	$\xi_3 \to \eta_3$	0.35	0.09	3.87
H3D	信息應用能力	市場風險控制	$\xi_3 \to \eta_4$	0.28	0.12	2.33

同時得全模型擬合指數列表如表2所示。

表2　　　　　　　　　　　擬合指數列表

擬合指標	$X^2/d.f.$	RMSEA	RMR	CFI	NFI	IFI	CFI	TLI
指標現值	1.229	0.056	0.077	0.918	0.933	0.917	0.968	0.925
最優值趨向	<3	<0.08	<0.1	>0.9	>0.9	>0.9	>0.9	>0.9

所以，模型擬合效果較好，無須繼續進行模型修正[12]。

四、結論

根據擬合指數列表可知，模型的擬合效果較好，因此，本研究的檢驗結論具有較高的可靠性，能夠為基於信息能力視角的國有商業銀行風險控制提供合理的理論指導。

根據效應矩陣列表可知，在國有商業銀行中，信息生產能力顯著地提高了戰略風險控制、信息風險控制和市場風險控制的效率，而對操作風險控制沒有產生實質性的促進作用；信息檢索能力顯著地提高了戰略風險控制與操作風險控制的效率，而對信用風險控制和市場風險控制沒有產生實質性的促進作用；信息應用能力顯著地提高了信用風險控制與市場風險控制的效率，而對戰略風險控制與操作風險控制沒有產生實質性的促進作用。

從信息能力的視角來看，信息生產能力對國有商業銀行風險控制的效應較強，而信息檢索能力與信息應用能力的效應較弱。從風險控制的視角來看，在信息能力作用機制下，戰略風險控制、信用風險控制、操作風險控制與市場風險控制均有一定程度的改進。總體而言，國有商業銀行信息能力的培育對風險控制產生了較為有效的激勵，但激勵策略有待優化，激勵機制有待完善，激勵效應有待加強。

參考文獻：

[1] 張同建. 新巴塞爾協議下中國商業銀行風險控制能力測度模型實證研究 [J]. 貴陽財經學院學報，2008 (2)：13-19.

[2] 張成虎. 新興商業銀行的信息化策略 [J]. 中國金融電腦，2006 (3)：45-52.

[3] 王曉義. 信息能力與中國商業銀行的風險管理與控制 [J]. 中國管理信息化，2006 (3)：72-74.

[4] 唐志武. 銀行業IT建設與內部控制機制的研究 [J]. 現代情報，2006 (6)：204-206.

[5] 張美娜. 對中國商業銀行信息化改革的思考 [J]. 華北金融，2007 (6)：39-41.

[6] 柴小卉. 中國銀行信息化建設若干問題思考及建議 [J]. 生產力研究，2007 (3)：40-41，69.

[7] 鄺會梅. 論中國國有商業銀行的信息能力 [J]. 河北師範大學學報，2005 (11)：48-54.

[8] 張同建. 中國商業銀行客戶關係管理戰略結構模型實證研究 [J]. 技術經濟與管理

研究，2009（6）：106-108，112.

　　[9] 張成虎，胡秋靈，楊蓬勃. 金融機構信息技術外包的風險控制策略 [J]. 當代經濟科學，2003（2）：87-91.

　　[10] 張同建，張成虎. 國有商業銀行信息化建設戰略體系實證研究——基於探索性因子分析和驗證性因子分析角度的檢驗 [J]. 科技管理研究，2008（10）：120-123.

　　[11] 張同建，李迅，孔勝. 國有商業銀行業務流程再造影響因素分析及啟示 [J]. 技術經濟與管理研究，2009（6）：104-107.

　　[12] 侯杰泰，成子娟，鐘財文. 結構方程式之擬合優度概念及常用指數之比較 [J]. 教育研究學報（香港），1996（11）：73-81.

基於 IT 建設與組織學習的商業銀行
風險控制系統研究

蘇 虹 謝 豔 張同建

摘要：銀行業在本質上是一種風險管理的行業，風險控制活動是中國商業銀行的根本性管理活動。IT 建設是中國商業銀行的一項長期戰略，組織學習是中國商業銀行的一項前沿性管理行為，共同促進了中國商業銀行風險控制能力的提高。通過對 IT 建設和組織學習在商業銀行風險控制功能上的經驗性分析，深刻地揭示了基於 IT 建設和組織學習為導向的中國商業銀行的風險控制機理，為增強中國商業銀行的風險控制功能並提高 IT 建設和組織學習的成效提供了有效的理論借鑑。

關鍵詞：商業銀行；IT 建設；組織學習；風險控制

一、引言

《新巴塞爾資本協定》於 2006 年年底實施，對國際銀行業風險管理提出了全新的理念。它闡述的不僅僅是資本要求、監管當局的監督檢查、市場約束三大支柱，還從不同角度闡述了商業銀行的風險管理理念。在此框架下，商業銀行的定位出現了新的變化，其功能不再是簡單的信用仲介、金融服務，而是風險管理。也就是說，現代商業銀行的核心功能和基本任務是風險管理。《新巴塞爾資本協定》轉變了傳統的銀行經營理念，把國際銀行業的風險管理提高到了一個新的戰略高度，給國際銀行業的銀行經營指出了新的發展方向，對銀行業的風險規避和風險控制提供了有益的指導思想與實施策略。

花旗銀行總裁沃爾特·瑞斯頓認為，事實上銀行家從事的是管理風險的行業。金融風險管理不僅是一個行業問題，也是一個社會問題。商業銀行的風險控制不僅是商業銀行的內部事務，也是一個全社會共同參與的系統工程。中國商業銀行在長期的風險管理實踐中一直把精力放在信用風險控制上，忽視了操作風險和市場風險的管理。而《新巴塞爾資本協定》指出，現代商業銀行面臨著信用風險、市場風險與操作風險等諸多風險影響的多重效應，因此，商業銀行的風險管理應該是全面風險管理。

目前中國商業銀行在風險管理實踐方面存在以下問題：①既缺乏戰略性的指導方案又缺少解決具體問題的微觀對策；②既對風險控制缺少全面的認識，也不能對具體的風險事項進行深入的剖析；③既缺乏運用新式風險計量工具的能力，也不存在行之有效的傳統測度方法；④既不能做到定性管理與定量管理的有效結合，也未能運用過去的管理經驗形成自己特色的完整的框架體系。總之，中國商業銀行的風險管理仍處於西方發達國家銀行風險管理20世紀70年代的水準，只見樹木、不見森林，就事論事、疲於奔命，沒有一套完整的指導思想和理論體系。

大力提高中國國有商業銀行的風險控制能力既是中國國有商業銀行近期內的一項重要經營目標，也是中國國有商業銀行的一項長期戰略。國有商業銀行風險控制的研究既要借鑑國際銀行業的先進經驗，也要結合國有商業銀行的現實性營運環境。就中國銀行業的風險控制特徵而言，IT建設與組織學習行為是兩個基礎性的因素。

中國商業銀行的IT建設對銀行業管理功能的促進作用是全方位的，在提高了商業銀行組織學習效率的同時，也促進了商業銀行風險控制能力的增長。組織學習是一種前沿的管理理念，有效地提高了商業銀行的風險控制功能。IT建設、組織學習和風險控制組成了一個有機系統，共同促進了商業銀行的風險控制績效的提高。

二、模型推演

根據文獻[1]-[3]的研究成果，中國商業銀行的信息化建設體系可分解為四個要素：IT建設平臺、IT建設實施、IT建設擴展和IT建設環境。根據文獻[4]-[6]的研究成果，中國商業銀行的組織學習體系可分解為四個要素：組織學習動機、組織學習行為、組織學習成果和組織學習環境。根據文獻[7]-[13]的研究成果，國有商業銀行風險控制能力體系可分解為四個構成要素：信用風險控制能力、市場風險控制能力、操作風險控制能力和綜合風險控制能力。具體要素的內容依循所引用的文獻。

1. IT建設對組織學習的影響

IT建設對組織學習存在著天然的推動作用，根據張同建（2007）的研究成果[1]-[6]，具體表現在如下方面：第一，IT建設為組織學習的開展提供了現代化的學習手段；第二，IT建設促進了學習型組織內部的信息傳輸和知識交流；第三，IT建設降低了組織學習的交易成本、財務成本和管理費用；第四，IT建設增強了學習主體的積極性；第五，IT建設促進了組織結構的調整與優化，從而有利於組織學習的順利實施；第六，IT建設改善了組織學習的績效評價方式；第七，IT建設提升了組織學習的平臺；第八，IT建設優化了組織學習的流程；第九，IT建設降低並掃除了組織學習的智障；第十，IT建設有效地澄清了組織學習的誤區。

H1：商業銀行IT建設對學習型組織建設具有正向促進作用。

2. IT 建設對風險控制的影響

銀行信息化在中國商業銀行系統中已日臻成熟，IT 建設對各類風險控制存在著長期性的促進。儘管銀行信息化是一把「雙刃劍」，但是，就信息化的長遠發展而言，有利的影響會逐漸超越不利的影響。IT 建設對銀行信用風險、操作風險、市場風險與綜合風險的控制的影響存在著較為複雜的促進路徑。根據研究，可以提出如下假設：

H2a：商業銀行 IT 建設對信用風險控制具有正向促進作用。
H2b：商業銀行 IT 建設對操作風險控制具有正向促進作用。
H2c：商業銀行 IT 建設對市場風險控制具有正向促進作用。
H2d：商業銀行 IT 建設對綜合風險控制具有正向促進作用。

3. 組織學習對風險控制的影響

彼得·聖吉指出：學習型組織就本質而言是一個具有持久創新能力去創造未來的組織。因此，學習型組織不僅是一種組織理論，也是一種管理方法，更是一種企業文化，是一種具有深刻內涵的綜合性管理理論。學習型組織被譽為 21 世紀最成功的企業模式。彼得·聖吉認為克服學習智障的五項修煉是：①自我超越；②改善心智模式；③建立共同願景；④團隊學習；⑤系統思考。後來，埃斯帕喬提出了學習型組織的第六項修煉：高效的組織結構。因此，組織學習對於商業銀行管理功能的提升具有深遠的影響。而風險控制是商業銀行的本質性管理活動，所以，組織學習對中國商業銀行的風險控制必然存在著全面的推動作用。基於以上分析，本研究提出如下假設：

H3a：商業銀行組織學習對信用風險控制具有正向促進作用。
H3b：商業銀行組織學習對操作風險控制具有正向促進作用。
H3c：商業銀行組織學習對市場風險控制具有正向促進作用。
H3d：商業銀行組織學習對綜合風險控制具有正向促進作用。

4. 模型確立

根據模型推演過程，得到理論假設模型如圖 1 所示。

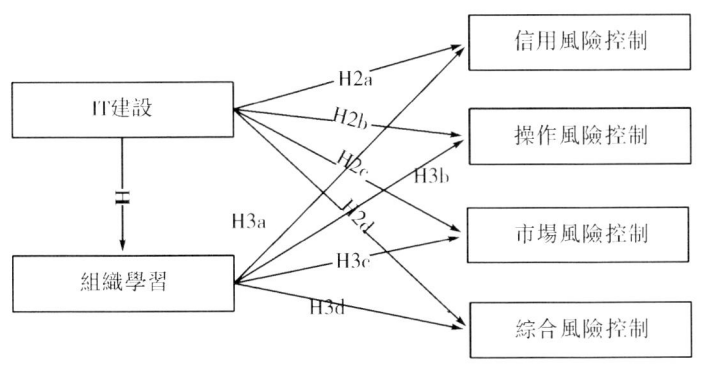

圖 1　理論假設模型

三、研究設計

1. 指標定義

IT建設平臺要素分為IT戰略規劃、基礎設施建設、專業人才培育與標準體系建設四個指標；IT建設實施要素分為IT戰略管理、技術業務外包、制度與執行、激勵與審計四個指標；IT建設擴展要素分為信息化流程再造、數據挖掘、客戶服務與網絡銀行建設四個指標；IT建設環境要素分為服務商控制、風險技術評級、安全可靠性與目標一致性四個要素。指標的具體內容可參見本課題的前期研究成果[1-3]。

組織學習動機要素可分為共同願景、終生學習理念、自我超越意識與學習意識四個指標；組織學習行為可分為工作相容度、創造性學習、主動性學習與心智模式改善四個指標；組織學習成果要素可分為無邊界程度、無極限程度、績效顯著性與系統思考四個指標；組織學習環境可分為學習氛圍、工具支持、學習戰略與組織結構優化四個指標。指標的具體內容可參見本課題的前期研究成果[4-6]。

信用風險控制要素分為信貸程序質量、客戶信用質量、信用評估效率與信貸稽核質量四個指標；操作風險控制要素分為風險控制意識、操作風險劑量、風險識別與風險應急四個指標；市場風險控制要素分為市場分析能力、市場預測能力、風險轉移能力與VaR能力四個指標；綜合風險控制要素分為風險信息披露質量、專業人員培育、數據庫配置與風險模型計量四個指標。指標的具體內容可參見本課題的前期研究成果[7-13]。

2. 樣本調查

本研究採用李克特7點量表對48個測度指標進行樣本數據調查，樣本對象為中國境內的商業銀行的縣（區）級銀行機構，包括國有商業銀行、股份制商業銀行與城市商業銀行三大類型。數據調查自2011年7月1日起，至2011年10月1日止，歷時93天，共獲取有效樣本400份，滿足結構方程模型的樣本需求。其中，國有商業銀行樣本234份，股份制商業銀行樣本122份，城市商業銀行樣本44份。

3. 樣本特徵

就400份樣本總體而言，樣本的地域特徵與2010年度風險事件數量特徵分別如圖2和圖3所示。

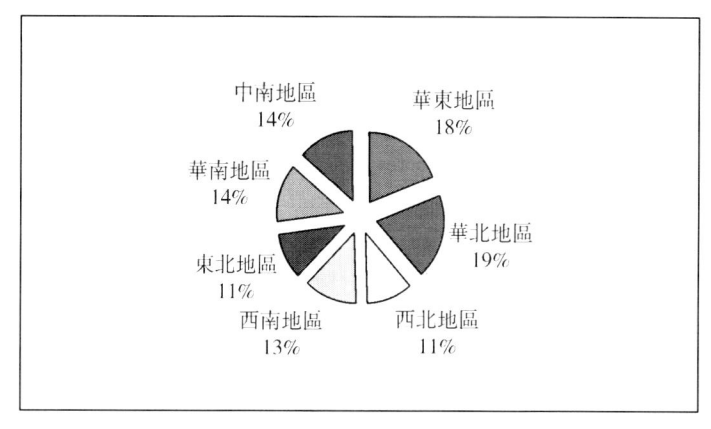

圖 2　樣本區域分佈

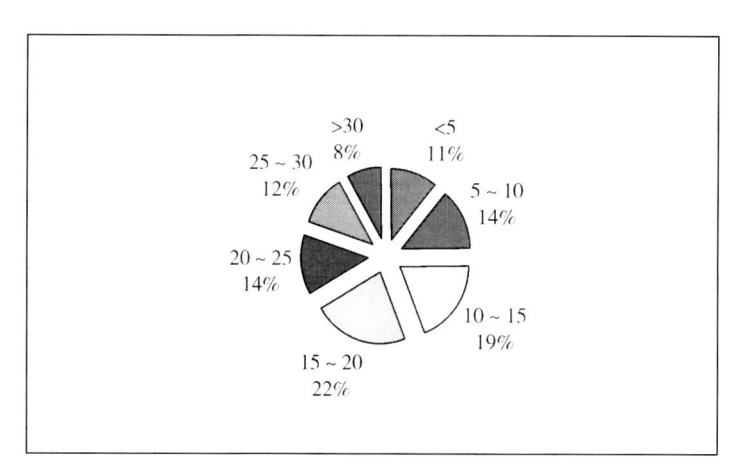

圖 3　2010 年樣本風險事件數量分佈

四、實證檢驗

　　本研究先採用結構方程的驗證性因子分析方法對模型的指標體系進行效度檢驗，得效度指數列表如表 1 所示。可見，各指標體系具有較好的效度[14]。然後，本研究採用結構方程的全模型方法對整體模型進行檢驗，得路徑系數與檢驗結果列表如表 2 所示，同時，擬合指數列表也達到了相應的要求[15]。

表 1　　　　　　　　　　理論模型的檢驗結果表

變量	因子負荷	衡量誤差	組合信度	因素累計解釋量
IT 建設			0.77	0.65
IT 建設平臺	0.77	0.56		
IT 建設實施	0.59	0.42		

表1(續)

變量	因子負荷	衡量誤差	組合信度	因素累計解釋量
IT建設擴展	0.54	0.47		
IT建設環境	0.76	0.66		
組織學習			0.76	0.67
組織學習動機	0.56	0.52		
組織學習行為	0.69	0.79		
組織學習成果	0.67	0.28		
組織學習環境	0.71	0.88		
信用風險控制能力			0.76	0.70
審貸程序健全性	0.68	0.37		
客戶信用調查	0.59	0.29		
評估機制完善性	0.58	0.45		
信貸流程稽核	0.84	0.58		
操作風險控制能力			0.71	0.67
風險控制意識	0.78	0.43		
操作風險計量	0.67	0.59		
風險識別能力	0.52	0.38		
風險應急措施	0.76	0.67		
市場風險控制能力			0.78	0.86
市場分析能力	0.67	0.57		
市場預測能力	0.78	0.61		
風險轉移能力	0.50	0.63		
VAR能力	0.66	0.34		
綜合風險控制能力			0.71	0.69
風險信息披露	0.72	0.46		
專業人員培養	0.64	0.39		
數據庫建設	0.80	0.64		
風險模型計量	0.66	0.51		

同時得理論模型的路徑系數和檢驗結果如表2所示。

表2　　　　　　　理論模型的路徑系數和檢驗結果

假設	變量間關係	路徑系數	P值	檢驗結果
H1	IT建設→組織學習	0.59**	0.008	支持
H2a	IT建設→信用風險控制	0.67***	0.000	支持
H2b	IT建設→操作風險控制	0.43*	0.029	支持

表2(續)

假設	變量間關係	路徑係數	P 值	檢驗結果
H2c	IT 建設→市場風險控制	0.13	0.239	不支持
H2d	IT 建設→綜合風險控制	0.17	0.138	不支持
H3a	組織學習→信用風險控制	0.56***	0.000	支持
H3b	組織學習→操作風險控制	0.37**	0.007	支持
H3c	組織學習→市場風險控制	0.21	0.438	不支持
H3d	組織學習→綜合風險控制	0.67***	0.000	支持

註：路徑係數為標準化值，*** 表示 $P<0.001$，** 表示 $P<0.01$，* 表示 $P<0.05$，陰影部分為缺乏顯著性的路徑係數。

五、結論

根據研究結果，得總體效果圖如圖4所示。

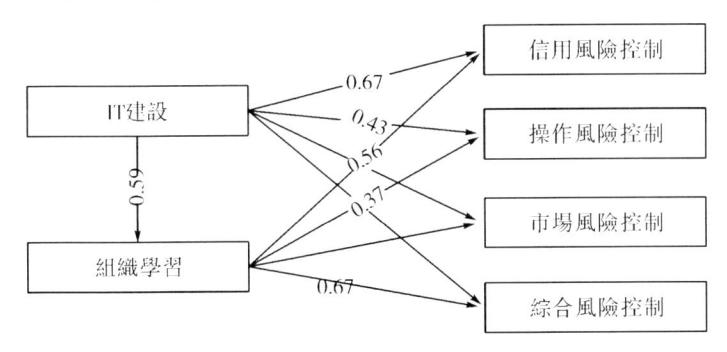

圖 4　總體效果圖

從總體效果圖上可以看出：第一，商業銀行 IT 建設對銀行組織學習的開展存在著直接的支持作用，為學習型組織內部的信息交流提供了有效的平臺；第二，商業銀行 IT 建設對信用風險控制和操作風險控制產生了顯著的支持作用，提高了信用風險與操作風險控制的效率；第三，商業銀行 IT 建設對市場風險控制和綜合風險控制沒有產生實質性的促進功能，有待進一步探索和深化；第四，商業銀行組織學習行為對信用風險控制、操作風險控制和綜合風險控制產生了顯著的支持作用，有助於信用風險控制與操作風險控制水準的提高；第五，商業銀行組織學習行為對市場風險控制沒有產生實質性的促進作用。

可見，總體而言，商業銀行 IT 建設與組織學習行為對銀行風險控制具有一定的成效，但在局部風險控制區域，如市場風險控制上沒有產生顯著的效果。組織學習和 IT 建設在中國銀行業的開展和實施已歷經很長的時間，但對於開展與實施的成效在銀行業內一直存在著模糊性的認識。本研究基於 IT 建設、組織學習、風險控制的現實數據調查，合理地驗證了 IT 建設與組織學習在風險控制中微觀路徑的功能強度，可以為中國銀行業從微觀層面上深化 IT 建設與強化組織學習提供現

實性的理論借鑑。

參考文獻：

[1] 張同建. 基於調查數據的企業信息化建設測度體系經驗分析 [J]. 巢湖學院學報, 2008 (1)：33-41.

[2] 張同建. 國有商業銀行信息技術風險控制的績效測評模型研究 [J]. 武漢科技大學學報, 2008 (3)：45-50.

[3] 張同建. 中國商業銀行 IT 建設戰略結構模型實證研究 [J]. 武漢職業技術學院學報, 2008 (1)：46-51.

[4] 張同建. 基於經驗數據的中國企業組織學習績效測度模型研究 [J]. 鄭州輕工業學院學報, 2008 (1)：76-80.

[5] 張同建. 中國企業組織學習測度體系實證研究 [J]. 華東理工大學學報, 2007 (3)：56-62.

[6] 張同建. 國有商業銀行組織學習實施績效系統經驗分析 [J]. 番禺職業技術學院學報, 2007 (4)：32-37.

[7] 張同建. 新巴塞爾協議下中國商業銀行風險控制能力測度模型實證研究 [J]. 貴陽財經學院學報, 2008 (2)：13-19.

[8] 張同建. 新巴塞爾資本協議框架下中國商業銀行核心能力微觀結構體系研究 [J]. 臨沂師範學院學報, 2007 (12)：116-120.

[9] 張同建. 論新巴塞爾資本協議下國有商業銀行操作風險控制戰略 [J]. 大慶師範學院學報, 2008 (1)：34-39.

[10] 呂寶林, 張同建. 中國商業銀行操作風險控制戰略結構模型的實證研究 [J]. 統計與決策, 2008 (6)：125-127.

[11] 董曉波, 張同建. 新巴塞爾協議下國有商業銀行操作風險控制戰略結構模型的經驗分析 [J]. 改革與戰略, 2007 (12)：76-78.

[12] 簡傳紅, 孟坤, 張同建. 國有商業銀行操作風險控制結構體系研究 [J]. 上海立信會計學院學報, 2008 (1)：82-88.

[13] 張同建. 新巴塞爾協議下中國商業銀行操作風險控制績效評價系統研究 [J]. 廣東商學院學報, 2007 (5)：47-54.

[14] 侯杰泰, 成子娟, 鐘財文. 結構方程式之擬合優度概念及常用指數之比較 [J]. 教育研究學報（香港）, 1996 (11)：73-81.

[15] 侯杰泰, 溫忠麟, 成子娟. 結構方程模型及其應用 [M]. 北京：教育科學出版社, 2004.

基於行際差異的國有商業銀行人員
操作風險控制研究

廖曉莉　張同建　董曉波

摘要：人員操作風險控制是國有商業銀行操作風險控制的核心內容之一。國有商業銀行人員操作風險防範效率存在行際上的差異性。研究發現：就人員操作風險防範而言，中國銀行的效率最高，中國農業銀行次之，中國工商銀行又次之，中國建設銀行最低。人員操作風險的防範績效還受到其他相關銀行因素的影響。國有商業銀行在操作風險防範戰略實施過程中，既要遵循客觀的要素影響規律，更需要進行積極的經驗交流與信息共享。

關鍵詞：國有商業銀行；人員操作風險；信息溝通；風險評估；多元迴歸分析

一、引言

人員操作風險是銀行操作風險的主要類型之一，與流程操作風險、系統操作風險與外部操作風險一起組成了銀行操作風險體系。1995年，巴林銀行事件之後，操作風險已演變為全球性的金融風險，與信用風險、市場風險共同並立為現代商業銀行所面臨的三大風險[1]。21世紀以來，操作風險對銀行系統的危害日益凸顯，已引起國際銀行業的廣泛關注。2003年2月，巴塞爾銀行監管委員會發布了《操作風險管理與監管的穩健做法》，總結了操作風險控制的十項原則，為國際銀行業操作風險控制提供了經驗性的指導。

操作風險同時也是國有商業銀行所面臨的一項重要風險，其危害程度逐漸加重，超過了市場風險，僅次於信用風險[2]。近年來，國有商業銀行處於操作風險事件的多發期，各種類型的操作風險事件不斷湧現，給銀行經營績效帶來了嚴重損失[3]。由於受到金融環境差異性的影響，國有商業銀行的操作風險存在著與西方商業銀行操作風險顯著不同的特徵。在國有商業銀行操作風險體系中，人員操作風險是首要的風險類型，風險事件頻率與風險損失額均佔操作風險總量的一半

基金項目：本文為江蘇省高校自然科學研究項目（項目編號：08KJD110009）的成果。

以上，危害程度遠高於其他三類操作風險的總和。在西方商業銀行界，操作風險的主要類型是流程操作風險，其次是系統操作風險或者外部操作風險，人員操作風險的危害最小[4]。因此，人員操作風險的防範是國有商業銀行操作風險防範的核心內容。

人員操作風險是由人員因素引發的操作風險，在國有商業銀行操作風險體系中，人員操作風險包括內部詐欺、失職違規、違反用工法律、工作環境意外傷害、勞動力不足等類型，其中，內部詐欺是主要的類型，包括隱瞞不報、越權、濫用職權、以權謀私、逆程序操作、洗錢等行為[5]。

中國商業銀行體系包括國有商業銀行、股份制商業銀行、政策性銀行以及外資銀行等，其中，國有商業銀行包括中國工商銀行、中國農業銀行、中國銀行、中國建設銀行四家銀行機構。儘管國有商業銀行存在著相似的外部金融環境，但是，內部運作機制存在著顯著的差異，從而導致了包括人員操作風險在內的操作風險防範效率的差異。因此，基於行際差異的視角來研究人員操作風險控制績效的差異具有較大的現實意義，可以使各國有商業銀行之間實現經驗共享、取長補短，從而全面提高人員操作風險的控制水準。

二、研究模型的構建

對於人員操作風險控制而言，銀行機構的人員規模、從業人員整體素質、信息溝通的程度、風險評估的準確性、行務管理公開的透明性以及風險控制制度執行的力度等要素，均對人員操作風險控制存在著一定的影響。

第一，人員規模。人員規模對人員操作風險事件的影響具有一定的不確定性[6]。西方銀行界認為，隨著銀行人員規模的增加，個體的累積性效應將使操作風險事件的頻率與損失額上升，但是，如果在成熟的操作風險控制環境下，個體之間的制約性效應將超過累積性效應，從而導致操作風險事件的頻率及損失額的減少。因此，人員規模對人員操作風險事件的影響程度與國有商業銀行的操作風險控制環境存在著密切的聯繫。

第二，人員素質。人員操作風險在一定程度上屬於道德風險的範疇，受相關人員的主觀性影響較大，因此，國有商業銀行從業人員素質的高低對人員操作風險有直接的影響[7]。近年來，國有商業銀行為了加強競爭、提高銀行機構的市場競爭能力，進行了程度不等的素質培育，但是，這些培育僅局限於業務技能素質，而在職業道德素質方面缺乏相應的培育力度。人員素質的培育也是國有商業銀行實施風險管理戰略的一項長遠之策。

第三，信息溝通。現代商業銀行在本質上不僅是風險管理的企業，同時也是信息管理的企業，因此，信息溝通的加強可以改進國有商業銀行的各種風險防範機制，特別對人員操作風險防範而言，具有更加現實的促進作用[8]。在國有商業銀行內部，信息溝通的實施程度主要受到兩種因素的影響：一是信息溝通的主觀戰略，即銀行對信息溝通的重視程度；二是信息系統的性能，即銀行信息系統的

穩定性、可靠性與安全性。

　　第四，風險評估。操作風險評估是操作風險控制的前提，是風險控制策略實施的基礎。人員操作風險評估是指國有商業銀行能夠準確地識別由人員因素所引發的操作風險類型，並判明各種風險類型的損失分佈，從而使銀行能夠集中精力對重大操作風險事件進行優先性控制，進而提高人員操作風險控制的整體水準[9]。目前，國有商業銀行均實施了程度不等的操作風險評估策略，但與西方商業銀行相比，還有待細化和完善。

　　第五，行務管理公開。行務管理公開是完善國有商業銀行監督機制的一項重要措施，是彌補國有商業銀行內外部監督功能缺失的有效策略，對於人員操作風險防範而言具有較大的現實意義[9]。國有商業銀行公司治理機制滯後，內部人控制較為嚴重，外部監督機制弱化，內部監督功能受限，而行務公開是彌補監督系統僵化的具體手段。「基層行長帶隊」是國有商業銀行所獨有的操作風險特徵，而行務公開策略可以減弱這一不良現象的危害。

　　第六，制度執行。制度執行是內部控制體系的核心要素，對其他內部控制要素均存在著正向的促進作用。人員操作風險事件的發生，在很大程度上與制度執行不力有關[10]。在國有商業銀行內部，許多操作風險事件不是源於相關制度的缺乏，也不是源於相關制度的缺陷，而是源於現有制度沒有得到有效的實施。《中國銀行業監督管理委員會關於加大防範操作風險工作力度的通知》在多個環節上突出了制度執行的重要性。

　　根據以上的理論分析，基於行際差異的視角，可以建立如下多元迴歸分析模型：

$$people = \beta_0 + \varphi_1 cons + \varphi_2 indu\&buss + \varphi_3 china + \beta_1 \ln size + \beta_2 trai + \beta_3 info + \beta_4 asse + \beta_5 open + \beta_6 exec + \mu$$

　　其中，β_0 是常數項，μ 是誤差項，中國農業銀行是基變量，變量符號的含義、類型、系數與系數預期符號如表1所示。

表1　　　　　　　　　　　變量符號說明

變量符號	含義	變量類型	系數	系數預期符號
people	人員操作風險控制能力	被解釋變量		
augr	中國農業銀行	基變量		
cons	中國建設銀行	虛擬變量	φ_1	(+/−)
indu&buss	中國工商銀行	虛擬變量	φ_2	(+/−)
china	中國銀行	虛擬變量	φ_3	(+/−)
lnsize	人員規模（對數）	定量變量	β_1	(−)
trai	人員素質	定量變量	β_2	(+)
info	信息溝通	定量變量	β_3	(+)
asse	風險評估	定量變量	β_4	(+)

表1(續)

變量符號	含義	變量類型	系數	系數預期符號
open	行務管理公開	定量變量	β_5	(+)
exec	制度執行	定量變量	β_6	(+)

註：(+) 表示正相關，(-) 表示負相關，(+/-) 表示不確定。

三、實證檢驗

(一) 數據收集

本研究的樣本單位確立為國有商業銀行的二級分行（市級分行），數據收集方式是7點量表制。樣本總體在地域上分佈於中國東、中、西部地區，樣本比例大致保持5：3：2的比例。樣本類型在四大國有商業銀行之間保持同等的比例，即每類國有商業銀行樣本數均占總樣本數的1/4。數據收集全部採用紙質問卷的形式，在問卷填寫之前，一般要向填寫人簡短地介紹本研究的目的、意義和方法，以減少填寫者對問卷的歧義性理解，提高問卷的內容效度。本次數據調查自2009年4月10日起，至2009年5月21日止，共進行42天，獲取有效問卷77份，能夠滿足多元迴歸分析的基本數據需求。

(二) 相關性與區別效度檢驗

變量的相關性分析是多元迴歸分析的前提，可以防止多重共線性的影響，從而提高模型的擬合優度。一般而言，主要變量相關係數的絕對值不能大於0.7，否則將引起嚴重多重共線性問題，不適合再進行多元迴歸分析。本模型的主要迴歸變量之間的相關係數如表2所示，從而表明研究模型的設計具有較高的合理性，可以進行多元迴歸分析。

表2　　　　　　　　　　　　相關係數矩陣

變量	均值	方差	lnsize	trai	info	asse	open	exec
size	229	18.45						
Lnsize	4.43	0.29	1.000					
trai	3.17	0.16	0.011	1.000				
info	4.01	0.37	0.009	-0.190	1.000			
asse	3.99	0.56	0.000	0.317**	0.307**	1.000		
open	2.39	0.22	-0.103	0.228***	0.331*	0.120	1.000	
exec	3.71	0.35	-0.121*	0.412*	0.198*	0.312**	0.412*	1.000

$^*P<0.05$；$^{**}P<0.01$；$^{***}P<0.001$；$n=77$

(三) 模型檢驗

模型檢驗分兩步進行：第一步對虛擬變量進行迴歸分析，第二步對包括虛擬變量在內的所有解釋變量進行迴歸分析。迴歸分析結果如表3所示。

表3　　　　　　　　　　　　　迴歸分析結果

	人員操作風險控制	
	第一步（模型1）	第二步（模型2）
虛擬變量		
農業銀行（augi）		
建設銀行（cons）	-1.12**	-0.77*
工商銀行（indu&buss）	-1.09***	-0.56**
中國銀行（chin）	0.98*	0.45*
定量變量		
人員規模（size）		-0.37***
人員素質（trai）		0.13
信息溝通（info）		0.45*
風險評估（asse）		-0.09
行務管理公開（open）		0.71**
制度執行（exec）		0.56*
R^2	0.33	0.39
ΔR^2	0.04	0.08
F值	47.12	62.12
P值（總體顯著性水準）	**	***

* $P<0.05$；** $P<0.01$；*** $P<0.001$；$n=77$

四、結論

在國有商業銀行體系中，就人員操作風險控制而言，基於行際差異的視角來分析，中國銀行的控制水準最高，中國農業銀行次之，中國工商銀行又次之，中國建設銀行最低。本研究結論基於國有商業銀行的現實性樣本數據，具有較高的可靠性。

儘管由於國有商業銀行體系具有相同的外部金融環境，但是，由於內部風險防範機制的差異，導致人員操作風險防範水準存在著差異。人員規模對人員操作風險的防範存在著顯著的負面影響，即人員規模越大，人員操作風險事件的頻率越高，風險損失額也越大，從而可知，國有商業銀行人員操作風險的防範遠未進入穩定狀態。因為，根據西方發達國家商業銀行操作風險的防範經驗，操作風險防範進入穩定狀態之後，人員之間的約束機制將顯著增強，心理契約日趨鞏固，從而有助於減弱人員操作風險的危害。同時，信息溝通、行務管理公開、制度執行對國有商業銀行人員操作風險的防範具有顯著的正向促進效應。

因此，在人員操作風險防範戰略上，國有商業銀行不僅要遵循客觀要素的現實性影響規律，更要在相互之間進行技能探討與經驗交流，從而共同提高人員操

作風險的防範水準。

參考文獻：

[1] ANDREW SHEEN. Implementing the EU capital requirement directive—key operational risk elements [J]. Journal of Financial Regulation and Compliance, 2005, 13 (4): 313-323.

[2] 張同建. 新巴塞爾協議下中國商業銀行風險控制能力測度模型實證研究 [J]. 貴陽財經學院學報, 2008 (2): 13-19.

[3] ANDREW J L. Factors related to internal control disclosure: A discussuion of ashbaugh [J]. Journal of Accounting and Economics, 2007, 44 (1-2): 224-237.

[4] 張同建, 張成虎. 國有商業銀行內部控制與操作風險控制研究 [J]. 山西財經大學學報, 2008 (6): 77-82.

[5] 張成虎, 吳發燦, 陳宏偉. 銀行與政府職能衝突的解決對策 [J]. 經濟縱橫, 2009 (11): 99-101.

[6] 張同建, 張成虎. 國有商業銀行信息化建設戰略體系實證研究——基於探索性因子分析和驗證性因子分析角度的檢驗 [J]. 科技管理研究, 2008 (10): 120-123.

[7] 張同建, 李迅, 孔勝. 國有商業銀行業務流程再造影響因素分析及啟示 [J]. 技術經濟與管理研究, 2009 (6): 13-16.

[8] 張成虎, 李育林. 基於不對稱信息理論的第三方電子支付產生機制研究 [J]. 河北經貿大學學報, 2008 (2): 65-69.

[9] 張同建. 新巴塞爾協議下中國商業銀行操作風險控制績效評價系統研究 [J]. 廣東商學院學報, 2007 (5): 47-54.

[10] JEFFREY D, WEILI G. Determinants of weaknesses in internal control over financial reporting [J]. Journal of Accounting and Economics, 2007, 44 (1-2): 193-223.

基於信息能力視角的國有商業銀行
操作風險控制研究

蘇 虹 胡亞會 張同建

摘要：操作風險已成為國有商業銀行所面臨的一項主要風險，操作風險控制已成為風險控制的一項核心內容。在本質上，操作風險的產生源於銀行營運體系的信息不對稱行為，因此，信息能力的培育對操作風險控制能夠產生實質性的激勵功能。基於國有商業銀行的現實性樣本數據，經驗性的研究揭示了信息能力對操作風險控制的微觀激勵機理，從而為國有商業銀行深化信息能力的培育並提高操作風險的控制績效提供了可靠的理論借鑑。

關鍵詞：國有商業銀行；信息能力；操作風險；結構方程模型

一、引言

銀行業是典型的風險管理的行業，也是典型的信息管理的行業，因此，銀行業的信息管理與風險管理存在著天然的聯繫。根據信息經濟學的理論，從本質上講，一切不確定性均起源於信息的不對稱，即在任何經濟體系中，信息不對稱行為必然導致營運風險的產生。同樣，對於銀行業而言，銀行風險在本質上源於銀行內部信息的不對稱。因此，信息能力的培育是銀行風險控制的基礎性措施。

操作風險是國有商業銀行所面臨的一項重要風險，其危害程度大有超越市場風險與信用風險的跡象。近年來，國有商業銀行操作風險事件頻發、操作風險損失額直線上升、操作風險波及面逐漸擴大，引起了中國銀行界及金融管理機構的高度重視。2005 年，中國銀監會發布了中國銀行業第一個關於操作風險管理的指引——《中國銀行業監督管理委員會關於加大防範操作風險工作力度的通知》，即銀行界所說的「操作風險十三條」，標誌著中國商業銀行的操作風險管理進入新的階段。

巴塞爾委員會在《新巴塞爾新資本協定》中將銀行操作風險定義為：由不完善或有問題的內部程序、人員及系統或外部事件所造成的損失的風險，包括法律風險，但不包括策略風險和聲譽風險。這個定義具有如下特點：①關注內部操作，

也就是銀行對其員工的作為和不作為應該且能夠施加影響；②重視概念中的過程導向；③人員和人員失誤起著決定性的作用，但不包括由於個人利益和知識不足引起的失誤；④外部事件，包括自然、政治、軍事、技術設施缺陷，以及稅收、監管和法律方面的變化；⑤內部控制系統具有重要作用。

國內學術界普遍認為：中國商業銀行操作風險具有低頻高危、難以計量、誘因複雜的特徵，主要表現為內外勾結和人員犯罪等詐欺活動；低效的公司治理結構是操作風險產生的根本原因。一般而言，操作風險控制方法包括操作風險計量、強化內部控制、風險數據庫建設、專業人員培育、優化組織結構與實施信息披露等常規性方法，但是，這些方法的實施均依賴於銀行信息管理的效率，即從本源上講，信息能力會對操作風險控制效率的改進產生最終的激勵作用。

二、研究假設的提出

銀行信息能力體系的研究，無論在國內還是國外的相關研究領域，都處於探索階段，因此，國有商業銀行信息能力體系的解析，不僅需要結合銀行的信息管理實踐，也要借鑑國內外企業信息能力體系研究的成果。

美國信息學家 Marchand 根據對世界 300 多個企業的信息能力狀況的調查，提出了信息導向（IO）理論。他認為信息運用效率存在三個關鍵影響因素：信息行為和價值、信息管理實踐、信息技術實踐。美國管理學家 John Mckean 認為企業信息能力體系包括如下要素：員工應用信息的能力、實現信息有效配置的秩序、組織結構以及對各職能部門有效使用信息的獎賞、長期利用和體現信息價值的信息文化、充分理解信息功能並支持信息投資的領導藝術、有利於提高信息價值及信息準確性的信息本身應用技術。

付睿臣、畢克新（2009）將企業信息能力分為五個要素：①信息獲取能力，指企業檢索科技與政策法規信息、搜集顧客、供應商、競爭者以及行業信息等外部信息的能力；②信息交流能力，指企業內部部門之間、人員之間、人員與部門之間的思想、經驗與觀點的交流能力；③信息共享能力，指企業人員對共同擁有的有價值信息的認識、學習與理解能力；④信息產生能力，指企業對現有的信息資源進行處理以產生新信息的能力；⑤信息物化能力，指企業將無形信息轉變為有形產品的能力。

鄙會梅（2008）認為，銀行的信息能力包括三個方面：一是銀行的信息獲取能力；二是銀行的信息處理能力，即對所獲取的信息進行甄別、加工、分類與存儲的能力；三是銀行的信息運用能力，即對獲取和處理後的信息加以利用的能力。

基於現有的信息能力體系的研究成果，本研究將國有商業銀行信息能力分解為三個要素：信息生產能力、信息檢索能力與信息應用能力。其中，信息生產能力是指對銀行經營信息的收集、存儲、組合與過濾能力，信息檢索能力是指對所需要的金融信息的搜集能力，而信息應用能力是指信息資源對銀行產品研發、市場開發、流程改造與戰略決策等主營業務的支持能力。

在國有商業銀行體系中，操作風險一般分為四種類型：人員操作風險、流程操作風險、系統操作風險和外部事件操作風險。根據中國銀行業操作風險控制的經驗，國有商業銀行所面臨的操作風險主要是人員操作風險和流程操作風險，這兩類操作風險的風險事件及損失額占據操作風險總損失事件及損失額的90%以上，因此，在某種程度上可以認為，國有商業銀行操作風險的控制實質上就是對人員操作風險的控制和流程操作風險的控制。根據巴塞爾銀行監管委員會的定義，人員操作風險是由人的因素所引起的操作風險，而流程操作風險則是由流程中斷、流程失敗與流程低效等非正常運行行為所產生的操作風險。

根據以上的理論分析，基於國有商業銀行操作風險控制的現實性經驗，可以提出如表1所示的研究假設。

表1　　　　　　　　　　　　研究假設

假設名稱	路徑表示	假設內容
H1A	$\xi_1 \rightarrow \eta_1$	銀行信息生產能力顯著地促進了人員操作風險控制水準的提高
H1B	$\xi_1 \rightarrow \eta_2$	銀行信息生產能力顯著地促進了流程操作風險控制水準的提高
H2A	$\xi_2 \rightarrow \eta_1$	銀行信息檢索能力顯著地促進了人員操作風險控制水準的提高
H2B	$\xi_2 \rightarrow \eta_2$	銀行信息檢索能力顯著地促進了流程操作風險控制水準的提高
H3A	$\xi_3 \rightarrow \eta_1$	銀行信息應用能力顯著地促進了人員操作風險控制水準的提高
H3B	$\xi_3 \rightarrow \eta_2$	銀行信息應用能力顯著地促進了流程操作風險控制水準的提高

三、研究模型的構建

本研究擬採用結構方程模型實現理論假設的檢驗。結構方程模型是基於變量的協方差矩陣來分析變量之間關係的一種統計方法，是一個包含面很廣的數學模型，用以分析一些涉及潛變量的複雜關係。通常的迴歸模型只能包含一個因變量，只能分析直接效應，不能分析間接效應，而結構方程模型可以有效地解決這一問題。在建立結構方程之前，需要對各功能要素進行分解。

信息生產能力可分為四個測度指標：(X_1) 信息收集能力，即對各種營運信息的收集能力；信息存儲能力 (X_2)，即對所收集的信息進行合理儲存的能力；信息組合能力 (X_3)，即對收集的初級信息進行組合而形成高級信息的能力；(X_4) 信息過濾能力，即對失去應用價值的信息進行合理甄別並刪除的能力。

信息檢索能力分為四個測度指標：(X_5) 數據庫能力，指數據庫的設計、維護與升級能力；(X_6) 基礎設施性能，指計算機硬件與通信設施的功能；(X_7) 軟件能力，指對各種應用軟件的開發、維護和升級能力；(X_8) 專業人才培育，指信息專業人員的培育質量與培育效果。

信息應用能力分為四個測度指標：(X_9) 市場應用能力，指信息資源對銀行市場開發的支持力度；(X_{10}) 產品應用能力，指信息資源對銀行產品開發的支持力

度；(X_{11}) 流程改造能力，指信息資源對銀行流程再造的支持力度；(X_{12}) 決策應用能力，指信息資源對銀行各種決策的支持力度。

人員操作風險控制分為四個測度指標：(Y_1) 控制意識，指銀行從業人員具有較強的風險控制意識；(Y_2) 控制行為，指各種風險控制行為逐步得到強化；(Y_3) 制度執行，指銀行人員能夠有效地執行各種控制制度；(Y_4) 信息反饋，指銀行人員能夠積極地進行各種風險控制經驗的交流。

流程操作風險控制分為四個測度指標：(Y_5) 流程設計，指銀行的業務流程設計具有較高的規範性；(Y_6) 流程優化，指銀行業務流程的執行過程不斷得到優化；(Y_7) 監督機制，指業務流程的各種監督機制不斷得到完善；(Y_8) 流程重組，指銀行不斷實現業務流程的改造和升級。

設信息生產能力為 ξ_1、信息檢索能力為 ξ_2、信息應用能力為 ξ_3，同時設人員操作風險控制為 η_1、流程操作風險控制為 η_2，則根據研究假設與要素分解的內容，可以得到如圖1所示的研究模型。

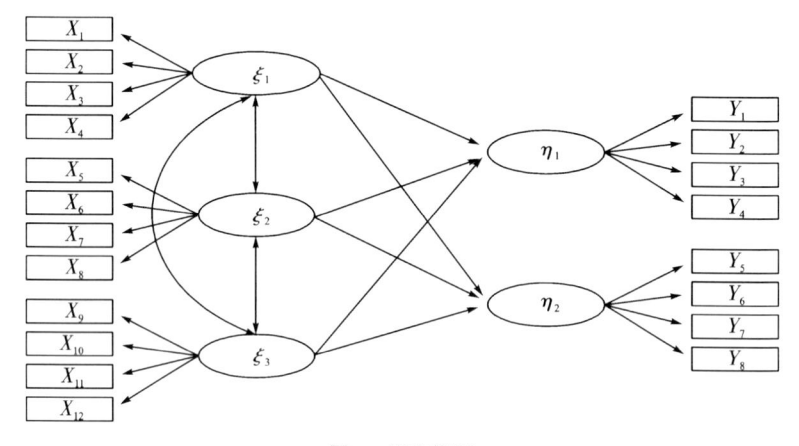

圖1 研究模型

四、實證檢驗

本研究採用李克特7點量表對20個測度指標進行數據調查，樣本單位確立為中國國有商業銀行的市級分行。本次數據調查共發放問卷500份，收回問卷388份，問卷回收率為77.6%，滿足數據調查中問卷回收率不低於20%的要求。在回收問卷中，選擇數據質量較高的樣本數據140份作為本研究的樣本總體，樣本數與指標數之比為7：1，滿足結構方程模型檢驗的數據要求。其中，中國農業銀行20份、中國工商銀行60份、中國銀行40份、中國建設銀行20份，因而能夠代表中國國有商業銀行的總體樣本特徵。

基於樣本數據，本研究採用LISREL8.7對結構方程模型進行全模型檢驗，得外源變量對內生變量的效應矩陣（ε）如表2所示。

表 2　　　　　　　　　　　　效應矩陣表

假設	外源變量	內生變量	路徑假設	係數負荷	標準誤	T 值
H1A	信息生產能力	人員操作風險控制	$\xi_1 \to \eta_1$	0.29	0.10	2.90
H1B	信息生產能力	流程操作風險控制	$\xi_1 \to \eta_2$	0.41	0.12	3.27
H2A	信息檢索能力	人員操作風險控制	$\xi_2 \to \eta_1$	0.38	0.16	2.43
H2B	信息檢索能力	流程操作風險控制	$\xi_2 \to \eta_2$	0.23	0.10	2.30
H3A	信息應用能力	人員操作風險控制	$\xi_3 \to \eta_1$	0.35	0.12	2.96
H3B	信息應用能力	流程操作風險控制	$\xi_3 \to \eta_2$	0.14	0.10	1.40

由表 2 可知，假設 H1A、H1B、H2A、H2B、H3A 通過了檢驗，而假設 H3B 沒有通過檢驗。同時得全模型擬合指數列表如表 3 所示。

表 3　　　　　　　　　　　　擬合指數列表

擬合指標	$X^2/d.f.$	RMSEA	RMR	CFI	NFI	IFI	CFI	TLI
指標現值	1.341	0.057	0.078	0.928	0.923	0.927	0.938	0.924
最優值趨向	<3	<0.08	<0.1	>0.9	>0.9	>0.9	>0.9	>0.9

所以，模型擬合效果較好，無須繼續進行模型修正。

五、結論

根據效應矩陣列表可知，國有商業銀行信息能力的培育在整體上顯著地提高了操作風險的控制績效，減少了操作風險事件的發生，降低了操作風險事件的危害。其中，信息能力的培育有效地改進了人員操作風險的控制績效，而對流程操作風險控制績效的改進效應不太明顯。因此，信息能力對操作風險控制的激勵功能尚未得到完全的發揮，存在著一定的擴展空間。

具體而言，信息生產能力和信息檢索能力均對人員操作風險控制與流程操作風險控制產生了顯著的促進作用，而信息應用能力僅對人員操作風險控制產生了顯著的促進作用，對流程操作風險控制並沒有發生實質性的促進功能。

因此，在國有商業銀行操作風險控制戰略中，應充分重視信息能力的作用，積極地進行各種信息能力的培育，將信息能力培育戰略作為操作風險控制戰略的一個重要方法體系。同時，在局部路徑上，應積極改進信息應用能力對流程操作風險控制的激勵方式，從而使操作風險控制能力在整體上得到實質性的增強。

參考文獻：

[1] 張成虎. 新興商業銀行的信息化策略 [J]. 中國金融電腦, 2006 (3)：45-52.

[2] 張同建. 中國商業銀行客戶關係管理戰略結構模型實證研究 [J]. 技術經濟與管理研究, 2009 (6)：106-108, 112.

[3] 張成虎, 胡秋靈, 楊蓬勃. 金融機構信息技術外包的風險控制策略 [J]. 當代經濟科學, 2003 (2)：87-91.

[4] 張同建, 李迅, 孔勝. 國有商業銀行業務流程再造影響因素分析及啟示 [J]. 技術經濟與管理研究, 2009 (6)：104-107.

[5] 侯杰泰, 成子娟, 鐘財文. 結構方程式之擬合優度概念及常用指數之比較 [J]. 教育研究學報（香港）, 1996 (11)：73-81.

美國、以色列和巴西農業旱災風險管理的經驗借鑒

薛 軍 廖曉莉

摘要：農業是弱質產業，容易受到氣候的影響。隨著全球氣候的變化，干旱等極端天氣頻繁發生，勢必會對農業生產造成嚴重影響。鑒於此，本文以美國、以色列和巴西三國的干旱災害風險管理實踐為例，分析了其農業旱災的風險管理經驗及異同之處，在總結三國經驗啟示的基礎上，提出了完善中國農業旱災風險管理體系的具體建議。

關鍵詞：國外；農業旱災；風險管理；經驗；建議

旱災是一種成因比較複雜、分佈範圍比較廣泛的全球性自然災害，且發生頻次高、預測難度大，帶來的經濟損失非常嚴重。據不完全統計，全球的氣象災害占自然災害的比重達70%以上，其中干旱災害在自然災害中所占的比例達到了50%以上，干旱災害對農業的糧食生產構成了巨大威脅。近些年來，隨著全球氣候的變化，各類極端氣候，尤其是高溫、干旱天氣頻現，對中國的農業生產造成了巨大威脅。據統計，2015年中國由於干旱造成的各類農業損失超過了10億美元。然而國外典型國家卻有著較為先進的干旱災害風險管理經驗，如美國、以色列、巴西等，其在防禦干旱風險方面的做法值得借鑒，以推進中國農業旱災風險管理機制的不斷完善，降低農業生產的風險。

一、美國、以色列和巴西的干旱災害風險管理經驗

（一）美國

自19世紀80年代以來，美國為提高應對干旱災害的能力，聯邦及各州相繼制訂了與本地區實際相符、日漸完備的防禦干旱災害計劃，具體包括：增強對干旱災前監測和早期預警能力、提高抗擊干旱災害風險的管理能力、加強對干旱風險影響的評估能力，並不斷完善應對干旱災害的應急機制和處理程序。通過這些措施，美國農業抗擊旱災的能力與效率得到了大幅提升。

1. 旱災之前的監測和預警機制

美國農業部下設了專門的應對旱災的管理機構——美國干旱減災抗災中心。

該中心在監測和預防工作中，不斷強化了農業部其他部門、環保部門及氣象部門之間的聯繫，組織多方面的專家如在農業、氣象、水文等方面有突出貢獻和豐富實踐經驗的專家人士，對干旱監測圖進行系統分析並進行深層次的探討和交流，同時在全國範圍內定期發布防災、減災的相關信息，這為政府及相關部門制定決策提供了有力依據。此外，為了提高全國抗擊干旱的災前監測和早期預警能力，美國還為此建立了國家干旱信息綜合系統，及時、準確地給全國民眾和相關部門發布干旱災害防禦的科學信息，確保在災害發生時能夠盡快採取應對措施[1]。美國國家干旱信息綜合系統是一個重要的信息預報系統，其最大特徵就是突出使用者的地位，任何人均可以在該系統上查詢相關的干旱預報及數據信息，能夠科學預報和評估潛在干旱的危害與發展，為降低旱災的破壞性提供了翔實的數據和建議。

2. 干旱災害風險影響評估

干旱災害風險影響評估的流程和主要內容包括：第一，搜集全面的相關數據。第二，組織針對干旱災害風險的研討會，與專家人士研討並分析干旱災害頻發區域的成因。第三，評估預測干旱災害影響的程度和水準，並按其影響程度的高低對其影響進行排序。第四，結合干旱災害風險的評估結果，因地制宜地制訂災前、災後行動計劃並採取相應行動。

3. 完善法律法規

美國聯邦政府早在1998年就頒布了《聯邦干旱政策法》，該項法律作為干旱災害防治的基本法案，明確了干旱災害預防、風險管理、應對措施、應急機制、處理程序等一系列問題，為干旱災害風險管理提供了基本的法律依據。2002年又頒布了《國家干旱預防法》和《農場安全與農村投資法案》，這些法案的頒布和實施在一定程度上對美國的農業生態環境起到了保護作用。與此同時，美國為保障農戶由於自然風險導致的收益損失還專門制定了農業保險法律，如《聯邦農業保險法》和《農業風險保護法》等。

4. 加強環境保護

美國加強環境保護的方案主要包括如下幾個項目：技術幫扶項目、耕地保護項目、退耕休耕項目以及農田和放牧土地保護項目。其並於1986年在全國範圍內實施了土地保護性儲備計劃（CRP），該計劃涵蓋了全美國重要的環境保護地區和水源，不僅包括基礎性環境項目，還涉及對動植物棲息環境的保護項目。與此同時，各級政府也對大部分項目給予了一定的政策傾斜和資金援助。該計劃有效遏制了水土流失等問題，並挽救了破產的農場主。

5. 發展規避旱災風險的金融工具

美國積極發展規避旱災風險的金融工具，完善政府管理並發展相適應的農業金融工具，從而實現了自然風險到經濟風險的順利轉化，並發揮市場功能將經濟風險順利轉移。美國農業部及時發布農業部報告和農業氣象信息，為受災民眾借助金融工具來降低災害損失提供有力支持。例如，在每年的5~9月，由於氣候因

素導致美國玉米期貨價格受到炒作，此時美國農業部在每週一和周三分別發布《每週氣象與作物公報》《作物進展報告》，詳細介紹農作物在種植期內氣候變化如何、生長狀況如何以及收穫進度的情況。這些政策在美國玉米期貨市場上的效應較為顯著，在農民充分利用制度創新以及期貨期權市場來規避災害風險方面發揮了巨大作用[2]。美國農民利用期貨和期權保值的方式，在一定程度上規避了災害風險，降低了因旱災所造成的經濟損失。其基本原理是因期貨價格和現貨價格在一般情況下變化一致，農民在農作物種植季選擇賣出、在收穫季買入所形成盈虧的差價和作物生產中形成的盈虧基本上能夠抵消；期權保值則是擁有出貨權的一方通過價格保險機制，當市場價格低於約定價格時，持有出貨權的一方可以以約定價格將部分穀物出售給另一方，而一旦市場價格比約定價格高，出貨方可以選擇廢除約定合同而又無須承擔任何義務。通過這樣一種方式，可以降低因旱災風險對農民所造成的經濟損失。此外，政府發揮宏觀調控的職能，對農業災害風險採取干預，為農業災害風險提供農業保險，這是比較流行的趨勢，也是值得借鑑的一種防禦旱災的做法。也就是說，政府通過行使具有一定約束性和限制性的權力，將農業災害風險賣給金融投資者，也就是將農業風險轉移到金融投資者身上。美國在干旱領域的農業保險一般有產量保險和收入保險兩類，所謂的產量保險即由農民選定其需要承保的產量或面積，主動繳納一定投保費的保險方式。在產量保險下，一旦出現實際產量低於投保產量時，保險公司會對其產生的盈虧差價給予一定補償[3]。當旱災面積較大的時候，普通的商業保險公司無力承擔賠付責任，此時，則由州政府或聯邦政府承擔賠付責任。相比較而言，收入保險較簡化，它是以單位面積的農民銷售收入為基礎，而其銷售收入等於單位面積產量與市場價格的乘積。其償付的原則有兩方面：第一，當其銷售總收入低於投保收入，不管這個差額是由何種原因引起的，投保農民會得到由保險公司提供的差額償付，從而使農民的經濟損失得到一定程度的補償。第二，當其銷售收入不低於投保收入時，農民不能得到償付，這不僅減少了保險公司的工作量，而且也簡化了參保流程和農民參與保險的手續。總之，產量保險和收入保險的設立，使農民因旱災導致的損失得到了一定程度的降低。

6. 合理開發利用水資源

美國在農業開發進程中，尤其在西部干旱等地區，非常注重水資源的利用開發。主要表現在兩個層面：一是注重水利設施的建設，如興修水庫，對地下水進行合理開發，向水資源匱乏區域調水，這對美國農業灌溉面積的不斷增加提供了良好契機[4]。二是不斷完善和提升其農業灌溉技術水準，大力發展節水型農業，在傳統的滴灌、噴灌技術上進行創新，發展出溝灌技術，提高了美國整體的灌溉率。這種注重水資源開發和利用的做法，有效地提高了干旱災害發生時水資源的利用效率。

（二）以色列

以色列受獨特的地理位置和氣候條件限制，其年均降水量呈現出極少且分佈

不均勻的特點，水資源極其匱乏，也極容易引發干旱風險災害。面對全國一半面積地面接受的降水量不足180毫米的困境，以色列防止干旱風險災害的一些做法，值得中國學習和借鑑。以色列的抗旱措施包括以下三個方面：

1. 成立專門機構管理水資源

以色列為了加強水資源管理，設立了專門管理水資源的機構，如建立了水利委員會，其職責是制定全國水資源管理政策和規劃、合理確定本國不同區域的供水配額及合理的用水計劃、管理有關水資源開發利用的相關工作，如海水的淡化處理、廢水污水的淨化再利用以及水資源的污染與防治和水土保護等。在用水配額方面，以色列水利委員會重點保證農業經營者的農作物農田灌溉，規定每年75%的用水分給全國農業經營者。至於分配比例以及定額的多少，由水利委員會中的理事會決定，主要是根據農業生產中不同農作物的實際用水量來確定水資源的分配定額。

2. 興修水利形成全國性的灌溉系統

由於以色列水資源匱乏，空間水資源分佈不均勻，導致部分地區灌溉面積少，引發旱災的概率也很大。為改善這種局面，以色列不斷興修水利，重視輸水工程建設，以形成全國性的灌溉系統。具體做法是通過修建輸水管道和南水北調工程。一方面通過輸水管道，充分利用中部地區的亞空河水，將其輸送到水資源匱乏的南部沙漠區域；另一方面，通過南水北調工程，將北部加利利湖的水資源調用到沿海地區和南部內蓋夫沙漠地區，以此增加本國的農業灌溉面積，發展以色列的灌溉農業。

3. 發展高效農業節水灌溉技術

面對農業發展水資源不足的問題，以色列發明了滴水滴灌技術。滴水滴灌技術的應用，在保持水資源供應不變的基礎上，使得農業生產總產量提高了20倍[5]。當前，該技術主要有滴灌與噴灌兩種形式，使得每一滴水都得到了有效的利用，而且以色列將這種灌溉技術與病蟲害防治結合起來，在實現農業自動化的基礎上，大大節省了生產成本。除此之外，以色列干旱風險管理做法還包括：建立海水淡化廠，多種渠道增加水源；在冬季或春季北部地區降水充沛時，將多餘的水資源運往東部沿海地區並注入地下蓄水層，以防止地下水位下降引起海水倒灌；實施過渡性的應急措施，採用水箱運送的方式，進口土耳其安塔利亞的淡水，以備不時之需。

（三）巴西

巴西東北部由於其特殊的熱帶半干旱氣候條件，導致其全年降水量極少，常年處於干旱天氣，極容易發生荒漠化和干旱災害，引發糧食減產。巴西為改善這種局面，做了很多努力和探索，其做法值得借鑑和參考。

1. 建立完備的風險管理系統

過去，巴西應對旱災所採取的措施多是採用被動的風險管理和應急抗災的管理，事實證明這種模式不適應巴西本國的農業生產實踐。基於此，巴西政府轉變

思想，進行了創新性的探索，面對旱災風險的存在和半干旱地區的實際情況提出了主動的風險管理策略，並在管理過程中注重資源可持續利用和生態環境保護。如合理利用水資源，不斷加大先進灌溉技術的投入，建立地下蓄水工程，興修地下管道滴灌系統，並建立河水管理委員會，對巴西東北部可利用的聖弗朗西斯科河和巴納伊巴河的水資源進行綜合管理。與此同時，巴西還規定了全國的用水原則，即有效用水、不浪費水和灌溉用水不破壞環境的三大用水原則，並對全國的用水情況進行監督管理，使得在水資源得到合理利用的同時也提高了災害的風險管理水準。

2. 制定災害防治規劃

為控制巴西東北部荒漠化的延續局面，防止干旱風險的發生，巴西政府在全國實施並推廣了半干旱區域共同生活規劃。即在全國範圍內，鼓勵和調動環保調查人士以及志願者參與到防治干旱災害的行動中來，分配這一部分人去往巴西的荒漠化地區進行調研，收集大量環境調查信息，摸清巴西荒漠化的主要地區和成因，並整理出完善的調研報告，各級相關部門聯合專家學者對其影響進行評估，為巴西制定符合實際的防治措施奠定了一定的基礎。

3. 建立農業救助體系

所謂農業救助體系是指巴西聯邦政府通過家庭農業供給計劃與旱災補償制度來補償農民由於干旱災害所造成的經濟損失，使農民的切身利益得到一定程度的保障。如2005年巴西部分地區發生了比較嚴重的旱情，而且旱災影響較大，很多農業經營者都深受其害，巴西政府及時發揮了宏觀調控的職能，向受災民眾提供了旱災補償金，使農民的經濟損失得到了一定的補償[6]。在巴西農業救助體系實施下，大部分農戶能夠享受到聯邦政府提供的家庭農業供給計劃的資助，一定程度上減少了損失。此外，巴西政府還大力發展農業保險體系，在農戶面臨旱災減產而無力償還銀行貸款時，農戶可以獲得保險賠付，以幫助其償還所拖欠的銀行貸款。

二、美國、以色列、巴西農業旱災風險管理經驗的異同

（一）相同之處

美國、以色列和巴西在應對干旱方面有一定的共性，總結為如下幾點：

（1）高度重視發揮政府在應對干旱方面的作用。因為農業本身的弱質性，農業風險尤其是旱災對農業生產影響較大，單靠農戶個體力量是難以應對的，政府在此過程中必須要發揮主導性作用。上述三國的經驗表明，政府的主導、整合、調度、協調作用是極為重要的，有力地推動了其旱災風險管理系統的發展。

（2）注重技術對旱災風險管理的作用。應對干旱不僅需要政府的調度和協調，更需要技術的支持。為此，上述三國極為注重環境保護，大力發展灌溉技術，最大限度地提升水資源的利用率和灌溉率。

（3）積極完善農田水利基礎設施建設。要有效應對農業干旱，除了灌溉技術

外，農田水利基礎設施建設也很重要，包括用水設施、排水設施、灌溉系統等，確保了其技術應用的高效。

（4）注重制度、政策合力的運用。應對干旱災害，必須有一套完整的制度和政策體系，保證應對干旱風險管理機制的常規化。比如上述三國均注重應對干旱的立法，建立完善科學的預警機制。

（二）不同之處

上述三個國家在旱災風險管理經驗方面的差異見表1。

表1　　　　　　　　三國農業旱災風險管理經驗方面的差異

國家	預警機制	法律制度	灌溉系統	管理工具	救助體系
美國	側重於災害之前的預警和事後的評估，預警體系較為完備	有完善的法律體系，包括干旱預防法、農業風險保護法及完善的土地保護性儲備計劃等政策	灌溉系統與農田水利基礎設施建設相結合	有完善的市場風險管理工具，如期貨、農業保險	農業保險為主，政府救助為輔
以色列	側重於災害之前的預警	主要是水資源管理法	側重於發展高效灌溉技術	政府管理主導，幾乎沒有市場化工具	政府災害救助為主導
巴西	側重於災害之前的預警和規劃	沒有專門的立法	側重於農田水利基礎設施建設	政府管理為主，少有市場化工具	政府災害救助為主導

三、啟示與建議

（一）啟示

鑒於國外干旱風險管理的豐富經驗，中國在預防、防治和治理旱災風險災害方面，可以得到如下三個方面的啟示：

（1）轉變干旱風險管理模式，由災害管理向風險管理轉變。在干旱災害管理中，主動的帶有預防性質的風險管理模式要比被動的應急管理模式更為合理，且成效更大。從上述三國的干旱防治機制看，它們基本上已經完成了從應急管理轉向風險管理。比如美國干旱災害風險管理機制和模式已經相當成熟，將主動的風險管理工具、方式、理念與干旱災害防治進行了有機結合，形成了完備的、系統的干旱災害風險及應急管理機制。同時，美國還極為注重災害信息的傳播，注重對災害發生之前的風險預報和後果評估，並全面瞭解干旱風險的發生過程及形成的實際成因，然後根據掌握的信息因地制宜地制定防災減災措施，並採取相應行動進行災害風險管理，由此提升了干旱災害的管理水準。

（2）以法律、政策為導向，促進干旱災害管理的發展。法律、政策是干旱災害風險管理機制的基本保障，相關法律、政策的出抬和實施可有效地推動干旱災害風險管理的發展，同時也能保證干旱災害管理模式的轉型，推進災害預防的法

制化進程。如美國為抗擊干旱災害，各州政府和相關部門為此制訂了詳細周密的防災計劃，不斷提高干旱預警和風險評估水準，從而能夠及時依法處理預測的風險，起到針對性地提升防旱抗旱的效果。

（3）加強多方合作和參與，協同治理干旱災害。在干旱災害防災減災過程中，各級政府是主導力量，往往起到關鍵的帶頭作用。但同時也不能忽視其他力量，因為相關領域的專家學者以及廣大社會公眾的參與也是治理和防治干旱災害的重要力量。美國、巴西、以色列等國家在干旱風險管理工作中，各級政府督促當地干旱減災中心定期發布干旱監測圖，向農業生產者傳播防災信息，同時與農業、氣象等領域的專家和學者進行交流和探討，提升干旱災害風險管理的科學性和可信度，促進干旱風險的管理工作。

（二）對完善中國農業旱災風險管理體系的建議

相比而言，中國在農業旱災風險管理體系方面存在不足，如農業干旱預警機制尚未建立、農業干旱風險轉移手段滯後、抗旱減災工程建設投入不足等。鑒於此，本文在總結國外旱災風險管理經驗啟示的基礎上，提出了完善中國農業旱災風險管理體系的具體建議。

1. 加強抗旱防旱基礎設施建設

工程性防災減災是農業災害防禦體系的重要組成部分，而防災抗災基礎設施建設是防災工作的主體內容。近年來，中國政府優先投入抗旱防洪工程建設和農田水利基本建設，取得了較好成效。未來一段時期，政府應進一步主導農田水利基礎設施建設的科學化、規範化：一是通過加強對現有農田水利工程的改造、改進和管理，改善灌溉條件，提高灌溉效益。二是加快水利設施建設，增加投資，擴大灌溉面積。三是狠抓治理的主要渠道，以提高防洪、排水和灌溉儲存的安全系數，建立安全的防洪系統。四是充分瞭解湖泊的儲存功能，有計劃、有步驟地消除在河床和上游的非法建築物。五是加強水土保持，提高森林覆蓋率，做好退耕還林、退耕還草等項目建設。六是加強灌區配套和泵站節水技術改造力度，提高灌溉水及其他自然資源的有效利用率。此外，要進一步加快解決關鍵節點的灌溉和排水工程年久失修問題，統籌兼顧，狠抓落實，拓河道、挖溝渠，不斷提高農業抵禦災害的能力。

2. 整合農業旱災害風險管理的組織系統

農業旱災害風險管理不應僅僅側重於災後救助，更應該著眼於災前預防和預警，應是一個系統性和持續性的管理過程。因此，中國應該建立一個自上而下、立體多層的管理組織系統，包括各級政府、農民合作組織、社會團體等農業旱災害風險主體。在政府層面，橫向包括中央到地方的管理部門和決策部門，縱向包括中央到地方設立的農業旱災害風險組織機構，形成交叉網格狀的組織結構，對農業旱災害提供技術指導、資金支持等各種準公共物品服務。在農民合作組織方面，可以搭建其他主體與農戶之間進行風險溝通的橋樑，為風險信息傳遞、技術應用更新等方面起到協調作用。在社會團體方面，積極引導社會捐贈者、非政府

組織等參與農業旱災害風險管理，提高社會對農業旱災害的關注度。值得注意的是，在組織運行過程中，政府部門要充分發揮組織協調作用，要注意避免因參與者眾多而出現工作不協調、不順暢等問題。

3. 積極完善農業旱災商業保險體系

農業保險制度是農業旱災風險管理機制有效運作的必備條件，農業旱災保險是農戶應對農業旱災的第一道市場防線。所以，中國必須採取積極的有效措施，完善農業旱災保險體系，促進農業保險穩定可持續發展。一是需要做好保險精算過程，積極優化旱災保險合同的設計，同時保險公司要積極做好風險區劃，合理界定保險費率。二是設立合理的免賠額及保險條款，實行無賠款優待的獎勵。此外，可以在條件成熟的地區推行區域產量指數保險，降低經營成本[7]。三是改進承保理賠方式，簡化理賠手段，使受災農戶得到及時賠償，讓農戶從心底體會到參加農業保險的好處，引導提高農戶參與保險的積極性。四是採取多種組織形式，擴大農戶的參保渠道。各地要因地制宜，堅持以地方性農業保險公司和農民合作組織為依託，積極培育和拓寬農業保險的銷售渠道。

參考文獻：

[1] 張鬱，呂東輝. 美國玉米帶旱災風險管理經驗對中國的啟示 [J]. 世界地理研究，2006（1）：16-20.

[2] 董婉璐，楊軍，程申，等. 美國農業保險和農產品期貨對農民收入的保障作用——以 2012 年美國玉米遭受旱災為例 [J]. 中國農村經濟，2014（9）：82-86.

[3] 趙剛. 美國旱災保險啟示錄 [N]. 中國保險報，2014-03-24.

[4] 袁前勝. 美國和日本兩國水利工程建設投入政策及其借鑑 [J]. 世界農業，2016（1）：97-101.

[5] 李曉俐. 以色列灌溉技術對中國節水農業的啟示 [J]. 寧夏農林科技，2014（3）：56-57.

[6] 祝明. 國際自然災害救助標準比較 [J]. 災害學，2015（2）：138-143.

[7] 孫凱. 農業干旱災害風險管理研究 [D]. 泰安：山東農業大學，2012.

淺析「後危機時代」微型企業發展的「危」與「機」

楊小川

摘要：在美國次貸危機引發的全球金融危機後期，儘管微型企業的發展依然面臨市場有限、稅收及稅外負擔沉重、融資艱難、創新不足等威脅，但同時也因此帶來了熟練勞動力資源、技術資源、城鎮化內需增長、信息化便利性、產業結構調整等良機。微型企業發展轉「危」為「機」離不開政府的支持、採用微型企業集群模式增強競爭實力、尋找市場「空白」、促進微企「能人」向「準企業家」轉變、謀求與大中型企業共生、利用網絡資源虛擬化經營企業、「小題大做」和精細化經營。

關鍵詞：後危機時代；金融危機；微型企業；機會

2008年9月由美國次貸危機引發的金融危機席捲全球，大有愈演愈烈之勢，美國尚未喘過氣來，歐洲已然風雨飄搖，直到2011年9月，歐債危機仍不見明顯好轉的跡象。全球的股市也受到特別大的影響，中國也不例外。但是我們的經濟總體依然在艱難前行，與最困難的時候相比有所變化，人民幣對外加速升值，對內物價飛漲，人民幣貶值嚴重，中央政府頻頻採取緊縮銀根政策進行調控，姑且稱目前所處的非常時期為「後危機」時代，即金融危機後半場。在此背景下，中國的大中型企業，凸顯出了「瘦死的駱駝比馬大」的優勢，而在經濟危機的嚴冬中，微型企業尤其舉步維艱。微型企業如何發展就顯得更為微妙而重要了。

一、「後危機時代」微型企業發展仍被「危」所困

（一）市場有限，缺乏可行性分析

微型企業本身市場就狹小，發展空間受到限制，很多小微企業經營者在進入市場之前幾乎都沒有認真地進行過可行性分析，完全是憑藉著感覺和激情輔之以少量的科學依據進入市場的。而在金融危機警報未解除之時，物價飛漲造成消費者消費慾望降低，此時一旦進入市場就會發現自己原有的想法與實際情況相去甚遠，必然導致企業在經營過程中遇到一些預料之外的困境。

(二) 稅收及稅外負擔沉重

儘管金融危機重重，但目前針對微型企業的稅收項目依然眾多。微型企業由於經營額度有限，不太受稅務機關的特別重視，稅收負擔不如中小企業沉重，但是由於人手少，部門也少，稅外的一些諸如亂收費、亂攤派、亂罰款、亂檢查、亂培訓等潛規則式的負擔就比較重。包括工商管理、質檢、衛生防疫、教育、城管、消防、環保、公安、交警、交通、公路、林業、水利、土地、規劃、建設、人防、勞動、民政、人事、計生、經委、科委、外經委、工商聯、物價、商會、街道等部門都有權對微型企業進行管理、指導，都有權收費，設立的收費名目五花八門，導致企業的隱性負擔沉重。

(三) 資金不足，融資艱難

融資困難是微型企業發展中最艱難的困境之一。企業只有實現資本循環，才能保證生產和商品銷售循環順利進行。中國還沒有形成特別有效的促進微型企業發展的金融政策，微型企業的貸款苛刻條件要遠遠多於其他企業，能獲得政府政策的資金扶持和銀行貸款的微型企業數量非常有限。「後危機時代」國家緊縮貨幣政策，銀行存款準備金率提高到了前所未有的高度，貸款額度大幅萎縮。儘管有數據表明2011年中小企業貸款增長幅度超過大中型企業，但是考慮到銀行在貸款審核中對「中型」規模理解模糊等因素，使得實際增長幅度應該更小，具體到微型企業就更顯得微乎其微了。

(四) 競爭不公致使地位尷尬

在中國的產業結構中，壟斷國企和大中型企業占據了產業鏈的高端，而民營中小企業則在產業鏈下游過度競爭，微型企業就只能在夾縫中求生存，利潤微薄。無論是品牌知名度、宣傳渠道、媒介關注度、國家及地方各項政策，微型企業都處在表面上被重視而實質上「爹不親、娘不愛」的尷尬境地。儘管它們提供了大量的就業崗位，其社會地位和公眾認可度均依然較低。

(五) 多重因素導致創新不足

這裡所指的創新不足有兩層含義。其一是指新創建企業數量不足。新建企業不足，原因比較多，其中目前在中國創業門檻高、啟動資金不足、創業風險大等因素使現有企業家自身創業激情下降，支持微型企業創業激情和支持力度也自然變小。據調查顯示，目前城鎮居民有創業意願的不到5%，大學生有創業行動的也不到2%，農民工創業不足一成。另外新增微企數量再扣除倒閉的數量，實際增長不得而知。其二是指現有微型企業限於技術、人才、信息、市場等原因減少了新產品的開發計劃，減弱了市場開發力度，整個企業發展陷入被動。在市場經濟競爭大潮中，不通過創新發展就會被創新的對手所替代，微企本身抗風險能力低，在金融危機沒有結束之前更不敢對創新投入太多。

二、「後危機時代」為微型企業創業發展帶來良機

（一）農村剩餘勞動力持續增長為微型企業創立帶來充足的勞動力資源

隨著農業現代化的推進，農村隱性失業人口迅速顯性化，大量的農村剩餘勞動力湧入城鎮尋求新的就業機會。而絕大多數微型企業屬於勞動密集型企業，正好可以很好地吸納擅長勞動的農村剩餘勞動力。

（二）眾多中小型企業倒閉或裁員為微型企業創立帶來豐富的技術資源

由金融危機引發的沿海中小企業倒閉潮、裁員風，使得數量不少的有經驗有技術的員工返鄉發展；此外沿海和內地員工待遇的差距縮小，也使部分員工不願意背井離鄉，而留在當地就近就業或創業。這些都為微型企業的創業和發展帶來了豐富的技術資源。

（三）人口城鎮化引爆內需快速增長

隨著經濟的快速發展，中國城鎮化已經經歷農民「離土不離鄉、進廠不進城」的以鄉鎮企業為就業目的地的就地轉移和「離土又離鄉、進廠又進城」的以城市為目的地異地暫居性流動轉移兩個階段。目前第三階段的特徵是進城務工民工的第二代已經在觀念上發生了巨大變化，長期居住並舉家遷移到城鎮已經逐漸成為主流趨勢。

無論金融危機如何演變也無法阻止城鎮化在未來很長一段時間成為推動經濟持續發展的動力。農民轉變身分成為城市人，潛在消費需求巨大，對經濟的拉動作用甚至不亞於出口增長。而這些拉動內需的任務就需要新增房產仲介、餐飲、小商業店鋪、旅遊、家政服務等微型企業的大量發展來具體分解消化。由此看來，人口城鎮化將是微型企業發展的一大機遇。

（四）企業信息化發展為微型企業創業帶來更多的便利性

目前企業信息化的主要方式之一就是電子商務的迅速擴散。電子商務的發展不僅大大降低了中小企業的營運成本，提高了經營效益，而且帶來了潛在的巨大市場空間。2009年淘寶網帶動的創業和就業達到80萬人，2010年達到100萬人。這些創業者幾乎都是微型企業業主，借助電子商務的東風，將會有更多的微企收益。

（五）產業結構調整給高素質的大學生創立微型企業帶來機遇

從國際經驗來看，每一次全球性的金融經濟危機之後都會帶來一些國家和地區的轉型升級。比如說第一次石油危機使新加坡的產業結構從勞動密集型轉為知識密集型，使日本的產業結構由資本密集型向技術密集型、資源節約型轉變；亞洲金融危機使韓國等從低附加值的產業向高附加值的產業轉變。而目前正經歷的全球金融危機也讓歐洲的希臘、義大利等國對此前的經濟發展模式進行反思。從中國自身的經驗來看，中國經濟經歷了三個階段，一個是從短缺走向過剩，一個是從國內走向國際，現在正處於從製造走向創造的階段。

全球金融危機引發的就業需求大幅下降與中國大學持續擴招導致的大學生待

業人數激增的矛盾，使得很多大學畢業生並不能順利地找到自己滿意的工作。創建微型企業只需很少的創業資本，這就大大降低了創業者所承擔的創業風險。再加上微型企業進入壁壘低、建設週期短、經營靈活、易於管理、雇員少、規模小、產權私有、組織結構簡單等特性恰恰適合整體創業實力薄弱、缺乏實際管理經驗、涉世不深的大學生創業者。這就決定了微型企業自然會成為大學生首選的創業組織形式。

三、「後危機時代」微型企業亟須創新思路避「危」捉「機」

（一）政府支持是微型企業可持續發展壯大的基石

（1）限於體制、國家和地方政府的政策、經營者和政府管理者的傳統思維習慣等原因，微企發展絕對不能脫離政府支持。毫不誇張地說，在經營方向、項目選擇、行業准入、市場開拓等各個方面，微型企業可謂「順大勢者昌，逆大勢者亡」。各級政府應當在市場准入、土地使用、信貸、稅收、融資、進出口、人才引進、能源配置等方面，讓微企享受與國有、集體企業同等的待遇甚至應該給予優待。在微型企業創業和發展中遭遇資金困境時，不妨由地方政府成立專門的擔保公司為有產品、有市場、有效益、成長性良好的微型企業貸款提供信用擔保，或與銀行合作，設立小額貸款公司，針對性地啟動小額貸款，讓民間的無序資金有序地流動起來；有條件的可以設立以民間資本為主體的、專門為微型企業服務的民營中小銀行，釋放民間資本的市場活力，有效解決微企融資難的問題。設立中小銀行不是中國的專利，美國專門成立小企業管理局、西班牙設立從屬於經濟財政部的中小企業專門機構、日本成立中小企業金融機構、德國和法國則直接成立為小微型企業服務的中小企業銀行。對能明顯帶動地方經濟發展的行業龍頭微型企業，政府可以通過安排專項扶持資金的方式，給予企業無償資助、貸款貼息和資本金注入等支持，放大政府扶持資金的槓桿效應。

（2）政府及時調整思路變「抓大放小」為「抓大支小扶微」。微型企業往往是大中型企業的「搖籃」，一度名列「全國飼料工業百強」第一和「全國五百家最大私營企業」第一的希望集團，現有雇員數萬人，年銷售額超過200億元，它的前身就是劉永好四兄弟合夥籌資1,000元辦起的育新良種場。被美國《商業周刊》評為1991年「中國最成功、最雄心勃勃的企業家」、號稱是中國企業家中的「不倒翁」的浙江萬向集團公司董事局主席魯冠球領導的萬向集團，雇員3萬多人，年銷售收入200多億元，其創業之初也僅僅是6個工人、資金4,000元、面積不到100平方米的簡陋「鐵匠鋪」。所以政府應成立微型企業工業園區或微型企業孵化園，支持小企業、扶持微型企業的發展。

（3）面向微型企業實行「微型企業共濟制度」。政府、保險機構等可以考慮設立專項保險產品，成立「微型企業共濟制度」，為微型企業破產、轉產或經營者意外事故給業主引發的損失提供必要的保障。

（4）地方政府應當視微型企業創業為區域經濟發展之源、地方富民之要。在

大力支持中小企業快速發展的同時，應鼓勵和支持微型企業發展，以創業帶動就業。重點支持大中專畢業生、下崗失業人員、返鄉農民工、「農轉非」人員、殘疾人、城鄉退役士兵、文化創意人員、信息技術人員等群體自主創業，確定合理的指標，支持微企由量變向質變的升級。

（5）為微型企業的設立與經營提供寬鬆環境。各級政府都應清理和修訂現有法規中已不適合微型企業發展的內容；簡化微型企業創辦手續，簡化工作流程，降低登記費；清理不當收費與亂收費；允許微型企業在自有住宅經營，且免除房產稅；地方金融辦要強制銀行機構給微型企業開設帳戶，且不附加其他條件；適當降低稅負水準，並採取「免、抵、退」稅收政策予以扶持；針對目前貨幣緊縮政策，銀行貸款額度減少的影響，不妨給予微型企業專項貸款，不占整個貸款額度的指標等。

（6）建立全民創業服務微型企業的技術支持與經營服務平臺。可以借鑑香港特區政府的職業訓練局，下設各具特色的培訓基地，由地方政府負責解決資金、場地問題，聯合地方高校和相關諮詢及研究機構解決師資問題（包括組織志願者服務與大型企業履行社會責任），建立常設的面向社會貧困和失業人員的操作性技能培訓機構。盡量有效解決目前培訓形式化、培訓基地遠離用工地區、效果有限的問題。

（二）採用微型企業集群模式增強競爭實力

（1）對信用良好、渠道關聯緊密的微型企業採用集群式融資。在微型企業實際運作過程中，常有「獨木不成林」的困惑，長期的合作使得一些包括上游供應商和下游製造商、經銷商，以及投入相關技術、技能、培訓服務、信息研究等的微型企業形成一種鬆散的微型企業集群。它們相互支撐，相互制約，利益均沾，不希望其中的任何一個成員受到傷害，可謂一榮俱榮，一損俱損。在面對金融緊縮政策時，鬆散的非正式「微型企業集團」可以採取相互擔保、聯手融資的方式。由於微型企業集群提高了每個成員企業的守信度，降低了逃廢債務的可能性，降低了銀行貸款風險，從而在一定程度上消除了銀行由於企業信用方面的顧慮而引起的「恐貸」「惜貸」心理。同時企業集群中的信息集聚效應，降低了銀行收集企業信息的交易成本，集群融資的規模效應也提高了銀行放貸的積極性。

（2）微型企業集群容易形成並有利於區域特色經濟的發展。中國農村人口眾多，在每一個地方都存在剪不斷的親戚關係、相鄰關係。隨著社會主義新農村建設的推進，剩餘勞動力可以通過在家族圈內由家族成員組成小共同體，利用親緣關係、地緣關係，採用「親幫親、鄰幫鄰」「戶幫戶」「一家做，家家學」特有的傳導方式，在各個區域打造一大批「一縣一品」「一鄉鎮一品」「一村一品」的區域特色經濟，形成各具特色富有競爭力的地方微型企業集群。

（三）找準市場「空白」有效切入市場

目前的中國市場，收入水準差距大，貧富分化嚴重，人們的消費習慣和行為越來越多地受到地域、信仰、文化、偏好的影響，完全的寡頭壟斷市場沒有形成

的土壤,而變動大、更新快、不穩定的日益細化的小市場則越來越被大家所接受。微型企業可以專注於那些差異性大、市場佔有率不高、適宜小規模生產、市場尚處於「空白」或者「準空白」的小眾化產品。如:①專門生產針對少數民族獨特的消費偏好和習俗定制的民族日用品的微型企業,以及設計和生產少數民族風格旅遊產品的微型企業。②採用原始技術生產「原質原味」無污染的綠色產品,充分發揮微型企業擅長的領域和原始勞動力密集型生產模式,以滿足人們低碳環保需求、健康消費需求、生態等需求。③涉足跟知識、信息等相關的行業,借助知識化、智能化、信息化平臺,創立並發展諸如音樂、美術、語言、動漫、游戲等服務性微型企業,滿足人們求知慾望的消費需求。④支持並大力發展家政服務、基礎社區醫療、養老服務等微型服務機構,解決中國老年化進程加速和計劃生育政策實施後造成的傳統養老方式滯後的後遺症,以及城鎮化進程中的留守兒童、留守老人、留守婦女等問題。

(四) 培養、提升並促進微企「能人」向「準企業家」轉變

準確地說,微型企業業主並不能稱為「企業家」,而是在自己所從事行業裡某一方面或諸多方面具有超群能力的人,即「能人」。在微型企業裡,生產、管理常常是「能人」的「個人表演」,常上演「成也蕭何,敗也蕭何」的企業發展悲喜劇。企業「能人」的身體狀況、壽命長短、家庭及婚姻狀況、子女受的教育及自身素質的提高程度等直接影響企業的延續和發展。

要促使微型企業「能人」向「企業家」轉化,至少需要做到以下幾點:

(1) 堅持創業後的進取精神。經濟、社會環境的快速變化,促使所有微型企業家要適當地擯棄初始成功的路徑,辯證思考所謂的「以不變應萬變」,跳出過分依賴過去已有經驗的思維,堅持創業後繼續學習和不斷進取的精神。

(2) 堅持回報社會和消費者的理想。創業者能夠成功應該感謝消費者對其的關愛,沒有消費者購買其產品和勞務,創業者就不能實現其價值的飛躍。沒有回報社會和消費者的理想,企業就不太可能做大。

(3) 努力創造並達成實現成功的企業家的條件。微型企業的業主要成長為成功的企業家至少應該具備三個條件。第一、眼光獨到、膽識過人、擅長組織、社會責任;第二、政治素養高、管理方法得當、瞭解市場變化、決策正確恰當;第三、善於學習、善於決斷、擅長管理和善於維護。

(五) 依託大中型企業,謀求與大中型企業的共生

雖然金融危機對大中型企業也產生了很大的影響,但是畢竟「瘦死的駱駝比馬大」。就微型企業而言,其生存方式僅靠孤軍深入占領消費市場太難,最捷徑的方式是與規模相對大的企業採用聯動方式謀求合力共生。充分利用社會分工的優勢,依靠眾多企業在空間上扎堆的區域文化,化解因規模小而引發的生存危機。具體而言,部分大企業欲謀求利潤最大化或節省成本,擺脫「大而全」生產體制的桎梏,往往追求與其外部(下游承包廠家)協作的完美。一般一個大企業有高達八成的零部件為下游協作廠家生產,部分下游的協作小企業又將業務向下屬微

小企業轉包。日本企業常稱此現象為「企業系列」,如豐田系列、松下系列、日產系列和 NTT 系列等。中國微型企業不妨利用自己的微小優勢,爭取進入屬於大企業領導體制下的「企業系列」,以專用資產與大企業合作,依靠合適的「靠山」以求「大樹底下好乘涼」,做到以最小風險獲得最大利益的行業「隱性冠軍」。

(六) 利用大中專畢業生的優勢謀求虛擬企業市場化和擴大化

金融危機延續時間越長對大中專學生就業越不利,企業人力資源招聘與企業的發展效益和規模息息相關。具有強烈創業意願的大中專學生往往滿腹經綸、網絡技術基礎紮實但是缺乏創業實力。創設沒有固定辦公地點、固定業務、固定產品,也沒有正式的健全組織結構的虛擬微型企業不失為一種較好的選擇。虛擬企業把生產職能、新產品開發、銷售、財務管理職能「虛擬化」交給外部完成,僅僅需要少數幾個人負責業務聯繫,一旦出現市場需要,可以招募臨時員工,等業務完成,又恢復常態。虛擬組織利用分工協作、組織結構簡單的優勢,避開自己缺少部分硬件和軟件的劣勢,可以節約交易成本和組織成本。

大學生利用自身網絡基礎優勢,創辦微型企業的可行性越來越強。基於互聯網環境的虛擬微型企業在文化層次相對較高的人群中逐步具備了獨立製作、發行、銷售、最終面向用戶的完整產業鏈的條件。大學生在文化產業、高科技產業的創業發展,一旦政策得當,將會成為帶動中國經濟發展、擴大大學生就業、刺激國內消費的一支生力軍。

(七) 經濟不景氣的「後危機時代」更需要「小題大做」的創業方式

經濟不景氣時創業需要「小題大做」的思維,所謂「小」,一方面是指產品小,做一些不起眼、投資少的產品;另一方面是指創業規模小,家庭式或家族式的微型企業。所謂「大」則是指這些微型企業憑著專業化分工和社會化協作,一旦形成集約式發展就可以實現大市場、大配套、大行業、大集群。當未來經濟明顯好轉,政策利好之時即可將現有小微型企業做大做強。

「小題大做」的關鍵,表現為「六低、五散、三小」:六「低」,即創業起點低、知名度低、企業組織形式低、科技含量低、資金門檻低、產業層次低;五「散」,即參與人員散、資金流動性散、涉及行業散、發展思維散、銷售渠道散;三「小」,即企業規模小、產品小、市場小。不同地區、不同層次的創業者應當探索出適合自己的、適合所在區域和經濟社會環境的微型企業發展之路。

(八) 危急關頭微型企業更需要「精細」經營

金融危機的到來,使微型企業飽受金融、人才、技術等各種壓力,必須想方設法降低成本贏得市場,保證生存。因此,微型企業改變初創時的粗放式管理模式自然迫在眉睫。企業業主不能再繼續扮演處理經營和管理環節中突發事件的「救火員」、處理企業內部雜亂問題的「裁判員」、無事不管的「清潔員」、全權決策和對計劃執行的「督察員」角色,而應當告誡所有成員在金融危機來臨之際大家所承受的壓力,號召全公司人員同舟共濟,榮辱與共,應當在無形中採用精細化的管理方法。

總之，儘管金融危機尚未結束，而是進入了「後危機時代」，微型企業創立和發展也面臨著諸多困難和威脅，但只要政府、創業者配合得當，認真分析目前形勢，創新思路，必然能順勢而為，避「危」抓「機」。

參考文獻：

[1] 王良洪. 國外微型企業及其作用 [J]. 經濟管理，2006（1）：87-91.

[2] 舒小豪，陳劍林，沈其強. 微型企業創業相關問題分析 [J]. 企業經濟，2007（5）：32-34.

[3] 張楠，周明星. 微型企業：金融危機背景下大學生創業的規模選擇與策略 [J]. 現代教育科學，2010（2）：54-57.

[4] 陳劍林. 微型企業創業對策 [J]. 中國科技投資，2006（4）：48-50.

[5] 胡成華. 政府管理改革與中小微型企業生存發展環境 [J]. 重慶行政，2007（2）：93-94.

[6] 魯春平. 微型企業與西部經濟發展 [J]. 滄州師範專科學校學報，2000（4）：59-65.

企業核心競爭力專題

產業鏈競爭力的形成與提升研究
——以四川樂山多晶硅產業為例

任文舉

摘要：經過多年發展，樂山多晶硅產業已經形成一定的產業聚集效應，產業鏈條逐步形成，在基礎資源、技術、人才和產業基礎等方面，在全國已經擁有一定的競爭優勢，產業鏈競爭力已經初步形成。但樂山多晶硅產業要想保持其優勢競爭地位和維持其產業鏈競爭力，還需要不斷加強和提升產業鏈的整體競爭實力。

關鍵詞：產業鏈；產業鏈競爭力；多晶硅產業；樂山

隨著信息化和工業化的發展，硅產業已成為全球戰略性和基礎性的產業。多晶硅在今後很長時間內將是集成電路芯片、各類半導體器件以及太陽能電池的主要原材料。樂山市硅礦資源豐富，品質優良，多晶硅產業是樂山市重點培育的三大千億產業之一，在全國多晶硅產業發展熱潮中，如何獲取產業鏈競爭優勢、提升產業鏈競爭實力至關重要。

一、產業鏈及產業鏈競爭力

龔勤林（2004）認為，產業鏈是各個產業部門之間基於一定的技術經濟關聯並依據特定的邏輯關係和時空佈局關係客觀形成的鏈條式關聯關係形態。產業鏈主要是基於各個地區客觀存在的區域差異，著眼發揮區域比較優勢，借助區域市場協調地區間專業化分工和多維性需求的矛盾，以產業合作為實現形式和內容的區域合作載體。從現實工業產業鏈環節來看，一個完整的產業鏈包括原材料加工、中間產品生產、製成品組裝、銷售、服務等多個環節，以及交織影響這單一鏈條的相關行業和政府政策等構成的經濟關係。

當今的區域經濟競爭，已經進入產業鏈從上到下所有環節的全產業鏈整體競爭時代。產業鏈競爭力包括三方面的能力：第一是產業鏈的縱向整合能力。首先要做大做強產業鏈上下游的各個環節，其次貫穿打通，實現各個環節之間的資源對接、相互撬動。第二是產業鏈的橫向整合和拓展能力。橫向整合，是產業鏈某

基金項目：本文為樂山市社會科學規劃項目（項目編號：SKL201030）的成果。

一個環節通過整合處於同一環節上的資源來做大做強。第三是產業鏈之間的聯動能力。也就是通過資源互補的產業鏈之間的相互嵌入、相互共振、價值循環，實現集團總體價值的最大化。

二、樂山多晶硅產業鏈的形成

從20世紀60年代開始，得益於豐富的硅礦儲量、鹽鹵礦資源和水電資源，經過多年發展，樂山在多晶硅研發和生產方面已經形成了全國領先的技術優勢，形成了一定的產業聚集效應，循環利用走在全國前列，多晶硅產業鏈條逐步形成。

（一）電子級硅材料產業鏈

依託國家晶體材料加工技術研究應用中心、東汽峨半廠（所）、新光硅業公司、樂山無線電廠、樂山菲尼克斯公司、杭州富通（樂山）公司、江蘇華大光電公司等一批重點企業在半導體材料和半導體分立器件所形成的產業優勢，形成了「工業硅—電子級多晶硅—單晶硅—硅片—硅外拋光延片—硅半導體器件—集成電路」產業鏈。

（二）太陽能光伏硅材料產業鏈

依託四川省硅材料產學研聯盟、新光硅業四川省多晶硅工程技術研究中心、東汽峨半、拓日新能光伏產業園、新光硅業公司、永祥硅業公司、樂電天威硅業公司、揚州華爾光電公司等骨幹企業發展太陽能光伏產業，並形成了「工業硅—太陽能級多晶硅—單晶硅及切片—太陽能電池片及組件—太陽能發電設備－太陽能民用產品」產業鏈。

（三）硅化工循環利用產業鏈

依託永祥硅業四川省硅材料副產物循環利用工程技術研究中心、五通國家可持續發展實驗區、樂山福華循環經濟產業園、樂山吉必盛、長慶化工、樂山科立鑫化工公司等形成了「四氯化硅（生產多晶硅的主要副產物）—氣相白炭黑、有機硅單體—硅橡膠、硅油、硅塗料、硅活性中間體以及四氯化硅—光纖級四氯化硅—光纖預制棒—光纖—光纜」雙產業鏈。

三、樂山多晶硅產業鏈競爭力的形成

樂山擁有較為豐富的發展多晶硅產業所需的鹽鹵、磷礦、水電等自然資源和技術、人才等資源，開發潛力巨大，工業基礎較好。經過多年的不懈努力，在基礎資源、技術、人才、產業基礎和佈局、循環利用和產業鏈配套等方面，樂山市多晶硅產業鏈在全國已經擁有一定的競爭優勢，產業鏈競爭力已經初步形成。

（一）基礎資源優勢

樂山硅材料基地區位適中，交通方便，空氣清新，不僅人居環境優越，而且特別適於多晶硅等高純材料的布點建設。多晶硅產業的發展必須依託富集的硅礦、電能和氯鹼資源。市境內鹽鹵礦儲量達170億噸，硅礦儲量上億噸；現有30多萬噸燒鹼、10萬噸工業硅、近10萬噸三氯氫硅和液氯生產能力；多晶硅發展有可靠

的原料保障。全市水電資源豐富，蘊藏量790萬千瓦；天然氣資源已探明儲量110億立方米，輸送管網完善，日供氣量可達300萬立方米以上；煤炭保有儲備6.3億噸，年產原煤1,000萬噸；硅材料產業化發展所需的能源供應基本充足。

（二）技術優勢

樂山市是全國唯一持續40多年不間斷從事半導體硅材料研發、試製生產的地區，是中國多晶硅生產的發源地。東汽峨半是中國多晶硅研究和生產的發源地，在太陽能行業被稱為國內多晶硅技術的「鼻祖」，是國內40多年沒有停止過多晶硅研究和生產的唯一一家單位，成為推動中國硅材料自主研發和生產的主力軍。其累計完成國家和部省級重點科研課題260多項，已有200餘項轉化應用，76項成果獲國家和部省級科技進步獎，具有技術、人才和裝備優勢。近年來，樂山硅材料企業承擔了國家、省級重大科技項目21項，攻克了改良西門子法尾氣回收工藝技術、四氯化硅氫化技術和綜合利用技術，實施了氣相白炭黑、有機硅系列產品等項目，大大地提高產品的市場競爭力。

（三）人才優勢

據統計，樂山市現有硅材料產業技術人員1,661人，硅材料產業化有可靠的人才保障。其中經營管理人才175人，占人才總量的10.5%；專業技術人才643人，占人才總量的38.7%；技能型人才843人，占人才總量的50.8%。全市硅材料產業人才主要分佈在東汽峨半、新光硅業、永祥多晶硅公司，占人才總量的95%，東汽峨半擁有的人才占56%。東汽峨半、樂電天威兩家企業正在培養近千人的專業技術人才隊伍。

（四）產業基礎優勢

自20世紀60年代以來，樂山先後建立了中國第一個廠所結合和綜合進行半導體材料科研生產的聯合體、中國第一條百公斤級的硅材料試驗生產線、第一條百噸級多晶硅工業試驗國家高技術產業化示範生產線、第一條千噸級多晶硅國家高技術產業化示範生產線以及第一個硅材料高等技術學院。樂山多晶硅企業的產能、產量和綜合實力長期居全國領先地位。經過多年的發展，樂山市硅材料及關聯產業已具一定規模，擁有一批技術創新能力強、在國內行業處於領先地位的骨幹企業。硅材料產業基礎好，全市現已基本形成了硅材料產業集群，主要集中在峨眉山電子園區、樂山高新技術區和五通橋片區。隨著樂山多晶硅產業的迅速崛起，國內一批知名企業紛紛落戶樂山，投資建設多晶硅及太陽能光伏項目，為促進和帶動中國多晶硅產業發展打下了堅實的基礎。

（五）循環利用優勢

在循環經濟理念指導下，樂山初步形成了產品連結、循環利用的關聯產業集群。要實現硅產業的可持續發展，必須攻克副產物四氯化硅的處理這一世界級難題。近年來，樂山集中技術力量攻關，成功掌握了大型四氯化硅熱氫化技術、尾氣回收工藝技術、硅材料下游產品開發、副產物循環利用等數十項關鍵技術，並獲得國家專利33項，實現了企業內硅材料副產物利用小循環、企業間硅材料副產

物利用中循環、區域間硅材料副產物利用大循環的三大循環。多晶硅發展中的環保難題在產業鏈中轉化為產業優勢，多晶硅企業生產的廢料將被全部「吃光」，產生了可觀的效益，可持續發展能力得到充分提升。循環經濟產生的可觀效益以及產業配套的優勢，使樂山形成了巨大的「窪地」效應，一些大企業紛紛加盟樂山多晶硅產業，樂山多晶硅產能連續多年居全國第一。

四、樂山多晶硅產業鏈競爭力提升途徑

產業鏈競爭力的維持和發揮作用，需要不斷地加強和提升力量的強度和廣度，在動態提升中形成一種其他區域同類產業鏈及其企業無法複製、無法追趕和企及的核心競爭力。

(一) 進入產業鏈價值高端

任何產品的價值在其生命的不同階段都有不同的價值實現。產品在整個價值增值過程中，增值幅度存在明顯差異，通觀產業鏈價值的增值過程，產業鏈價值高端的價格是大幅度增長的。樂山多晶硅產業及其企業發展戰略、工作重心和工作目標要緊緊盯住產品設計、原材料採購、倉儲運輸等這些產業鏈中價值高增長的環節，利用比較優勢，通過不懈努力，掌握和進入能夠實現產品更高價值、提升經濟效益最大化的產業鏈的高端，才能產生更強的產業鏈競爭力。

(二) 進行產業鏈高效整合

產業鏈高效整合就是以更高的效率走完整條產業鏈的產品設計、倉儲運輸、原料採購、訂單處理、批發經營和終端零售，從而在市場適應和消費者互動上取得主動和領先地位，達到高效整合的目的。通過諸如實施標準化生產、對內部管理費用進行嚴格控制等，實現樂山多晶硅產業鏈的高效整合，使產業鏈上的各個環節都達到最優，進而實現各個產業鏈整體最優。

(三) 進行產業鏈行銷

從嚴格意義上來說，產業鏈行銷已經突破了行銷的固有屬性，要求行銷人要從產業鏈，也即上游的原料、基地、公共關係，中游的研發、生產、管理及下游的消費者、競爭對手、渠道、終端、推廣、促銷等環節全方位把握企業品牌的塑造，因此更具系統性。從樂山多晶硅產業的實際情況看，進行產業鏈行銷可以在宏觀與微觀上進行充分結合，可以使多晶硅企業品牌在產品質量、資源整合、推廣、促銷等行銷環節上獲得非常充分的優勢。

(四) 進行產業鏈融資

產業鏈融資是指金融服務機構通過考核整條產業鏈上下游企業的狀況，通過分析考證產業鏈的一體化程度，以及掌握核心企業的財務狀況、信用風險、資金實力等情況，最終對產業鏈上的多個企業提供靈活的金融產品和服務的一種融資模式。多晶硅產業的發展需要大量的資金，樂山多晶硅產業必須突破傳統的企業單打獨鬥式的融資方式或靠政府優惠政策的融資方式，而是要立足於整個完善的產業鏈及其競爭力來吸引外部資金以獲取最大的收益。

參考文獻：

[1] 夏先清，許天毅，夏建新. 樂山多晶硅產業鏈逐步形成 [N]. 經濟日報，2008-05-07.

[2] 人民銀行樂山市中心支行課題組. 多晶硅未來發展將面臨嚴峻挑戰——基於樂山多晶硅產業的調查與思考 [J]. 西南金融，2008（10）：42-43.

[3] 江華. 中國多晶硅產業結構升級迫在眉睫 [J]. 新材料產業，2009（6）：61-63.

[4] 陳學森. 構建電—多晶硅—化工合理產業鏈 實現中國多晶硅產業可持續發展 [J]. 新材料產業，2008（7）：43-45.

公司治理對核心能力培育的激勵性研究
——基於農業類上市公司的數據檢驗

廖曉莉　張同建

摘要：核心能力的培育是中國農業上市公司發展的永恆主題。農業上市公司治理體系包括控股股東行為、董事會治理、監事會治理、經理層治理、信息披露與利益相關者治理六個要素。研究表明，董事會治理、經理層治理、信息披露與利益相關者治理對農業上市公司核心能力的培育產生了積極的促進作用，而控股股東行為與監事會治理則沒有對其產生實質性的影響。

關鍵詞：農業上市公司；公司治理；控股股東；信息披露；核心能力

一、引言

農業類上市公司是中國農業先進生產力的代表，是中國農業經濟的主體，是深化中國農業產業結構的有效方式，也是促進農業企業建立現代企業制度的策略。中央一號文件《中共中央、國務院關於推進社會主義新農村建設的若干問題》提出了社會主義新農村的建設目標，從提高農民收入、工業反哺農業、加強農村基礎設施建設等方面進行了規劃，從而有效地改善了農業上市公司的宏觀發展環境，為農業上市公司提供了一個很好的發展機遇。

中國農業類上市公司不僅指農業上市公司，也包括林業、牧業與漁業上市公司，還包括農、林、牧、漁服務業上市公司。與西方發達國家相比，中國農業企業的競爭力較弱，產品附加值較低，出口份額一直徘徊於低水準狀態。為了提高中國的農業經濟整體實力，必須首先提高農業上市的競爭能力，而為了提高農業上市公司的競爭能力，必須首先增強農業上市公司的核心能力。核心能力的培育是中國農業上市公司發展的永恆主題。

企業核心能力的思想可以追溯到亞當·斯密的古典經濟學和阿爾弗雷德·馬歇爾（Alfred Marshall）的新古典經濟學理論中。亞當·斯密在《國富論》（1776）中提出，企業的內部勞動分工決定了企業的勞動生產率，進而影響到企業的成長。Marshall（1925）提出了企業內部各職能部門之間、企業之間、產業之間的差異分工，並指出了這種分工和各自的技能與知識有直接相關。1959年，伊迪絲·彭羅

斯（Edith Penrose）在《企業成長論》中，從分析單個企業的成長過程入手，對企業擁有的且能夠拓展其生產機會的知識累積傾向給予高度重視，特別強調了企業成長過程中兩種主要的內在機制，即企業如何累積「標準化操作規程」和「程序性」決策方面的知識機制，與企業如何累積用於產生「非標準化操作規程」和「非程序化決策」的新知識機制。Penrose 認為，企業管理就是一個連續產生新的非標準化操作規程和非程序性決策並不斷地把它們轉化為標準化操作規程和程序性決策的過程，而這一過程依賴於企業內部的能力資源。

公司治理是提高中國農業類上市公司核心能力的基本方式。公司治理是現代企業制度的核心內容之一，是現代經濟發展的必然產物，是現代企業組織結構的自然擴張，是企業管理在現代經濟體制中的深化，因而與核心能力的成長存在著天然的內在一致性。農業類上市公司治理是一個複雜的體系，包含諸多治理要素，在不同的方向上對核心能力水準的提高存在著積極的激勵作用，而對這一激勵機制的解析是改進農業上市公司核心能力培育策略的有效途徑。

二、研究模型的構建

公司治理體系一般分為控股股東行為、董事會治理、監事會治理、經理層治理、信息披露與利益相關者治理六個要素，都能夠對企業核心能力的成長產生程度不等的促進作用，而每種要素包含一系列具體的治理策略。根據現有的研究成果，並借鑑中國農業類上市公司研究專家李斌寧教授的近期研究報告，本研究將中國農業上市公司治理體系分為六個要素，每個要素包含各自的指標，構成了中國農業上市公司的治理體系，具體內容如表 1 所示。

表 1　　　　　　　　　　農業上市公司治理體系

因素	指標	內容
控股股東行為 ξ_1	公司獨立性 X_1	公司能夠保持較高的人員、業務與財務獨立性
	公司關聯交易 X_2	上市公司能夠有效地禁止關聯交易
	股東權益保護 X_3	公司能夠有效地保護中小股東的權益
	股東大會性能 X_4	股東大會的規範性與股東的參與程度
董事會治理 ξ_2	專業結構 X_5	董事會人員的專業結構具有較強的合理性
	董事激勵 X_6	董事積極地維護自己的權利並行使自己的義務
	董事會構成 X_7	董事會人員的職能結構具有較高的科學性
	獨立董事制度 X_8	公司的獨立董事制度能夠發揮積極的作用
監事會治理 ξ_3	監事人員結構 X_9	監事會人員的專業背景具有高度的互補性
	監事任職資格 X_{10}	監事任職符合相應的法定資格和公司章程
	監事勝任能力 X_{11}	監事會人員具有較高的業務勝任能力
	監事會獨立性 X_{12}	監事會能夠獨立地履行監督職能

表1(續)

因素	指標	內容
經理層治理 ξ_4	總經理聘任 X_{13}	總經理聘任方式具有高度的公開性、公平性與透明性
	兩權分置 X_{14}	董事長和總經理實現適當的兩權分置
	經營控制 X_{15}	經理層能夠對公司營運實現全面的控制
	激勵機制 X_{16}	公司存在有效的激勵機制以增強經理層的動力
信息披露 ξ_5	信息披露全面性 X_{17}	信息披露能夠全面涉及董事會、監事會、經理層以及公司治理準則和股權結構
	信息披露自願性 X_{18}	上市公司自覺地披露相關信息
	信息披露可靠性 X_{19}	公司所披露的信息的真實性較高
	信息披露及時性 X_{20}	披露的信息具有較高的時效性
利益相關者治理 ξ_6	交易契約履行 X_{21}	公司在與客戶交易中能夠維持較高的信用度
	公益行為 X_{22}	公司能夠積極地重視與參與各種公益性活動
	職工參與度 X_{23}	公司職工參與公司治理的程度
	債權人參與度 X_{24}	債權人參與公司治理的程度

　　控股股東行為是指公司控股股東能夠規範地行使自己的權利，不能夠損害公司的利益和其他股東的利益。在股東平等待遇方面，主要強調中小股東的權益保護問題，這也是中國上市公司現階段所面臨的一個普遍性問題。在控股股東的各種經營措施方面，主要強調公司關聯交易的合理性，因為關聯交易往往導致公司權益受到損害，而大股東能夠暗中獲取非法利益。因此，控股股東行為要素可分為公司獨立性、公司關聯交易、中小股東權益保護和股東大會職能四個指標。

　　董事會治理是指董事會在公司治理中能夠發揮積極的作用。在農業上市公司的董事會運行狀態方面，董事的專業結構是一個突出性的問題，因為相比於其他類型的上市公司而言，農業上市公司董事會成員的專業背景往往過於單一。在董事權利與義務方面，主要強調董事會成員的激勵性，因為激勵機制的實施是現階段提高中國農業上市公司董事會運作效率的一個基本性措施。中國上市公司的獨立董事制度尚處於建設階段，而農業類上市公司的獨立制度的實施更為滯後。因此，董事會治理要素可分為專業結構、董事激勵、董事會構成和獨立董事制度四個指標。

　　監事會治理是指監事會在公司治理中能夠充分發揮應有的監督職能。中國農業上市公司監事會成員的專業結構較為單一，從而制約了監督職能的行使與發揮。監事的任職資格往往達不到基本的要求，不符合相應的法定程序和公司章程。在監事會運行的有效性方面，監事會往往缺乏必要的獨立性，監督行為受到各方面的制約。因此，監事會治理要素可分為監事會人員結構、監事任職資格、監事勝任能力和監事會獨立性四個指標。

　　經理層治理是指經理層的存在能夠有效地提高公司的運作績效。在中國農業

上市公司的經理層公司治理中，總經理聘任和兩權分置是兩個突出的問題。許多農業上市公司的總經理職務實行委任制，總經理與董事長往往由同一個人兼任，嚴重制約了經理層管理職能的發揮。在經理層執行保障方面，主要強調經理層的經營控制問題，因為中國許多農業上市公司存在著家族企業的背景，由於家族內部的制衡，經理層的指令有時得不到有效的貫徹和執行。因此，經理層治理要素可分為總經理聘任、兩權分置、經營控制和激勵機制四個指標。

信息披露是指農業上市公司將經營信息對外界進行公布，以便投資者能夠對公司的營運狀況進行準確的判斷。信息披露是公司治理的基礎性行為，能夠有效地促進其他各種治理行為的實施。信息披露不僅要全面披露公司營運的相關信息，而且要盡力保證信息的真實性、及時性，從而使披露的信息能夠發揮最大的效用。目前，中國上市公司的信息披露還處於一種被動性狀態，有些上市公司故意隱瞞真實信息，或者披露虛假信息，導致信息披露的可信度大為降低。特別地，由於農業上市公司能夠享有若干優惠性政策，從而使信息披露範圍存在著較大的伸縮性，信息披露行為存在著許多不足之處，有待進一步規範和調整。因此，信息披露要素可分為信息披露全面性、信息披露自願性、信息披露可靠性和信息披露及時性四個指標。

利益相關者是指與上市公司存在相關利益的各方主體在公司治理中所發揮的作用，一般分為利益相關者保護和利益相關者參與兩個方面。對於農業上市公司而言，在利益相關者保護方面主要強調客戶交易契約履行和公益行為兩個要點。農業上市公司的經營過程具有顯著的外部性特徵，但是中國農業上市公司往往缺乏積極的公益行為。在利益相關者參與方面主要強調職工參與度與債權人參與度，這也是中國農業上市公司的薄弱環節。因此，利益相關者要素可分為客戶交易契約履行、公益行為、職工參與度和債權人參與度四個指標。

根據以上的分析，可以構建如下研究模型：

$$y = \beta_0 + \beta_1 x_1 + \beta_2 x_2 + \beta_3 x_3 + \beta_4 x_4 + \beta_5 x_5 + \beta_6 x_6 + \mu$$

式中，y 是指上市公司的核心能力，x_1 是指控股股東行為，x_2 是指董事會治理、x_3 是指監事會治理、x_4 是指經理層治理、x_5 是指信息披露、x_6 是指利益相關者治理，β_0 為截距，β_1、β_2、β_3、β_4、β_5、β_6 分別為解釋變量 x_1、x_2、x_3、x_4、x_5、x_6 的迴歸係數。

三、實證檢驗

（一）數據收集

本研究以中國上市公司資訊網（www.calist.com）2010 年公布的農、林、牧、漁業上市公司為樣本，進行數據調查。數據收集方法為李克特 7 點量表，分別對每家農業類上市企業的 24 個變量（$X_1 \sim X_{24}$）進行測評，再使用加權平均法求出每個要素（$\xi_1 \sim \xi_6$）的值，從而得到解釋變量 x_1、x_2、x_3、x_4、x_5、x_6 的測度值。

然後，在南京農業大學聘請五位農業經濟管理學專家，運用 7 點制量表，分別對每家農業類上市公司的核心能力狀態進行測評，再用加權平均法求出每個樣本

的核心能力要素的測評值,從而得到被解釋變量 y 的測度值。

本研究的數據調查自 2010 年 8 月 1 日起,至 2010 年 10 月 1 日止,歷時 62 天。2010 年中國上市公司資訊網所公布的農業類上市公司中,共包含農業上市公司 26 家,林業上市公司 5 家,畜牧業上市公司 12 家,漁業上市公司 13 家,農、林、牧、漁服務業上市公司 4 家,樣本總體為 60 家,能夠有效地代表中國農業類上市公司的總體特徵。樣本的微觀行業分佈特徵如圖 1 所示。

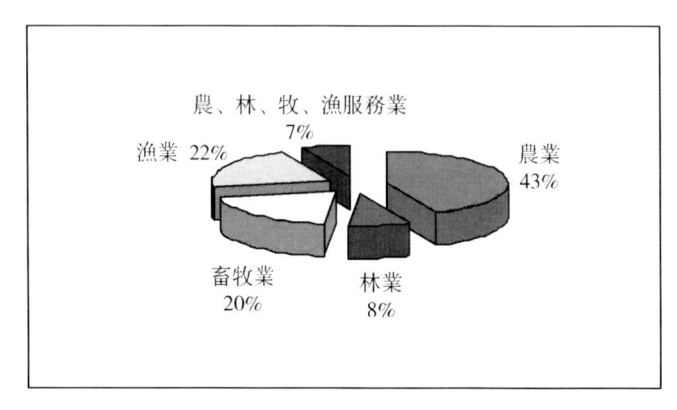

圖 1　樣本行業分佈特徵

(二)樣本描述性統計分析

根據樣本調查數據、借助於 SPSS11.5 軟件對樣本數據進行描述性統計分析,得要素相關係數、均值、方差如表 2 所示。根據表 2 可知,要素相關係數值普遍較低,從而確保研究模型不存在多重共線性的干擾問題。同時,每個要素的均值與方差服從正態分佈的特徵,從而說明了數據收集過程具有一定的合理性。

表 2　　　　　　　　　　描述性統計分析

指標名稱	1	2	3	4	5	6
控股股東行為 ξ_1	1					
董事會治理 ξ_2	0.018	1				
監事會治理 ξ_3	0.024	0.042	1			
經理層治理 ξ_4	0.015*	-0.119	0.238*	1		
信息披露 ξ_5	-0.154**	0.211*	0.179*	0.199	1	
利益相關者治理 ξ_6	0.137*	0.108	0.289	0.263**	0.304**	1
均值	4.33	3.48	4.27	4.10	3.97	3.77
方差	1.43	1.23	1.39	0.95	1.00	0.99

* $P<0.05$；** $P<0.01$；$n=60$

(三) 迴歸分析

在描述性統計分析的基礎上，借助於 Eviews 軟件，對研究模型進行多元迴歸分析，得迴歸分析結果如表 3 所示。

表3　　　　　　　　　多元迴歸分析結果

觀察指標	預測變量	標準化係數β	T 值	顯著性水準	容許度	方差膨脹因子	是否進入方程
核心能力	常數項		0.000	1.000			否
	控股股東行為	0.186	1.721	0.800			否
	董事會治理	0.389	3.781	0.000	9.14	1.011	是
	監事會治理	0.134	1.532	0.575			否
	經理層治理	0.541	5.127	0.000	0.939	1.000	是
	信息披露	0.326	3.980	0.000	0.990	1.010	是
	利益相關者治理	0.338	4.172	0.000	0.983	1.102	是

$F = 23.12^{***}$　　$R^2 = 0.712$　　調整後 $R^2 = 0.749$　　$D\text{-}W = 1.856$

四、結論

根據檢驗結果可知，在中國農業類上市公司核心能力培育過程中，董事會治理、經理層治理、信息披露與利益相關者治理產生了顯著的促進作用，而控股股東行為與監事會治理沒有產生實質性的作用。

在中國農業類上市公司中，近年來引入了獨立董事制度，強化了董事會的治理職能，加強了對經理層的約束與監督，強化了經理層的責任與職能，不斷改進信息披露的方式與策略，並實施了社會公眾監督機制，所有這些治理措施對核心能力的培育必將產生積極的影響，有利於企業核心能力的成長。

然而，在中國農業類上市公司中，「一股獨大」現象較為普遍，內部人控制現象也較為嚴重，控股股東也普遍存在著對中小股東權益的侵蝕，股權結構缺乏合理性，監事會的結構、職能與任免機制均有待改進，所有這些不利因素嚴重阻礙了農業類上市公司核心能力的成長，應引起治理主體的高度關注。

參考文獻：

[1] 南開大學公司治理研究中心課題組. 中國上市公司治理評價系統研究 [J]. 南開管理評論，2003 (3)：4—12.

[2] 李維安，張國萍. 經理層治理評價指數與相關績效的實證研究 [J]. 經濟研究，2005 (11)：87—98.

[3 李維安. 中國上市公司治理指數與治理績效的實證研究 [J]. 管理世界，2004 (2)：31–39.

［4］曹利沙，劉良燦，張同建.中國上市公司董事會治理績效影響因素實證研究［J］.會計之友，2010（12）：91-93.

［5］劉良燦，張同建.中國上市公司董事會治理經驗分析［J］.湖南財經高等專科學校學報，2010（8）：105-106.

［6］劉良燦，張同建.中國上市公司獨立董事治理體系經驗性解析［J］.寧波職業技術學院學報，2010（4）：87-89.

［7］李明星，張同建.中國企業公司治理評價實證研究［J］.會計之友，2010（10）：124-126.

［8］李斌寧.廣東省農業經濟發展對農業電子商務的需求性分析［J］.農業經濟，2010（7）：34-35.

［9］李斌寧.中國農業上市公司經理層治理體系的實證研究［J］.嶺南學刊，2010（5）：110-114.

［10］李斌寧.中國農業上市公司的公司治理評價體系實證研究［J］.宏觀經濟研究，2009（8）：75-79.

國有股份制銀行 CRM 戰略與核心能力培育相關性研究

蘇　虹　胡亞會　張同建

摘要：核心能力培育是國有股份制銀行的戰略發展目標，而客戶關係管理是核心能力培育的有效策略。基於實踐性的樣本數據，借助於結構方程模式，經驗性的研究揭示了客戶關係管理戰略對核心能力的微觀激勵機理，發現了客戶關係管理戰略的優勢功能與不足之處，從而為國有股份制銀行核心能力的培育提供了策略性的指導。

關鍵詞：國有股份制銀行；客戶關係管理；核心能力；結構方程

一、引言

現代商業銀行的競爭在本質上是核心能力的競爭，核心能力的培育是現代商業銀行的基礎性戰略管理目標。在中國銀行體系中，國有股份制商業銀行在國內金融市場上面臨著股份制商業銀行、城市銀行、外資銀行機構的激烈競爭，國有銀行一統天下的局面已一去不返，因此，核心能力的培育已成為四大國有股份制銀行的重要戰略發展方向，而客戶關係管理是國有股份制銀行核心能力培育的重要手段，在近年來得到國有股份制銀行的廣泛關注[1]。

銀行客戶關係管理（CRM）是一種旨在改進銀行與客戶關係的新型管理機制，是銀行業務操作、客戶信息和數據分析等功能的信息化集成，從而實現銀行與客戶在信息化環境下的全面接觸[2]。在實施機制上，客戶關係管理是現代管理科學與先進信息技術結合的產物，它既是一種新型的管理模式，也是一種前沿性的管理理念，同時還是一種高度複雜的系統軟件。商業銀行通過客戶關係管理，可以實現對客戶信息的收集、整理、分類，實現客戶的市場細分，識別有價值的客戶和非營利的客戶，對不同的客戶群體進行市場定位，從而提供符合客戶需求的產品和服務，並對有價值的客戶提供有針對性的「一對一」服務。目前，國際知名銀行如花旗銀行、摩根銀行、匯豐銀行等均投入巨額資金，用於 CRM 系統的實施、應用和完善，以提高銀行的綜合競爭能力。

商業銀行客戶關係管理（CRM）遵循這樣的主導思想：客戶是銀行的生命線，

是銀行賴以存在和發展的本源，銀行需要對與客戶之間的關係進行精細化管理；CRM體現了銀行對客戶的全方位關懷，貫穿銀行和客戶接觸的每一個環節，包含了客戶在金融產品購買前、購買中和購買後的全部體驗過程；CRM倡導一種客戶生命週期理論，認為銀行如果與客戶保持的交往週期越長，銀行的投資回報率就越高，給銀行所帶來的利潤就越大。CRM主張從客戶的視角實施銀行的業務流程再造，以團隊協作來代替職能分割[3]。

相比於西方發達國家銀行，國有股份制銀行CRM戰略存在著一定的滯後性。中國銀行CRM實施時間普遍較晚，只是在21世紀初期，當數據大集中完成之後，國有股份制銀行才率先實施CRM戰略。儘管股份制銀行CRM戰略在近年來取得了卓著的成效，在一定程度上促進了銀行核心能力的培育，然而，由於各種不利因素的影響，CRM的功能並未得到充分的發揮。因此，基於國有股份制銀行的實踐性數據，經驗性的研究揭示了CRM戰略對核心能力形成的微觀路徑機制，從而為國有股份制銀行加強CRM建設並實現核心能力的快速成長提供了現實性的理論借鑑。

二、研究模型的構建

(一) 研究要素的選擇

1. 客戶關係管理體系的要素選擇

銀行客戶關係管理是一個系統，由若干動態性的要素所組成，在客戶管理實施中共同發生著合成性的作用。近年來，銀行客戶關係管理體系的研究取得了顯著的進展。

張成虎、於雲樹(2002)認為商業銀行的CRM體系可分為三個部分，即客戶關係優化系統、銀行應用集成系統和數據分析管理中心[4]；張琦(2005)研究了商業銀行CRM的目標，認為銀行業實施CRM的目的是獲取超值回報的價值交換戰略；龔峰(2007)將商業銀行CRM系統分解為業務處理、客戶聯繫和客戶分析中心三個模塊，認為在CRM機制下，銀行業實現了「以產品為中心」向「以客戶為中心」的模式轉變。嚴明燕、張同建(2010)解析了國有商業銀行的客戶關係體系結構，並基於國有商業銀行的樣本數據進行了實證檢驗[5]。李迅、廖曉莉、張同建(2010)驗證了中國銀行業客戶關係管理實施策略的有效性[6]。

根據以上的分析，本研究將國有股份制銀行CRM戰略分解為三個要素：戰略導向、行為模式與技術支持。戰略導向是指銀行實施CRM的思想、理念與目標，行為模式是指銀行實施CRM的策略，而技術支持是指銀行在實施CRM過程中所依靠的信息技術手段。

2. 核心能力體系的要素選擇

銀行核心能力的研究存在著大量的成熟性研究成果，特別是國有股份制銀行及其前身國有商業銀行的核心能力體系的研究，在近年來取得了較大的進展。

宣丹妮(2004)將中國銀行業的核心競爭力分為資產質量、盈利能力、成長能力和抗風險能力四個要素。郭聚光、舒紅斌(2006)將國有商業銀行核心能力

分為知識管理能力、產品開發能力、人才培育能力、企業文化培育能力四個要素。Shankar Ganesan（2008）將美國銀行的核心能力分為信息技術能力、在線行銷能力、數據挖掘能力、信息溝通能力和國際市場競爭力五個要素[7]。呂寶林、張同建（2009）基於技術創新的視角將中國銀行業的核心能力分為價值創新能力、組織創新能力、業務創新能力和市場創新能力四個要素[8]。嚴明燕、張同建（2009）分析了股份制商業銀行的核心能力體系，認為股份制商業銀行的核心能力應分為市場定位能力、產品設計能力、專項業務服務能力和信息溝通能力四個要素。蘇虹、張同建（2010）基於巴塞爾資本協定的視角將國有商業銀行的核心能力分解為內部控制能力、風險控制能力、市場開發能力和數據挖掘能力四個要素[9]。

根據以上分析，本研究將國有股份制銀行核心能力體系分解為四個要素：風險控制能力、產品開發能力、內部控制能力與市場開發能力。其中，風險控制能力是指對操作風險、信用風險、市場風險等風險的控制能力，產品開發能力是指對各種金融產品的設計、改造與組合的能力，內部控制能力是指對各種內部控制要素的促進能力，而市場開發能力是指對行銷渠道的拓展、優化與協調能力。

（二）研究假設的提出

1. 銀行 CRM 戰略導向對核心能力的促進功能分析

銀行客戶關係管理是一種思想、理念和文化，強調對客戶信息的分析，從客戶數據信息中獲取市場的潛在規律，從而更好地服務於客戶，並獲取超額收益。首先，CRM 改變了銀行風險數據的分析方式，引入了先進的風險數據風險思想與數據庫構建的邏輯結構，從更為現實的角度來分析風險的本質與根源。其次，CRM 提供了產品開發的理念，轉變了傳統產品的開發方向，從而使衍生品的開發成為銀行的主要產品開發目標。再次，CRM 思想在培育優質客戶的同時，也優化了銀行的營運環境，調整了內部控制的方案，改變了內部控制的戰略導向。最後，CRM 客戶關係管理思想在本質上等同於市場行銷理念，因為客戶關係管理本身就是一種行銷策略。根據以上分析，可以提出如下研究假設：

H1A：國有股份制銀行 CRM 戰略導向顯著地提高了銀行的風險控制能力。
H1B：國有股份制銀行 CRM 戰略導向顯著地提高了銀行的產品開發能力。
H1C：國有股份制銀行 CRM 戰略導向顯著地提高了銀行的內部控制能力。
H1D：國有股份制銀行 CRM 戰略導向顯著地提高了銀行的市場開發能力。

2. 銀行 CRM 行為對核心能力的促進功能分析

銀行客戶關係管理是一種管理方式，是管理思想下具體管理策略與手段的運用，當然，這種策略與手段均是圍繞著客戶分析而實現的。首先，CRM 模式在塑造了優質的客戶資源的同時也使各種風險防範的能力得以改進，因為客戶質量是風險控制體系的一個重要影響要素。其次，CRM 對客戶的分析可以為產品開發提供合理的參考信息，使銀行的新產品更加符合市場的需求，滿足不同層次客戶的需要。再次，CRM 行為方式使風險評估的方式得到調整，也使內部控制制度的執行更富有效率，因為 CRM 方式與許多內部控制方式存在著內在一致性。最後，CRM 方式的實施也優化了銀行的行銷方式，因為客戶信息的分析是市場信息分析的

一部分，客戶行為是市場行為的一個側面。根據以上分析，可以提出如下研究假設：

H2A：國有股份制銀行 CRM 行為模式顯著地提高了銀行的風險控制能力。

H2B：國有股份制銀行 CRM 行為模式顯著地提高了銀行的產品開發能力。

H2C：國有股份制銀行 CRM 行為模式顯著地提高了銀行的內部控制能力。

H2D：國有股份制銀行 CRM 行為模式顯著地提高了銀行的市場開發能力。

3. 銀行 CRM 技術支持對核心能力的促進功能分析

銀行客戶管理是一種技術，是信息技術與客戶信息管理流程的結合，是信息系統功能的擴充。因此，在 CRM 實施過程中，需要不斷吸納信息技術的最新成就，特別是數據庫技術的發展成果，來實現對客戶數據的深入挖掘。從這一方面來說，CRM 的實施過程必然伴隨著風險控制能力、產品開發能力、內部控制能力與市場開發能力的改進，因為在銀行信息化高度成熟的今天，銀行的各種業務都與信息技術有牽連。風險控制、產品開發、內部控制與市場開發都是銀行的核心業務，都是基於信息技術的平臺而實施的，因此，信息技術水準的提高對這些業務的支持是顯而易見的。根據以上分析，可以提出如下研究假設：

H3A：國有股份制銀行 CRM 技術支持顯著地提高了銀行的風險控制能力。

H3B：國有股份制銀行 CRM 技術支持顯著地提高了銀行的產品開發能力。

H3C：國有股份制銀行 CRM 技術支持顯著地提高了銀行的內部控制能力。

H3D：國有股份制銀行 CRM 技術支持顯著地提高了銀行的市場開發能力。

(三) 研究要素的分解

1. 客戶關係管理體系要素的分解

CRM 戰略導向要素可分為四個測度指標：客戶中心戰略（X_1），指銀行 CRM 的戰略指導思想是「以客戶為中心」；客戶文化培育（X_2），指銀行積極地營造一種面向客戶的企業文化；客戶市場分析（X_3），指銀行運用前沿性的行銷理念來審視客戶市場；一體化戰略（X_4），指銀行在實施 CRM 過程中能夠實現前臺與後臺操作的一體化。

CRM 行為模式要素可分為四個測度指標：客戶行為分析（X_5），指銀行對客戶的各種行為模式進行分解；客戶類群分析（X_6），指銀行對客戶的類型進行合理歸類；客戶心理分析（X_7），指銀行積極地探求客戶的心理特徵與偏好；（X_8）客戶事件分析，指銀行善於從突出性的客戶事件中獲取經驗。

CRM 技術支持要素可分為四個測度指標：CRM 維護（X_9），指銀行能夠從技術層面確保 CRM 系統的無障礙運行；數據庫建設（X_{10}），指銀行能夠實施有效的方法進行數據庫管理；數據挖掘（X_{11}），指銀行能夠敏銳地發現客戶數據後隱藏的市場規律；人力資本開發（X_{12}），指銀行不斷地提高 CRM 專業人才的業務技能。

2. 核心能力要素的分解

風險控制能力可分為四個測度指標：（Y_1）信用風險控制能力，指銀行對信用風險的控制成效；（Y_2）操作風險控制能力，指銀行對操作風險的控制成效；（Y_3）市場風險控制能力，指銀行對市場風險的控制成效；（Y_4）綜合風險控制能力，指

銀行對所面臨的一切風險的綜合性控制成效。

產品開發能力可分為四個測度指標：（Y_5）核心產品開發，指對汽車貸款、教育儲蓄等核心產品的開發成效；（Y_6）基本產品開發，指對儲蓄存款、按揭貸款等基本產品的開發成效；（Y_7）外延產品開發，指為客戶提供功能擴展或增值服務的能力；（Y_8）潛在產品開發，指銀行對可能成為市場需求的預備性產品的開發能力。

內部控制能力可分為四個測度指標：（Y_9）控制環境優化，指對內部控制環境的改進與完善能力；（Y_{10}）風險損失評估，指對各種風險損失預測與估計的準確性；（Y_{11}）內控制度執行，指銀行對內部控制制度的執行效率；（Y_{12}）信息反饋機制，指銀行對內部控制缺陷與不足的總結能力。

市場開發能力可分為四個測度指標：（Y_{13}）市場細分能力，指銀行將銷售市場進行合理劃分的能力；（Y_{14}）產品定位能力，指銀行對金融產品進行準確定位的能力；（Y_{15}）網絡行銷能力，指銀行的網上業務開發、營運與擴張能力；（Y_{16}）客戶價值分析，指對各類客戶的現有價值及潛在價值的分析能力。

（四）研究模型的確立

本研究擬採用結構方程模型（SEM）對理論假設的可靠性和顯著性進行檢驗。設 CRM 戰略導向為 ξ_1、CRM 行為模式為 ξ_2、CRM 技術支持為 ξ_3，同時設風險控制能力為 η_1、產品開發能力為 η_2、內部控制能力為 η_3、市場開發能力為 η_4，則根據研究假設，可以得到研究模型如圖 1 所示。

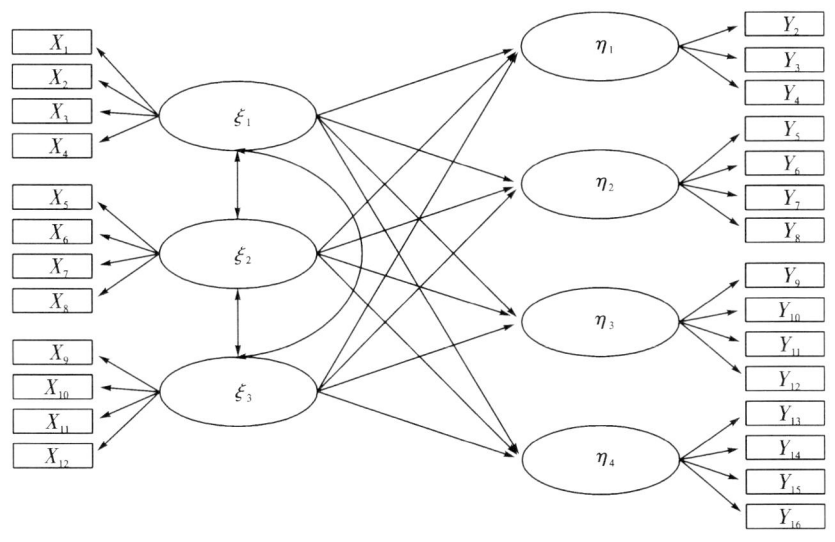

圖 1　研究模型

三、模型檢驗

（一）數據收集和樣本特徵

本研究擬採用李克特 7 點量表法進行樣本數據的收集，樣本單位為國有股份制

銀行的二級分行，即市級分行。由於二級分行均具有獨立的財務核算機制，因而可以作為獨立的樣本。問卷的生成基於指標的內涵，共設計了 28 項調查題項。數據調查自 2012 年 3 月 25 日至 2012 年 5 月 25 日，歷時 62 天。共獲取有效樣本 140 份，其中中國工商銀行 40 份，中國建設銀行 35 份，中國農業銀行 25 份，中國銀行 40 份，樣本數與指標數的比值為 5，滿足結構方程檢驗的數據條件。樣本的地域分佈和受訪人員分佈分別如圖 2 和圖 3 所示，因而能夠有效地代表國有股份制商業銀行的總體特徵。

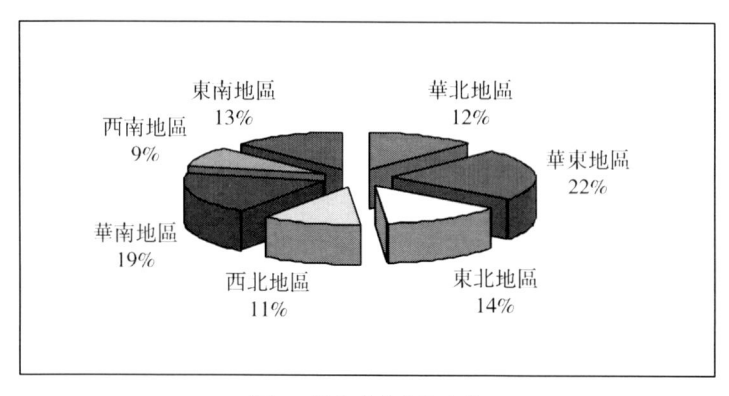

圖 2　樣本地域分佈特徵

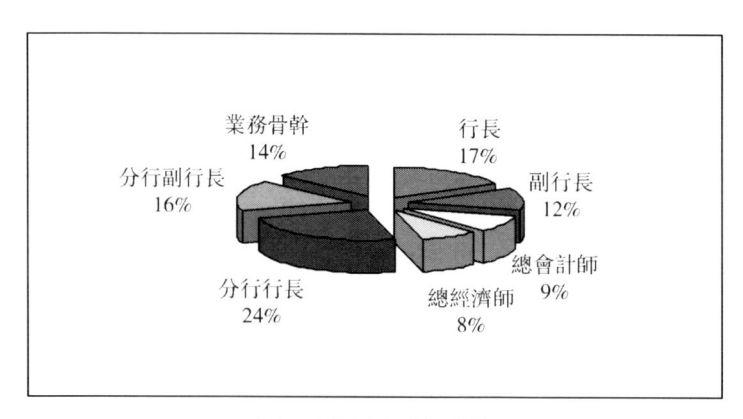

圖 3　受訪人員分佈特徵

（二）信度分析與效度檢驗

信度檢驗與效度檢驗的目的是測量理論量表的有效性與可靠性，從而提高理論假設的檢驗質量。信度檢驗的常用方法是探索性因子分析，效度檢驗的常用方法是驗證性因子分析。本研究的信度檢驗與效度檢驗分別採用這兩種檢驗方法。

銀行客戶關係管理體系量表的 Cronbach's α 值為 0.771,8。其中，CRM 戰略導向要素的 Cronbach's α 值為 0.755,9，樣本因子特徵值為 1.998，因素分析的解釋量為 81%；CRM 行為模式要素的 Cronbach's α 值為 0.788,1，樣本因子特徵值為

1.978，因素分析的解釋量為71%；CRM技術支持要素的 Cronbach's α 值為 0.741,5，樣本因子特徵值為 2.123，因素分析的解釋量為 76%。銀行客戶關係管理體系的一級驗證性分析結果是：$GFI = 0.908$，$CFI = 0.912$，$TLI = 0.943$，$RMR = 0.040$，$RMSEA = 0.057$，$\chi^2(39) = 71.732$，$p = 0.000$，並且各測度指標的因子負荷均大於 0.5，最小 T 值為 2.331。因此，銀行客戶關係管理體系具有較好的信度和效度。

銀行核心能力體系的 Cronbach's α 值為 0.788,3。其中，風險控制能力要素的 Cronbach's α 值為 0.726,9，樣本因子特徵值為 2.141，因素分析的解釋量為 71%；產品開發能力要素的 Cronbach's α 值為 0.745,4，樣本因子特徵值為 2.109，因素分析的解釋量為 78%；內部控制能力要素的 Cronbach's α 值為 0.708,3，樣本因子特徵值為 1.892，因素分析的解釋量為 77%；市場開發能力要素的 Cronbach's α 值為 0.726,2，樣本因子特徵值為 2.112，因素分析的解釋量為 74%。銀行核心能力體系的一級驗證性分析結果是：$GFI = 0.941$，$CFI = 0.933$，$TLI = 0.912$，$RMR = 0.043$，$RMSEA = 0.041$，$\chi^2(82) = 146.16$，$p = 0.000$，並且各測度指標的因子負荷均大於 0.5，最小 T 值為 2.200。所以，銀行核心能力體系具有較好的信度和效度。

（三）實證檢驗

本研究採用 LISREL8.7 進行全模型檢驗，得外源變量對內生變量的效應矩陣（Γ）如表 1 所示。

表 1　　　　　　　　　　效應矩陣表

假設	外源變量	內生變量	路徑假設	系數負荷	標準誤 se	T 值
H1A	CRM 戰略導向	風險控制能力	$\xi_1 \to \eta_1$	0.41	0.12	3.43
H1B	CRM 戰略導向	產品開發能力	$\xi_1 \to \eta_2$	0.33	0.09	3.67
H1C	CRM 戰略導向	內部控制能力	$\xi_1 \to \eta_3$	0.34	0.11	3.00
H1D	CRM 戰略導向	市場開發能力	$\xi_1 \to \eta_4$	0.12	0.09	1.34
H2A	CRM 行為模式	風險控制能力	$\xi_2 \to \eta_1$	0.27	0.08	3.37
H2B	CRM 行為模式	產品開發能力	$\xi_2 \to \eta_2$	0.12	0.08	1.50
H2C	CRM 行為模式	內部控制能力	$\xi_2 \to \eta_3$	0.36	0.09	4.00
H2D	CRM 行為模式	市場開發能力	$\xi_2 \to \eta_4$	0.39	0.12	3.25
H3A	CRM 技術支持	風險控制能力	$\xi_3 \to \eta_1$	0.14	0.08	1.75
H3B	CRM 技術支持	產品開發能力	$\xi_3 \to \eta_2$	0.13	0.10	1.30
H3C	CRM 技術支持	內部控制能力	$\xi_3 \to \eta_3$	0.35	0.09	3.89
H3D	CRM 技術支持	市場開發能力	$\xi_3 \to \eta_4$	0.38	0.11	3.39

同時得全模型擬合指數列表如表 2。

表 2　　　　　　　　　　　擬合指數列表

擬合指標	X²/d. f.	RMSEA	RMR	CFI	NFI	IFI	CFI	TLI
指標現值	1.313	0.049	0.066	0.927	0.972	0.937	0.952	0.926
最優值趨向	<3	<0.08	<0.1	>0.9	>0.9	>0.9	>0.9	>0.9

所以，模型擬合效果較好，無須繼續進行模型修正。

四、結論

根據擬合指數列表可知，模型擬合效果較好，因此，驗證結論具有較高的可靠性。同時，根據效應矩陣列表可知，在國有股份制銀行營運機制中，客戶管理戰略的實施在一定程度上促進了核心能力的成長，但在局部領域仍然有待改進。

從客戶關係管理的視角來看：CRM 戰略導向顯著地促進了國有股份制銀行風險控制能力、產品開發能力與內部控制能力的提高，而對市場開發能力的改進沒有產生實質性的促進作用；CRM 行為模式顯著地促進了國有股份制銀行風險控制能力、內部控制能力與市場開發能力的提高，而對產品開發能力沒有產生實施性的促進作用；CRM 技術支持顯著地促進了國有股份制銀行內部控制能力與市場開發能力的提高，而對風險控制能力與產品開發能力沒有產生實質性的促進作用。

從風險控制的視角來看，在客戶管理戰略實施環境下，國有股份制銀行內部控制能力得到了顯著的提高，風險控制能力與市場開發能力得到了一定程度的提高，而產品開發能力的效應最低。

本研究結論基於國有股份制銀行客戶關係管理與核心能力培育的實踐性數據檢驗，具有較強的客觀性，從而為國有股份制銀行加強客戶關係管理進而實現核心能力的培育提供了現實性的理論借鑑。

參考文獻：

[1] 張同建，張成虎. 國有商業銀行信息化建設戰略體系實證研究——基於探索性因子分析和驗證性因子分析角度的檢驗 [J]. 科技管理研究，2008（10）：120-123.

[2] Joe Pepped. Customer relationship management (CRM) in financial services. European management Journal, 2000, 18 (3): 321-327.

[3] 張同建. 中國商業銀行客戶關係管理戰略結構模型實證研究 [J]. 技術經濟與管理研究，2009（6）：106-108，112.

[4] 廖曉莉，張同建. 銀行人員操作風險控制的地區差異性研究 [J]. 會計之友，2010（7）：45-47.

[5] 嚴明燕，張同建. 國有商業銀行業務流程再造研究綜述 [J]. 財會通訊，2010（4）：92-93.

[6] 李迅，廖曉莉，張同建. 中國商業銀行 BPR 戰略體系經驗解析 [J]. 技術經濟與管理研究，2010（3）：111-114.

［7］SHANKAR G. Determinants of long-term orientation in buyer-seller relationships ［J］. Journal of marketing, 1994, (4): 332-375.

［8］呂寶林, 張同建. 國有商業銀行信息化創新與核心能力形成的相關性研究［J］. 統計與決策, 2009 (5): 126-128.

［9］嚴明燕, 張同建. 國有商業銀行信息化創新與內部控制的相關性檢驗［J］. 統計與決策, 2009 (1): 137-139.

［10］蘇虹, 張同建. 國有銀行信息化創新與風險控制的相關性研究［J］. 技術經濟與管理研究, 2010 (5): 136-139.

基於系統視角的核心能力研究評述

廖曉莉　李　訊　張同建

摘要：核心能力是企業獲取可持續競爭優勢的前提，是現代企業提升企業績效的決定性因素。基於系統視角的核心能力評述可以清晰地界定核心能力的基本特徵，從而拓展了核心能力研究的視野，最終為中國企業有效地實施核心能力戰略提供了現實性的理論借鑒。

關鍵詞：知識管理；核心能力；戰略管理；企業文化

一、核心能力的外部描述系統

（一）核心能力的概念

20世紀80年代中期，西方掀起了一股深入挖掘企業競爭優勢的特殊源泉的熱潮，從而催生了核心能力概念。1990年，普拉哈拉德（Prahalad）和哈默爾（Hamel）第一次提出了核心能力的定義。他們認為：核心能力是組織中的累積性學識，特別是關於如何協調不同的生產技能和有機結合各種技術流派的知識。從這一概念中，可以提煉出核心能力的三個關鍵點：知識性、整合性和累積性。技能和技術都屬於知識，它們顯示了知識的實體性。協調和結合的對象是知識，它們表明了知識的動態性。累積性體現了核心能力是知識日積月累的結晶，說明了核心能力是有生命週期的。核心能力概念的提出對企業能力理論的形成具有深遠的影響。

（二）核心能力的起源

核心能力最早萌芽於亞當·斯密的《國富論》中。亞當·斯密（1776）認為，企業內部的勞動分工決定企業的勞動生產率。其後，新古典經濟學家馬歇爾（1925）指出：企業內部各職能部門之間、企業之間、產業之間的「差異分工」之結合與各自的技能和知識有關。

當然，核心能力強調的是組織之間的分工，而不是組織內部的分工[1]。馬歇爾沒有明確指出企業成長、發展與企業自身所具有的能力、資源的相關性，但其明確指出，企業的異質性來源於企業內部職能分工中的知識累積和組織協調。Swlznick（1957）認為，組織中存在一種能使自己比其他組織做得更好的「特殊物

質」，但他並沒有給這種特殊物質賦予具體的內涵。後來，美國經濟學家 *Penrose*（1959）發表了《企業成長論》，英國經濟學家 *Richardson*（1960）發表了《信息與投資》，共同奠定了企業能力理論的基礎。直至 1990 年 *Prahalad* 和 *Hamel* 在《哈佛商業評論》上成功發表論文《公司核心能力》，核心能力的理論探討才走向成熟。核心能力理論的興起源於傳統戰略理論的不足[2]。*Porter* 的第四代競爭戰略理論實際上是將結構—行為—績效（S-C-P）為主要內容的產業組織理論引入企業戰略管理領域，偏重於對企業外部戰略環境的分析，缺少企業內部能力、績效、成本、資源配置等方面的分析。核心能力理論認為，企業的競爭遠遠超過 *porter* 的五力模型範圍，因此能較完美地將企業內外因素分析融於一體。因此，核心能力理論的經濟學起源是亞當·斯密的企業分工理論、馬歇爾的古典企業理論、熊彼特的創新理論；核心能力的管理學起源是企業能力理論、企業成長理論、企業資源理論，由於起源的多重性而導致核心能力流派的多樣性。

（三）核心能力的內涵

核心能力的內涵具有多樣性和豐富性，管理學界從不同角度對核心能力的特徵和內涵進行了深入的探討。*Barton*（1992）認為，核心能力是使企業獨具特色並為企業帶來競爭優勢的知識體系，它有四種尺度，即員工知識和技能、物理的技術系統、管理系統、價值和規範。*Collis*（1993）認為，核心能力是企業資產投資的簡短總結，而這些資產投資的總和決定了企業的戰略地位。*Fiol*（1994）認為，核心能力不僅包括企業的無形資產存量，還包括對這種無形資產的認識過程，以及如何將之轉化為行為的理解。最具綜合性的是麥肯錫諮詢公司的定義：企業核心能力是企業內部一系列互補的技能和知識的結合，並使一項或多項業務達到世界一流水準的能力[3]。

核心能力的主要觀點是：企業本質上是一個能力集合體，能力是對企業進行分析的基本單元；企業擁有的核心能力是企業長期競爭優勢的源泉，而累積、保持和運用核心能力是企業的長期性根本戰略[4]。

二、核心能力的理論描述系統

20 世紀 90 年代初期，核心能力的概念提出之後，立即引起了學術界的廣泛關注，紛紛從不同的理論角度對核心能力提出了闡釋和探討，因而形成了不同的理論體系，主要包括如下各個流派：

（1）技術創新流派。其代表人物是普拉哈拉德（*Prahalad*）和哈默爾（*Hamel*），該流派強調通過學習和核心能力的累積，企業就能盡早地發現產品機會和市場機會，並提出可以通過獲取少數幾個關鍵技術或在少數幾個知識領域成為最好而使企業獲得競爭優勢，還揭示了核心競爭能力、核心產品、戰略業務單位和最終產品的關係。

（2）知識流派。其主要代表人物是巴頓（*D. L. Barton*），強調知識是核心能力的基礎，學習是提高核心能力的重要途徑，核心能力的核心是學習能力。核心能

力是使企業獨具特色並為企業帶來競爭優勢的知識體系。

（3）組織流派。其代表人物是彼得・聖吉（Peter M. Senge），他一直致力於研究企業的內部組織系統，儘管沒有將組織協調與企業能力明確聯繫起來，但他提出的五項修煉即自我超越、克服心智模式、共同願景、團隊學習和系統思考可以看成是組織獲得長期競爭優勢所必需的條件。

（4）流程流派。其代表人物是哈默（Hammer）和錢皮（Champy），該流派可以追溯到邁克爾・波特的價值鏈理論，強調企業要保持的競爭優勢實際上就是關注和培養在價值鏈的關鍵環節上獲得重要的核心能力。

（5）文化流派。其代表人物是拉法（Raffa），他強調核心能力不僅存在於企業的操作系統中，而且存在於企業的文化系統中，並指出企業的核心能力是企業的技術核心能力、組織核心能力和文化核心能力的有機結合。企業的核心能力蘊含於企業文化中，表現在企業的諸多方面。

（6）資源流派。其主要代表人物是杰伊・巴尼，他強調獲得具有潛在租金價值的資源是企業成功的基礎，這些資源是保證企業持續獲得超額利潤的最基本的條件。該流派把企業看作是學習型組織和社會組織，強調戰略與組織間的雙向聯繫，認為企業獲得資源的過程如此複雜，以至於連企業本身也難以精確描述。

因此，Prahalad 和 Hamel 從技術創新的角度探討了核心能力的起源，當然，這裡的技術創新是一個經濟學的概念，不僅包括狹義上的技術能力，也包括企業的其他各種能力[5]。D. L. Barton 主要結合了知識經濟時代的特徵論述了核心能力的起源，因為核心能力是知識經濟高度發展的產物，必然與知識資本存在本質性的聯繫。Peter M. Senge 從學習型組織建設的角度論述了核心能力的起源，因為組織學習和核心能力都是以知識資本的累積為平臺而發展起來的，兩者必然存在千絲萬縷的聯繫，並且反過來推動了知識管理效率的提高。Hammer 和 Champy 從業務流程再造的角度闡述了核心能力的起源，因為業務流程再造的根本目標是通過對無價值流程的精簡和有價值流程的增強來提高企業的運作效率，而企業運作效率的提高同時也是核心能力作用的結果。Raffa 從文化角度闡釋了核心能力的特徵，將企業核心能力的研究提高到了戰略管理的高度。Jay B. Barney 從內部資源的角度揭示了核心能力的成長路經，認為核心能力是企業內部機制的高度複雜化整合的結果。

三、核心能力的內部機制描述系統

（一）核心能力的特徵

核心能力一般具有如下特徵：

（1）價值優越性，即核心能力應當有利於企業效率的提高，能夠使企業在創造價值和降低成本方面比競爭對手更優秀。

（2）異質性，即一個企業擁有的核心能力應該是企業獨一無二的，是企業成功的關鍵因素。核心能力的異質性決定了企業之間的異質性和效率差異性。

（3）不可模仿性，即核心能力是在企業長期的生產經營活動中累積形成的，深深地烙上了企業自我獨特性的烙印，其他企業難以複製。

（4）不可交易性，即核心能力融合於特定的企業環境中，雖然可以為人們所感知，但無法像其他生產要素一樣通過市場交易進行買賣。

（5）難以替代性，即和其他企業資源相比，核心能力受到替代品的威脅相對較小。

因此，核心能力具有濃重的企業背景，反應了一個企業獨特的發展軌跡，是企業發展過程中無數成果的結晶，是企業本質性的競爭能力的內在反應。核心能力是不可模擬和仿造的，因為外部的運作特徵只反應了核心能力的表面現象，內部要素的作用機理才是核心能力的本質，而一個企業的形成核心能力的內部運作機理是不可視的，是內部資源平臺與外部戰略指導相結合的產物[6]。

（二）核心能力的結構

核心能力的結構研究，也就是核心能力的構成要素研究，即探討核心能力的內部組成成分。根據現有的研究成果，核心能力一般可分為四個要素：核心技術能力、核心市場能力、核心管理能力和核心整合能力[7]。

根據核心能力的構成要素，核心能力可分為狹義核心能力和廣義核心能力。狹義核心能力包括核心技術能力、核心市場能力和核心管理能力，而廣義核心能力除包括狹義核心能力的三個要素外，還包括核心整合能力。一般來說，生產能力也是一種重要的企業能力，但在核心能力研究領域往往將其歸結為核心技術能力的一個要素。

核心技術能力是指企業在主營業務領域對技術的研發能力、創新能力、吸收能力和應用能力。這裡的技術包括專利、專有技術、技能、學科知識、產品、元件等。對於生產性企業來說，核心技術能力是核心能力中的核心，核心能力之所以難以模仿，重要原因之一是它是各種技術、工藝和經驗的高度融合。

核心市場能力是指企業在市場環境中與各市場主體之間發生市場關係時的認知與反應能力。這裡的市場主體包括客戶、供應商、競爭對手、地方政府、金融機構、科研機構、高等院校以及其他各種社會組織和個人。核心市場能力代表企業的外在形象，是企業最易被感知的外部特徵。核心市場能力可以使企業正確處理與各個市場主體之間的關係，為企業營造出良好的外部生存環境。

核心管理能力是指企業對管理客體的開發、組織、處理、溝通和整合的能力。管理課題包括企業資產、人力資源、職能部門、子公司、企業戰略和企業文化等。核心管理能力是企業形成核心能力的基礎。其中，企業資產、人力資源、職能部門、子公司等可以構成企業核心管理能力的組織架構，而企業文化、企業戰略等可以形成企業核心管理能力的文化氛圍。

整合能力是指將上述三種企業能力整合成核心能力的能力，也就是管理核心能力的能力。因此，整合能力是指企業充分運用現有的技術知識資源和市場信息資源，進行優化配置，創造性地整合到自己企業的產品和服務中去，形成企業的

現實生產力。從職能上講，整合能力是使狹義核心能力發生職能作用的關鍵，是狹義核心能力的黏合劑，也是狹義核心能力通向企業績效的第一座橋樑。

顯然，核心能力的構成要素包括了企業的常規能力，但是，這只是一種淺層次的反應，沒有深刻地揭示出企業各種常規能力的內部運作機理。事實上，核心能力的形成主要源於幾種常規能力的獨特的作用機制。企業能力相同，其核心能力未必相同，往往大相徑庭。在核心能力發展的初期，企業往往將其技術能力誤認為是核心能力，其實，隨著經濟社會的發展和成熟，核心能力市場要素和管理要素的地位將日益突出，將對核心能力的培育和成長起到重要的決定作用。並且，從核心能力的長遠發展視角來分析，整合能力應該是核心能力體系中更值得關注的要素。

（三）核心能力的類型

核心能力最大的特徵應該是「合力」特徵。核心能力是一種合力，是企業所有能力的一種綜合體現，缺少任何一種常規能力都很難形成核心能力。也就是說，核心能力是一個完整的結構體系，任何一個支架的缺失都會引發整體構架的塌陷。既然主流理論已將核心能力定義成為企業提供持續競爭優勢的能力，顯而易見，企業中任何強勢能力都無法單獨完成這一功能[8]。

過去的文獻中流行一種誤解，即動輒將核心能力等同於企業的技術能力。這種認識把核心能力狹隘地理解為技術，是很不妥當的。對於企業而言，技術固然重要，但它只是核心能力的構成要素。核心能力的直接作用效果是提高企業的績效，而僅憑技術要素是無法完成這一功能的。所以他們無法解釋企業中普遍存在的企業績效與技術水準的走向相背離的矛盾。

企業中的強勢能力，如技術能力、行銷能力等、協整能力等，在核心能力形成中的確會起到支柱性的作用，是核心能力的精髓。強勢能力的類型也就決定了核心能力的類型，但是，企業的強勢能力絕不等同於企業的核心能力，前者是後者的決定性構成要素，但絕不能對後者取而代之。根據這種分析路線，企業的核心能力可以大概分為如下若干種類：技術核心能力、管理核心能力、品牌核心能力、市場核心能力、組織結構核心能力、決策核心能力、人力資本核心能力等。

四、核心能力的成長機制描述系統

（一）核心能力的源泉

由核心能力流派的多樣性可知，核心能力的源泉也具有多樣性。本文通過對若干文獻的總結發現，關於核心能力的源泉主要有知識資本、企業資源、企業文化三種論點。確切地說，知識資本是核心能力的唯一來源，其他兩種觀點都具有很強的模糊性。

知識資本是能夠轉化為利潤的知識，是指知識經濟的第一資本。羅默在內生增長理論中指出，知識生產要素是當今經濟社會中最重要的生產要素，以「干中學」的形式促進經濟的增長。舒爾茨認為，知識和技術是當今經濟增長舞臺上的

主角，而勞動和資本只能算二三流的小角色。彼得・德魯克說：「在現代經濟中，知識正成為真正的資本與首要的財富；管理的核心是使知識產生生產力。」因此，核心能力的價值增值功能是形式，而知識資本的價值增值功能是本質，核心能力只是知識資本發生價值增值的工具性載體。知識同生產工藝結合起來形成核心技術，知識同系統思考結合起來形成組織核心，知識同市場結合起來形成獲利點，知識同組織學習結合起來形成創新能力。

知識是企業資源的一種形式，而企業資源的其他形式如資本、勞動等，在核心能力的形成中只起到輔助性的作用，僅為核心能力的形成提供一種依託性的平臺。很多在財務資本、人員配備、組織結構、勞動時間、規章制度等方面不相上下的企業，企業績效卻大相徑庭，其根本原因是企業之間的知識管理效率差別所致。企業文化在核心能力形成中也只是起到輔助性的作用，促進了核心能力形成的良性循環。

所以，企業資源是核心能力形成的硬環境，企業文化是核心能力形成的軟環境，而知識資本是核心能力形成的根本性源泉。

(二) 核心能力的培育方式

核心能力的形成是知識累積的結果，知識管理活動是培育核心競爭能力的主要源泉[9]。因此，企業核心能力的培育是一項長期的系統工程，一般需要十年左右甚至更長的時間。浙江工商大學項國鵬教授的理論具有代表性，他認為核心能力的培育可分為兩個階段：初始培育階段和更新階段。

初始培育階段的措施是：建立知識的識別、獲取、處理、交流、共享、更新的基礎設施，加快知識流動的速度，使企業知識遠離穩定狀態；創造寬鬆、信任、友好的企業氣氛，允許個體模式多樣性的存在，鼓勵嘗試與探索；建設企業內部知識交流與共享的網絡，激勵員工知識共享，加強隱式模式的建設；培育友好信任、團結互助的「以人為本」的企業文化；推動企業組織的扁平化、網絡化轉型，依賴跨部門工作小組，促進核心能力的形成。

更新階段即為克服核心剛性的過程，主要措施是：從外部吸收市場知識與技術知識，不斷衝擊、代替構成核心能力的原有知識；通過改革管理系統，吸收用戶參與到更新核心能力的新技術實現進程中來，加強企業與用戶的聯繫程度；提倡嘗試，並將嘗試模型化，為更新核心能力提供多種技術選擇。

(三) 核心能力和知識資本的界限

在現代管理理論中，核心能力和知識資本這兩個概念始終如影隨形，千絲萬縷地纏繞在一起。但它們畢竟不是同一本體，可以無原則地合二為一。前段已述及，知識資本是核心能力的本源，但這並不說明已經給出了它們的明晰界限。在實際理論研究中，這二者的關係倍加複雜，主要存在如下四種觀點：第一，核心能力完全等同於知識資本；第二，核心能力包含在知識資本之中，是知識資本的子集；第三，核心能力是隱性知識的子集；第四，核心能力來源於知識資本；第五，核心能力來源於隱性知識資本。核心能力和知識資本界限的探討之所以形成這種

紛雜的局面，主要是由兩方面的原因所致：第一，核心能力理論和知識資本理論從誕生到現在不過十餘年，要做到理論與實踐的高度融合尚待時日；第二，對 Prahalad 和 Hamel 關於核心能力的權威定義的理解和領悟存在分歧。

Prahalad 和 Hamel 認為，核心能力是「累積性的知識資本」。本研究認為：首先，這裡的「累積」是一個動態的概念，是指知識資本不斷地進行「累積」；其次，這裡的「累積」是一個過程的概念，即知識資本不是在進行簡單的、機械式的重複累積，而是同時伴隨著某些內部質變運動的過程；最後，這裡的「累積」又隱含著一個結果的概念，即知識資本的累積未必都能實現其累積的目的，有時可能是一個無效的累積過程。所以，如果以靜態的觀點來理解知識資本和核心能力的關係，將會自亂陣腳。

根據核心能力的研究成果，如下觀點獲得了廣泛的支持：核心能力和知識資本具有本質的區別，核心能力起源於知識資本，是知識資本「累積」的產物，但核心能力並不等於知識資本。這裡的知識資本並不僅指隱性知識，同時還包括顯性知識。

（四）核心能力和戰略管理的關係

核心能力和戰略管理是一對天生的孿生子。核心能力理論既是戰略管理實踐的產物，又為戰略管理理論輸送了新鮮的血液，使其又一次煥發生機。以核心能力為基石的第五代戰略理論更強調企業內部因素在企業價值提升中的作用。

企業核心能力的培育、形成與發展離不開科學的戰略指導。因為核心能力只能來自於企業內部，既不能仿造，又不能購買，要經過長時間的精心釀造。一般而言，成熟企業的核心能力從培育到成熟需要十年時間，而非成熟企業則需更長時日。顯而易見，這種長時間的進化過程需要戰略管理的合理規劃。另外，儘管核心能力起源於知識資本，但核心能力的形成仍需要一些平臺性的輔助機制，如組織學習、IT 建設、流程再造、CRM、企業文化等。這樣一個龐大的系統工程需要戰略管理的合理統籌。

核心能力的形成過程也與一定的環境相關聯，即核心能力的特徵與功能在很大程度上受企業所處的經濟、政治、社會、技術等方面的因素所制約。核心能力的綜合特性要隨外部環境的變化而不斷調整，且調整幅度要和環境變化路徑高度吻合。

核心能力是企業各種能力的有機組合。這種組合不是粗制濫造式的組合，而是巧奪天工式的組合；不是故步自封式的組合，而是推陳出新式的組合；不是僵化呆板式的組合，而是靈活多變式的組合。由核心能力的內部特性再結合核心能力的環境特徵來分析，可以看出核心能力的可模仿性微乎其微。要找尋兩個內外部環境相同的企業已實屬不易，再尋求其內部各種能力的高度相似更難上加難，最後再苛求其能力組合機制的絕對等同真如大海撈針。所以，核心能力不是說不能模仿，而是這種模仿成功的概率大概在萬分之一。

五、核心能力的研究路徑描述系統

（一）核心能力的傳統研究領域

核心能力的傳統研究領域涉及核心能力體系的各個系統。在外部描述系統，主要研究核心能力的起源、內涵、特徵、類型等；在內部機制系統，主要研究核心能力的結構體系和構成要素；在成長機制系統，主要研究核心能力的測度、識別、培育方式、成長動力及生命週期等。

核心能力是一個「合力」，是各種企業能力的合成，這種思想在核心能力的研究領域已無可非議。但是，關於核心能力系統的運作方式的研究仍然是傳統研究領域的一大空白，目前仍處於「黑箱」狀態。也就是說，人們相信企業的競爭優勢來源於企業的核心能力，而核心能力的形成源於內部各要素的相互作用，而這種作用的過程仍然是一個有待探索的問題，它直接決定著核心能力培育的效率或成敗。

根據國內外關於核心能力的研究成果，核心能力的傳統研究領域主要包括如下幾個方面：① 關於核心能力理論溯源的研究；② 關於核心能力內涵、本質、特徵的研究；③ 關於核心能力體系結構的研究；④ 關於核心能力存量測度和指標體系的研究；⑤ 關於核心能力培育、形成和發展過程的研究；⑥ 關於核心能力識別與評價的研究；⑦ 關於核心能力生命週期的研究；⑧ 關於某一行業領域核心能力的研究（如石油、飯店、出版社等）；⑨ 關於核心能力剛性的研究；⑩ 剛剛處於萌芽狀態的關於核心能力與知識管理、組織學習、企業文化、信息化建設之間的動態相關性實證研究；⑪ 關於「吃苦」是不是核心能力的研究。

（二）核心能力的前沿性研究領域

總結國內外十餘年來核心能力的研究文獻，可以發現其九成以上的研究成果歸屬於靜態研究框架之內，即關於核心能力起源、形成、特性、評估、功能等方面的研究。但是，確切地說，對於核心能力動態變化的研究應該具有更強的現實價值，也就是研究核心能力由弱到強的變遷問題，以及這種變化速率與其他相關因素的變化速率之間的函數制約關係。這樣才能更深刻地把握住核心能力的內涵，促使關於核心能力的理論探討和管理實踐躍升到一個新的境界。

從本質上說，核心能力的價值實現存在於其不斷地運動、變化、發展的過程之中，靜止的核心能力也就失去了其存在的意義。企業的戰略環境是每時每刻都在變化的，核心能力因而要隨時隨地地進行調整，即核心能力存在於變化之中。這正如蠟燭點燃後才能發出亮光，而蠟燭本身並不能發出亮光。彼得·聖吉說過：你永遠不能宣稱已經建立起一個學習型組織，因為組織學習是一個永無止境的過程[10]。這句話對核心能力的形成也同樣適用。

企業核心能力的測度方法目前有文字描述法、技能樹法、層次分析法、過程分析法、遞歸層次歸納法等。嚴格地講，這些方法並不是用來測度企業的核心能力的，而是在測度企業的強勢能力。每個企業都有自己的強勢能力，但並不是每

個企業都有自己的核心能力,因為核心能力的價值體現在企業外部。一個瀕臨破產的企業,一個搖搖欲墜的企業,一個在同行業中疲於奔命的企業,都不具備什麼核心能力。但若用上述的測度方法照貓畫虎般地進行測度,也能夠活生生地測度出來。但事實上核心能力是培育出來的,而不是分析出來的。近年來,核心能力的動態性研究成果已初露端倪,很有可能成為下一階段的研究熱點問題。

(三) 核心能力研究的不足

通過對國內外核心能力理論研究成果的總結,本研究認為對核心能力的研究領存在如下不足之處:① 核心能力概念與內涵的模糊性;② 對核心能力結構、特徵、分類等方面的概念性研究存在一定的自我矛盾,對其中某些基本術語的定義存在嚴重的歧義,如對延展性、核心剛性的解釋在權威文獻中甚至出現截然相反的論述;③ 至今未能給出核心能力與知識資本,特別是隱性資本的明晰界限;④ 知識資本形成核心能力的微觀機理有待深入探討;⑤ 核心能力與企業績效之間的路徑分析仍處於黑箱狀態,即無法有效地解釋核心能力與企業績效的現實相關性問題;⑥ 目前的核心能力的主流研究領域仍舊是一個靜態體系,主要局限於對核心能力概念、結構、評估、識別的研究,而缺少更具有現實意義的動態性研究;⑦ 核心能力與當今的其他管理學前沿研究領域融合性較弱,如核心能力與組織學習、知識轉化、企業文化等領域仍處於並行研究狀態,交匯點較少;⑧ 核心能力的現行定性評價體系適用性較差,而定量評價體系本來源於對核心能力概念的模糊理解之上,如模糊綜合評價法、層次分析法,均存在一定程度的非合理性;⑨ 核心能力研究尚未形成縝密的理論框架結構;⑩ 缺乏識別和培養核心能力的具體有效的途徑和方法;⑪ 缺少對核心能力剛性的研究;⑫ 核心能力的研究者大多缺乏實際的企業運作經驗,從而極易導致理論體系的空中樓閣。

參考文獻:

[1] 張同建,簡傳紅. 中國企業核心能力成長性實證研究 [J]. 綿陽師範學院學報,2008 (3):33-39.

[2] 張同建. 國有旅行社業核心能力微觀系統經驗解析 [J]. 順德職業技術學院學報,2008 (1):39-43.

[3] 張同建. 中國電力企業信息化建設與核心能力形成相關性實證研究 [J]. 山東科技大學學報,2007 (3):56-60.

[4] 張同建. 中國煤礦企業信息化建設與核心能力形成相關性實證研究 [J]. 襄樊職業技術學院學報,2008 (2):40-43.

[5] 張同建. 基於經驗分析的國有證券公司核心能力測度體系研究 [J]. 南通航運職業技術學院學報,2007 (4):11-15.

[6] 張同建. 基於組織學習、信息化建設的中國星級酒店業核心能力形成機理研究 [J]. 桂林旅遊高等專科學校學報,2007 (6):875-878.

[7] 張同建. 新巴塞爾資本協議框架下中國商業銀行核心能力微觀結構體系研究 [J].

臨沂師範學院學報, 2007 (6): 116-120.

[8] 張同建. 中國電力企業核心能力結構體系研究 [J]. 鄭州經濟管理幹部學院學報, 2007 (3): 9-13.

[9] 林昭文, 張同建. 基於微觀知識轉化機理的核心能力形成研究 [J]. 科學學研究, 2008 (8): 800-805.

[10] 張同建. 中國企業組織學習測度體系實證研究 [J]. 廣西大學學報, 2007 (6): 27-32.

四大商業銀行知識轉化對核心能力的促進機理研究

熊 豔　楊春麗　張同建

摘要： 在知識經濟時代，知識管理是知識型企業的迫切性任務。知識轉化是知識管理的核心方法。銀行業是典型的知識型行業。四大商業銀行作為中國銀行業的主體，對其知識轉化的研究是知識管理的切入點。經驗性的解析揭示了四大商業銀行知識轉化的微觀激勵，為知識資本的深度開發提供了理論借鑑。

關鍵詞： 知識管理；知識轉化；核心能力；商業銀行；結構方程模型

一、引言

人類社會的發展已進入知識經濟時代，知識經濟的色彩日益濃重，體現在社會發展的每一個角落。在知識經濟大潮中，如果不能緊跟時代的步伐，就會被社會所淘汰。同樣，作為一門社會學科，管理學的發展也受到知識經濟最直接的影響和最猛烈的衝擊，任何一種管理行為都必須考慮知識的影響，對知識的價值進行開發，對知識的功能進行解析，對知識的流向進行梳理，才能使管理行為與知識經濟相融合。在知識經濟時代，管理學的知識變革表現在知識管理的起源和發展。

21世紀以來，知識管理的研究在全球管理學界蓬勃興起，並對知識管理實踐產生了強有力的衝擊，引導著知識管理逐漸向穩定和成熟過渡。由於受到世界性知識管理思想和理念的衝擊，中國企業的知識管理也異軍突起，緊跟世界的步伐，在諸多行業廣泛展開。一般而言，知識管理的效應首先在知識型行業顯現，因為知識型行業的知識型特徵最為顯著。所謂知識型行業，就是知識資本占主導地位的行業。在這樣的行業中，知識資本對企業發展的決定作用大於實物資本，甚至在一定程度上決定著企業的生死存亡。

基金項目： 本文為國家社科基金項目「金融雙軌制下融資擔保鏈危機形成與治理研究」（項目編號：12BG1025）的成果。

銀行業是典型的知識型行業，因為銀行業在本質上是風險管理的行業，也是數字管理的行業。按照邁克爾·波特的價值鏈理論，知識行為構成了企業的主體經營行為，而實物資本僅處於輔助性的地位。因此，銀行業知識管理存在著天然的需求性。中國銀行系統由四大商業銀行、十三家股份制商業銀行、百餘家城市商業銀行以及若干政策銀行、跨國銀行的駐華分支機構組成，其中，四大商業銀行是銀行的主體，占中國銀行營業總額的 70%~80%。可見，四大商業銀行知識管理的研究是中國銀行系統知識管理研究的切入點。

在知識管理體系中，知識轉化是最重要的形式，也是現階段知識管理理論和實踐所關注的焦點。波蘭學者 Polany 將知識資本分為顯性知識和隱性知識兩個部分，並認為隱性知識占據知識總量的 80% 以上，而顯性知識僅是冰山之一角。在他看來，顯性知識是指可以用言語表達或紙筆傳言的知識，而隱性知識是指只可意會、不可言傳的知識。

日本學者 Nonaka 在 Polany 知識分類的基礎上，認為知識的主體運動是知識轉化，包括知識社會化、知識外顯化、知識內隱化、知識組合化四種形式。根據 Nonaka 的思想，知識轉化就是指知識資本從一種形態轉變到另一種形態，或者在一種狀態內部自我錘煉和昇華。Nonaka 特別強調，在知識轉化過程中，知識資本的功能得以實現。所以，四大商業銀行知識轉化的管理又是四大商業銀行知識管理的切入點。

相對而言，四大商業銀行知識管理較為滯後，遠遜於西方商業銀行。知識管理在銀行業內部僅處於一種自發性的階段，尚未形成規範性的主動行為。四大商業銀行是指中國工商銀行、中國建設銀行、中國農業銀行和中國銀行，在國際大銀行業中也屬規模宏大之列，但收益和效率較低。無疑，知識管理的開展是提高四大商業銀行國際競爭力的一項基礎性策略，而知識轉化的解析是實施四大商業銀行知識管理戰略的立足點，對四大商業銀行知識資本的長遠性開發具有深遠的意義。

二、研究模型的構建

（一）模型理論分析

現代企業理論認為：企業是擁有一組特定資源和特殊能力的組織結構體，並能夠利用這些資源和能力從事生產經營活動。企業的能力可能分屬於企業中的不同個人，但是企業的特殊能力則表現為一個組織所擁有的、難以為其他組織所模仿的資產。一個營運良好的企業能夠不斷地獲取資源、累積經驗並在組織中傳播知識和技能，這些獨特的能力成為企業競爭優勢的源泉。

綜合知識轉化理論和現代企業理論的核心內容可知：組織的隱性知識是企業核心能力的重要組成部分，知識轉化是企業核心能力形成的有效機制，提高知識轉化效率是培育企業核心能力的有效方法和首要前提。銀行業是典型的知識型行業，知識轉化對銀行業核心能力的促進效應更為顯著。

知識轉化分為四個循環往復的階段，Nonaka 將其認定為知識社會化、知識外顯化、知識組合化和知識內隱化。同時，根據本研究的前期成果可知，四大商業銀行的核心能力分為風險控制能力、綜合服務能力、內部管理能力和市場開發能力。因此，知識轉化對核心能力的促進機理可以分解為知識社會化、知識外顯化、知識組合化、知識內隱化四個知識轉化要素對銀行風險控制能力、綜合服務能力、內部管理能力和市場開發能力四個要素的促進。

在這裡，銀行風險控制能力是指對市場風險、操作風險和信用風險等各類營運風險的抑制和緩解能力，銀行綜合服務能力是指銀行機構為顧客提供存款、貸款、理財等各類業務服務的能力，內部管理能力是指 Basel 委員會所規定的對各項業務線的監督能力，市場開發能力是指市場定位、預測和規劃等行銷業務的拓展能力。

(二) 研究假設的提出

1. 知識社會化對銀行核心能力的影響分析

知識社會化是指知識資本從隱性知識到隱性知識的轉化。知識社會化是知識轉化中最古老的也是最有效的模式，是類似在師徒模式下的學習環境中實現的。Nonaka 強調知識社會化是個人之間隱性知識的轉化，在這一過程中知識的交流不是依靠語言實現的，而是通過學習者的模仿、領悟、思考、直覺、判斷等只可意會不可言傳的學習方式來完成的。社會化學習過程可以掌握知識的核心內容，如訣竅、要領、能力、經驗等。當然，在個人知識社會化的基礎上，可以產生組織知識社會化現象。知識社會化在四大商業銀行中極為普遍，特別體現在產品開發、風險評估、市場預測等方面。根據以上分析，可以提出如下研究假設：

$H1a$：知識社會化程度越高，四大商業銀行風險控制能力越強。
$H1b$：知識社會化程度越高，四大商業銀行綜合服務能力越強。
$H1c$：知識社會化程度越高，四大商業銀行內部管理能力越強。
$H1d$：知識社會化程度越高，四大商業銀行市場開發能力越強。

2. 知識外顯化對商業銀行核心能力形成的影響

知識顯性化是指知識資本從隱性知識到顯性知識的轉化。顯性化是一個將感性知識上升為理性知識、從想像變為概念的過程。在這一過程中，人們將自己的經驗、直覺和想像轉化為語言可以描述和表達的內容，是典型的知識創新過程。在四大商業銀行，知識外顯化也極為普遍，特別體現在員工培訓、制度執行、監督評審等業務中。在銀行業務營運過程中，不斷出現新的方法、技能和訣竅，需要在全體員工中不斷擴散，才能逐步提高整個銀行機構的各項業務能力。根據以上分析，可以提出如下研究假設：

$H2a$：知識外顯化程度越高，四大商業銀行風險控制能力越強。
$H2b$：知識外顯化程度越高，四大商業銀行綜合服務能力越強。
$H3c$：知識外顯化程度越高，四大商業銀行內部管理能力越強。
$H4d$：知識外顯化程度越高，四大商業銀行市場開發能力越強。

3. 知識組合化對商業銀行核心能力形成的影響

知識組合化是指知識資本從顯性知識到顯性知識的轉化。組合化是一個建立重複利用知識體系的過程，強調信息採集、組織、管理、存儲、過濾、分類和傳播的重要性。組合化過程並不是顯性知識單純的累積和機械的疊加，而是在連續的信息聚合過程中產生新的創新和理念。目前，知識組合化在許多領域和行業被推崇，銀行業也不例外，特別在組織結構優化、業務流程再造、規章制度修訂等方面有所體現。四大商業銀行存在著大量的知識組合化行為，構成了商業銀行基礎性運作的平臺。根據以上分析，可以提出如下研究假設：

$H3a$：知識組合化程度越高，四大商業銀行風險控制能力越強。
$H3b$：知識組合化程度越高，四大商業銀行綜合服務能力越強。
$H3c$：知識組合化程度越高，四大商業銀行內部管理能力越強。
$H3d$：知識組合化程度越高，四大商業銀行市場開發能力越強。

4. 知識內隱化對商業銀行核心能力形成的影響

知識內隱化是指知識資本從顯性知識到隱性知識的轉化。內隱化是一個將知識從個體外部轉移到內部的有效方式，「干中學」是其典型的表現形式。對於學習型企業來說，如果企業的成功經驗、典型案例、優良傳統等企業文化能夠快速地為員工所擁有，或通過培訓快速地被員工所掌握，就可以快速地提高員工的工作效率。知識內隱化在四大商業銀行的業務營運中也極為普遍，特別在產品開發、信息反饋、技能訓練等方面，是促進銀行競爭進入一個新境界的關鍵性策略。根據以上分析，可以提出如下研究假設：

$H4a$：知識內隱化程度越高，四大商業銀行風險控制能力越強。
$H4b$：知識內隱化程度越高，四大商業銀行綜合服務能力越強。
$H4c$：知識內隱化程度越高，四大商業銀行內部管理能力越強。
$H4d$：知識內隱化程度越高，四大商業銀行市場開發能力越強。

（三）研究模型的確立

本研究擬採用結構方程模型對研究假設組進行檢驗。結構方程模型（SEM）是評價理論模式和經驗數據一致性的方法，主要功能是驗證性。它利用一定的統計手段，來處理複雜的理論模型，並根據理論模型和數據關係的一致性程度來對理論模型進行評價，從而證實或證偽理論模型的有效性。結構方程模型是對一般線性模型（General Linear Model，GLM）的擴展。一般線性模型包括路徑分析、因素分析、典型分析、判別分析、多元方差分析和多元迴歸分析等，都可以認為是結構方程的特例，也都可以用結構方程來處理和評價。

在本研究的前期研究成果中，已經完成了知識轉化和銀行核心能力的要素分解[1-4]。在本研究中：設知識社會化為 ξ_1，四個測度指標為 $X_1 \sim X_4$；知識外顯化為 ξ_2，四個測度指標為 $X_5 \sim X_8$；知識組合化為 ξ_3，四個測度指標為 $X_9 \sim X_{12}$；知識內隱化為 ξ_4，四個測度指標為 $X_{13} \sim X_{16}$；同時設銀行風險控制能力為 η_1，四個測度指標為 $Y_1 \sim Y_4$；銀行綜合服務能力為 η_2，四個測度指標為 $Y_5 \sim Y_8$；銀行內部管理能力

為 η_3，四個測度指標為 $Y_9 \sim Y_{12}$；銀行市場開發能力為 η_4，四個測度指標為 $Y_{13} \sim Y_{16}$。根據理論分析與假設推演，可以得到如下結構方程模型：

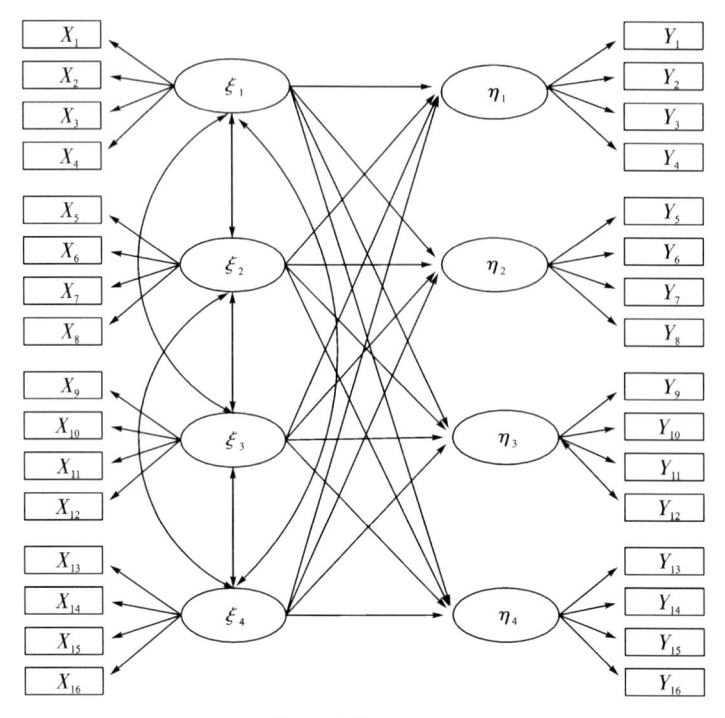

圖 1　結構方程模型

三、研究設計和模型檢驗

（一）數據收集

在本項目的前期研究成果中，我們已經對知識社會化、知識外顯化、知識組合化和知識內隱化的測度指標體系進行了分解，並設計了具體的測度問卷[5-8]。同樣，在本項目的前期研究成果中，我們對銀行業風險控制能力、綜合服務能力、內部管理能力和市場開發能力的測度指標體系進行了分解，並設計了具體的測度問卷，因而在後繼的研究中可以直接借用。

本研究將四大商業銀行的二級分行（市級分行）作為樣本調查單位，繼而進行數據收集，數據收集方法採用李克特 7 點量表。四大商業銀行均存在著五級組織結構，即總行——一級分行（省級分行）——二級分行（市級分行）——縣（區）支行——儲蓄所。二級分行既存在著一定的業務獨立性和財務獨立性，又可以形成一個較為完整的戰略性管理體系，因而作為樣本單位具有一定的合理性。

本次數據調查自 2013 年 4 月 8 日起，至 2013 年 7 月 8 日止，歷時 92 天，發放問卷 303 份，收回問卷 197 份，問卷回收率為 65%，滿足數據調查中問卷回收率

不低於 20%的要求。在回收的 197 份問卷中，我們選擇了數據質量較高的問卷 160 份，用於結構方程模型的檢驗。在本次研究中，樣本數與指標數之比為 5，滿足結構方程檢驗的基本數據要求。本次數據調查，得到了中國人民銀行科技支付司的支持，樣本數據的可信度較高。

（二）樣本特徵

樣本的地域分佈特徵和行屬分佈特徵分別如圖 2 和圖 3 所示，能夠在地域上和行屬上代表四大商業銀行的總體樣本特徵。

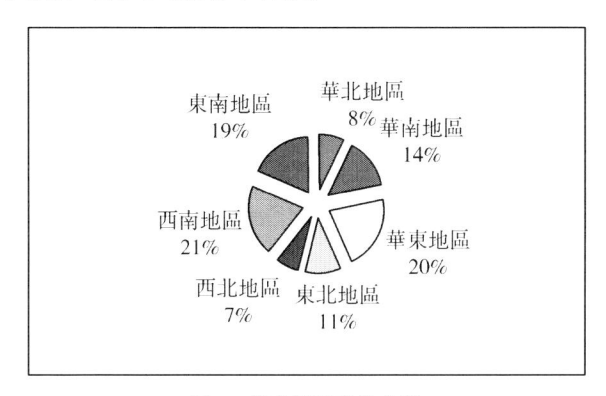

圖 2　樣本地域分佈特徵

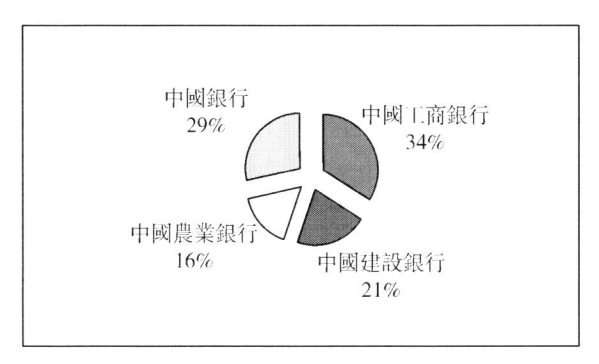

圖 3　樣本行屬分佈特徵

（三）信度檢驗

信度檢驗是為了檢驗指標體系的可靠性，即不同測量者使用同一測量工具後的一致性水準，能夠反應相同條件和環境下重複測量結果的近似程度。信度檢驗的常用方法是探索性因子分析。本研究分別基於四大商業銀行知識轉化和核心能力的樣本數據，運用 SPSS11.5 統計軟件對八個要素（因子）體系進行信度檢驗，得信度檢驗結果如表 1 和表 2 所示。

表 1　　　　　　　　　　知識轉化信度檢驗結果

要素	因子負荷最大值	因子負荷最小值	題項最小 CITC 值	Cronbachα 值
知識社會化 ξ_1	0.622	0.419	0.41	0.710,0
知識外顯化 ξ_2	0.714	0.373	0.40	0.780,0
知識組合化 ξ_3	0.832	0.409	0.53	0.703,4
知識內隱化 ξ_4	0.700	0.356	0.62	0.735,4

表 2　　　　　　　　　　核心能力信度檢驗結果

要素	因子負荷最大值	因子負荷最小值	題項最小 CITC 值	Cronbachα
風險控制能力 η_1	0.686	0.444	0.52	0.777,8
綜合服務能力 η_2	0.753	0.399	0.54	0.720,8
內部管理能力 η_3	0.821	0.400	0.47	0.811,6
市場開發能力 η_4	0.795	0.367	0.54	0.820,1

根據表 1 和表 2 的信度檢驗結果可知，知識轉化和核心能力各要素的信度較好，可以作為測度體系用於各類模型的檢驗。

（四）效度檢驗

效度反應了問卷設計者的真實思想是否被受調查者所理解，或者被理解的程度，即所設計的問卷能否有效地測量各項需要測定的指標，也就是判斷所測量的問題與實際要研究的問題的概念符合程度。效度檢驗的常用方法是驗證性因子分析。本研究以 LISREL8.7 為驗證工具、採用驗證性因子分析來進行量表的效度檢驗，得因子相關係數矩陣分別如表 3 和表 4 所示，同時得效度檢驗結果分別如表 5 和表 6 所示。

表 3　　　　　　　　　　知識轉化相關係數矩陣

	ξ_1	ξ_2	ξ_3	ξ_4
知識社會化 ξ_1	1.00			
知識外顯化 ξ_2	0.22	1.00		
知識組合化 ξ_3	0.10	0.16	1.00	
知識內隱化 ξ_4	0.20	0.28	0.20	1.00

表 4　　　　　　　　　　核心能力相關係數矩陣

	η_1	η_2	η_3	η_4
風險控制能力 η_1	1.00			
綜合服務能力 η_2	0.12	1.00		
內部管理能力 η_3	0.09	0.18	1.00	
市場開發能力 η_4	0.25	0.17	0.13	1.00

根據表3和表4的相關係數矩陣可知，知識轉化和核心能力的要素之間的相關係數普遍較低，不需要進行要素合併。

表5　　　　　　　　　　　知識轉化效度檢驗結果

量表名稱	$\chi^2/d.f.$	RESEA	測度指標因子負荷的最小值	測度指標因子負荷的最大值	最小 T 值
知識社會化 ξ_1	1.90	0.044	0.26	0.62	2.30
知識外顯化 ξ_2	2.22	0.015	0.38	0.76	2.18
知識組合化 ξ_3	2.03	0.070	0.55	0.87	4.46
知識內隱化 ξ_4	2.14	0.035	0.44	0.82	3.78

表6　　　　　　　　　　　核心能力效度檢驗結果

量表名稱	$\chi^2/d.f.$	RESEA	測度指標因子負荷的最小值	測度指標因子負荷的最大值	最小 T 值
風險控制能力	2.17	0.022	0.44	0.76	3.09
綜合服務能力	1.93	0.051	0.41	0.77	5.08
內部管理能力	1.75	0.080	0.50	0.80	3.57
市場開發能力	2.32	0.014	0.51	0.76	4.02

根據表5和表6的效度檢驗結果可知，知識轉化和核心能力各要素的效度較好，可以作為測度指標用於各類模型的檢驗。

（五）模型檢驗

在信度檢驗和效度檢驗的基礎上，基於樣本數據，可以進行結構方程模型的檢驗。本研究採用SPSS11.5和LISREL8.7對結構方程模型進行全模型檢驗，得外源變量對內生變量的效應矩陣（r）和內生變量對內生變量的效應矩陣（β）的綜合結果如表7所示。

表7　　　　　　　　　　　效應矩陣

假設	首因子	尾因子	路徑假設	系數負荷	標準誤 se	T 值
H1a	知識社會化	風險控制能力	$\xi_1 \to \eta_1$	0.42	0.08	5.24
H1b	知識社會化	綜合服務能力	$\xi_1 \to \eta_2$	0.34	0.09	3.78
H1c	知識社會化	內部管理能力	$\xi_1 \to \eta_3$	0.17	0.11	1.67
H1d	知識社會化	市場開發能力	$\xi_1 \to \eta_4$	0.12	0.08	1.50
H2a	知識外顯化	風險控制能力	$\xi_2 \to \eta_1$	0.27	0.08	3.45
H2b	知識外顯化	綜合服務能力	$\xi_2 \to \eta_2$	0.12	0.09	1.34
H2c	知識外顯化	內部管理能力	$\xi_2 \to \eta_3$	0.09	0.08	1.10
H2d	知識外顯化	市場開發能力	$\xi_2 \to \eta_4$	0.45	0.11	4.11

表7(續)

假設	首因子	尾因子	路徑假設	係數負荷	標準誤 se	T 值
H3a	知識組合化	風險控制能力	$\xi_3 \to \eta_1$	0.21	0.07	3.00
H3b	知識組合化	綜合服務能力	$\xi_3 \to \eta_2$	0.33	0.11	3.00
H3c	知識組合化	內部管理能力	$\xi_3 \to \eta_3$	0.27	0.08	3.36
H3d	知識組合化	市場開發能力	$\xi_3 \to \eta_4$	0.43	0.10	4.30
H4a	知識內隱化	風險控制能力	$\xi_4 \to \eta_1$	0.29	0.09	3.13
H4b	知識內隱化	綜合服務能力	$\xi_4 \to \eta_2$	0.44	0.11	4.00
H4c	知識內隱化	內部管理能力	$\xi_4 \to \eta_3$	0.39	0.12	3.45
H4d	知識內隱化	市場開發能力	$\xi_4 \to \eta_4$	0.13	0.10	1.30

可見，假設 H1a、H1b、H2a、H2d、H3a、H3b、H3c、H3d、H4a、H4b、H4c 通過了檢驗，而假設 H1c、H1d、H2b、H2c、H4d 沒有通過檢驗。同時，得擬合指數列表如表 8 所示。

表 8　　　　　　　　　　　擬合指數列表

擬合指標	$X2/d.f.$	RMSEA	RMR	CFI	NFI	IFI	CFI	AGFI
指標現值	2.22	0.071	0.052	0.933	0.921	0.906	0.918	0.828
最優值	<3	<0.08	<0.1	>0.9	>0.9	>0.9	>0.9	>0.8

所以，模型擬合效果較好，無須繼續進行模型修正。

四、結論

根據檢驗結果可知，在四大商業銀行知識轉化中，核心能力的形成存在如下特徵：①知識社會化對風險控制能力和綜合服務能力存在著顯著的促進功能，而對內部管理能力和市場開發能力缺乏促進作用；②知識外顯化對風險控制能力和市場開發能力存在著顯著的促進作用，而對綜合服務能力和內部管理能力缺乏促進作用；③知識組合化對風險控制能力、綜合服務能力、內部管理能力和市場開發能力均存在著顯著的促進功能；④知識內隱化對風險控制能力、綜合服務能力和內部管理能力均存在著直接的促進作用，而對市場開發能力缺乏促進作用。可見，基於知識轉化的視角，知識組合化的效應最強，知識內隱化的效應次之，而知識社會化和知識外顯化的效應最弱。

四大商業銀行的知識管理或者知識轉化與各種職能管理是融合在一起的，檢驗結果為職能管理的知識行為改進提供了明確的方向，也為中國商業銀行知識管理的全面展開起到了拋磚引玉的作用。為了大幅度提高四大商業銀行知識轉化的效率，需要在每個職能管理領域將職能管理行為按照知識轉化的模式進行分解。這些內容將是四大商業銀行知識轉化有待進一步研究的內容。

參考文獻：

［1］張同建，李迅，孔勝.互惠性企業環境下知識轉化的經驗性研究［J］.技術經濟與管理研究，2010（2）：90-93.

［2］張同建.中國企業知識轉移與知識轉化的相關性解析［J］.技術經濟與管理研究，2010（4）：50-53.

［3］張同建.中國商業銀行會計系統內部控制的實證研究［J］.山東商業職業技術學院學報，2008（2）：17-20.

［4］趙健，張同建.中國銀行業信息化創新路徑解析［J］.山東商業職業技術學院學報，2010（2）：18-22.

［5］呂寶林，張同建.知識轉化與核心能力形成的微觀路徑分析［J］.統計與決策，2008（2）：25-27.

［6］張同建，胡亞會.知識轉移模型與委託——代理模型的擬合性研究［J］.統計與決策，2009（2）：55-57.

［7］張同建，胡亞會，李迅.國有商業銀行中間業務內部控制體系經驗解析［J］.湖州職業技術學院學報，2010（2）：37-40.

［8］張同建.國有商業銀行信息技術風險控制績效測評模型研究——基於 Cobit 理論和 Ursit 框架視角的實證檢驗［J］.武漢科技大學學報，2008（1）：39-45.

中國汽車企業核心能力體系實證研究

李光緒　葉　紅　張豔莉

摘要：中國汽車企業的核心能力體系包括產品設計、品牌培育、行銷策劃與生產創新四個要素。實證性的研究表明，中國汽車企業的核心能力培育在整體上處於良性循環狀態，而在創新設計、品牌推廣與規模化生產等方面有待加強。

關鍵詞：汽車企業；核心能力；汽車專利；汽車物流；汽車供應鏈

一、引言

1990年，普拉哈拉德（Prahalad）和哈默爾（Hamel）第一次提出了核心能力的定義，認為核心能力是組織中的累積性學識，特別是關於如何協調不同的生產技能和有機結合各種技術流派的知識。此後，核心能力理論開創性地成為知識經濟時代主導性的戰略管理理論，啓領了21世紀管理理論的演化與發展[1]。

核心能力理論的經濟學起源是亞當‧斯密的企業分工理論、馬歇爾的古典企業理論、熊彼特的創新理論，而核心能力理論的管理學起源是企業能力理論、企業成長理論與企業資源理論[2]。本質上，核心能力理論的興起源於傳統戰略理論的不足。波特的第四代競爭戰略理論實際上是將結構—行為—績效（S-C-P）為主要內容的產業組織理論引入企業戰略管理領域，偏重於企業外部戰略環境的分析，缺少企業內部能力、績效、成本、資源配置等方面的分析[3]。核心能力理論認為，企業的競爭遠遠超過波特的五力模型範圍，因此能較完美地將企業內外因素分析融於一體。

目前，核心能力的培育是中國汽車企業的關鍵性戰略目標，因此，汽車企業核心能力理論的探討是中國汽車理論研究領域的一項重要任務。中國是汽車生產大國，但缺乏研究與開發能力，和國際先進水準相差甚遠。在半個世紀的發展中，特別在改革開放後幾十年的發展中，中國汽車工業組織了一些研發項目，但和世界水準相比還不能稱之為研發，僅僅是改革性的試驗。中國汽車製造業合資企業的生產主要以汽車組裝為主，很少擁有汽車設計的技術，特別是汽車設計的核心技術。如果不加速開展汽車的自主研發，中國汽車工業將會被高額的技術轉讓費拖垮。

中國汽車製造業不僅缺少核心技術，就連汽車零部件生產行業也嚴重滯後於國外同行業。目前，中國汽車零部件進出口產品的貿易特徵是：出口產品主要是附加價值低、技術含量也低的勞動密集型產品，而進口產品大多是附加價值高、技術含量也高的資金密集型產品。中國汽車零部件行業的生產仍然屬於勞動密集型，缺乏獨立的研發、設計、產品試驗以及各種先進的綜合管理能力。可見，核心能力的培育是中國汽車企業發展的戰略性目標和根本性任務。

二、汽車企業核心能力體系解析

進入 21 世紀以來，在汽車產業發展的促進下，中國汽車企業核心能力理論的研究已開始出現並逐漸成熟和完善。沈劍平和朱盛鎔（2003）以上汽集團實施知識管理的案例分析為基礎，探索了知識管理框架下的核心能力培育策略問題，特別強調研發和行銷組織結構應加強以技術為中心向以人為中心的轉變，從金字塔式的多層次組織結構向扁平的網絡結構轉變，以及從傳統的順序工作方式向並行工作方式轉變[4]。江童林（2008）分析了中國汽車企業核心競爭力的現狀，認為中國汽車企業的核心競爭力尚處於發掘和培育階段，存在著技術創新能力弱、自主品牌少、管理經驗缺乏與企業文化缺失等不利因素，強調創造學習型組織、培養團隊精神、培育企業文化與塑造品牌形象等策略是提升中國汽車企業核心競爭力的有效途徑[5]。趙曉霞（2009）在分析了汽車製造業人才供需失衡的基礎上，闡述了在新的競爭環境下，汽車製造業高端技術人才的培育是提高企業核心競爭力的關鍵因素[6]。胡波（2010）借助於對日本豐田汽車自主技術創新經驗的研究，結合中國汽車工業當前的發展狀況，探討了中國汽車行業的核心能力培育問題，並認為汽車企業自主技術創新是指通過擁有自主知識產權的獨特的核心技術以及在此基礎上實現新產品的價值創造過程，包括原始創新、集成創新與引進技術創新等形式[7]。

核心能力是一個動態性的企業能力體系，隨著行業環境的變化而變化。根據現有的研究成果，結合中國汽車企業的運作環境，本研究認為產品設計、品牌培育、行銷策劃和生產創新是中國汽車企業核心能力培育的主要策略。其中，產品設計是指汽車產品設計的升級與改進，品牌培育是指品牌的開發與推廣，行銷策劃是市場行銷方式的調整與完善，而生產創新是指生產模式的協調與優化。

首先，產品設計是中國汽車行業發展的永恆主題。根據現代汽車市場的特徵，汽車產品設計分為功能設計、個性化設計與創意設計。產品設計的成效主要表現在專利項目的存量與增量上。汽車專利項目包括汽車整車、汽車配件、發動機、底盤、車身、電氣設備與燃油等類型。目前，中國汽車整車與汽車配件的專利主要集中於外觀設計，而發明與實用新型方面幾乎處於空白狀態。在國內汽車市場上，國內專利的數量僅為國外專利數量的1/6。在專利申請總數上，比亞迪股份有限公司、上汽集團與長安汽車分別為 5,302 件、5,098 件與 3,342 件，居於汽車行業專利申請的前三位[8]。國內汽車行業專利申請不足的主要原因是研發投入不足、

知識產權人才不足與自主創新意識不足等。

其次，品牌培育是中國汽車企業的靈魂。沒有品牌的汽車企業，永遠不會成長為跨國性企業。品牌是一種綜合性的符號，是產品或機構的重要標示，用來表述所指代事物的氣質與內涵。汽車自主品牌是指建立在自主開發的基礎上的、使用權和所有權都歸國內汽車企業資本所有的品牌。目前，中國汽車自主品牌存在著品牌技術競爭能力薄弱、供應鏈競爭能力薄弱、質量競爭能力薄弱與服務競爭能力薄弱等問題。國產汽車品牌主要有國外品牌與自主品牌兩類。國外品牌歸跨國公司所有，國內合資企業只有使用權，完全引進國外的技術。自主品牌包括使用引進技術的國內自主品牌和使用自主開發車型技術的自主品牌，後者是由國內企業開發且掌握完全的知識產權，是民族汽車工業的象徵。目前，中國汽車市場已逐漸進入品牌競爭時代，產品和服務日益趨同，因此，價格、質量和售後服務水準不再是主要的競爭因素，品牌競爭將是產品競爭的焦點，包括品牌知名度競爭、美譽度競爭與延伸服務競爭。

再次，市場行銷策略的改進是中國汽車企業的主要任務。儘管中國已進入汽車大國的行列，汽車生產規模已躍居世界第一，但是，汽車企業的行銷體系普遍滯後，與西方國家存在著較大的差距。市場行銷策略的改進不僅包括現有銷售渠道的優化，而且包括汽車物流模式與供應鏈模式的創新，其中，供應鏈模式創新是行銷策略改進的最終目標。目前，發達國家汽車工業從專業化的原材料汽車零件加工、零部件配套與整車裝配到汽車行銷、汽車分銷與售後服務，已形成了一整套汽車製造、銷售與服務的供應鏈，而在國內汽車生產行業，沒有任何一家汽車企業能夠獨立完成從零部件生產、整車裝配到產品銷售的全過程。現在，國際上各大汽車公司紛紛實行全球採購、全球生產、全球合作開發與全球銷售的全球性供應鏈管理策略來提高供應鏈的運作效率。因此，加快汽車新產品的開發速度並降低汽車產品的生產成本，已不是一個汽車企業自身的內部問題，而是一個全球化的網絡供應鏈問題。

最後，生產創新是中國汽車企業的基礎性目標。中國汽車企業大部分是在合作營運的環境下成長的，對於中方合作機構而言，普遍缺乏必要的生產技術能力，一旦離開了外方投資者，我方企業可能會束手無策。2003年10月，在東京汽車展銷會上，法國雷諾駐日產汽車首席執行官卡洛斯·格恩認為：中國合資企業的中方合作夥伴對實際經營和管理的貢獻幾乎為零。生產創新包括生產組織創新、生產流程創新與規模化生產三個方面，其中，規模化生產是汽車產業的長遠發展趨勢。根據西方國家汽車行業的生產經驗，汽車行業的生產具有明顯的規模經濟效應，規模經濟可以顯著地提高汽車企業的利潤空間。一般而言，汽車企業的長期成本曲線為L型，當生產規模達到長期成本曲線的水準位置時，規模經濟效應將達到最高水準。按照美國著名產業組織學家貝恩對市場結構的劃分，中國汽車工業目前屬於「低集中寡占型」市場結構，即汽車企業的數目多、規模小、規模經濟效應不顯著，並存在著一定程度的行業過度進入問題。根據以上分析，本研究

構建中國汽車企業核心能力體系如表1所示。

表1　　　　　　　　　　中國汽車企業核心能力體系

要素	指標	內　　容
產品設計	功能設計 X_1	汽車功能的設計不斷實現自我超越
	個性化設計 X_2	根據顧客的特殊需要而進行的專項設計
	創意設計 X_3	汽車創意設計不斷取得新的進展
品牌培育	理念創新 X_4	汽車企業不斷引入先進的品牌培育理念
	專利申請 X_5	汽車企業的專利申請逐步取得成效
	品牌營運 X_6	企業善於對品牌進行宣傳、包裝和推廣
行銷策劃	物流模式創新 X_7	企業的物流模式不斷調整與優化
	供應鏈模式創新 X_8	企業的供應鏈模式不斷調整與優化
	銷售渠道優化 X_9	產品的銷售渠道不斷調整與優化
生產創新	生產組織創新 X_{10}	生產組織結構不斷得到改進和完善
	生產流程創新 X_{11}	生產流程不斷得到調整和升級
	規模化生產 X_{12}	規模化的生產趨勢日益顯著

三、實證檢驗

本研究以李克特7點量表對12個測度指標進行數據收集，然後借助於驗證性因子分析對指標的有效性與指標體系的合理性進行檢驗。樣本單位為中國境內的汽車企業。本次數據調查自2011年8月1日起，至2011年9月1日止，歷時32天，獲取有效樣本60份。樣本數與指標數之比為5：1，滿足驗證性因子分析檢驗的基本要求。樣本的地域分佈與樣本的產量分佈特徵分別如圖1和圖2所示。

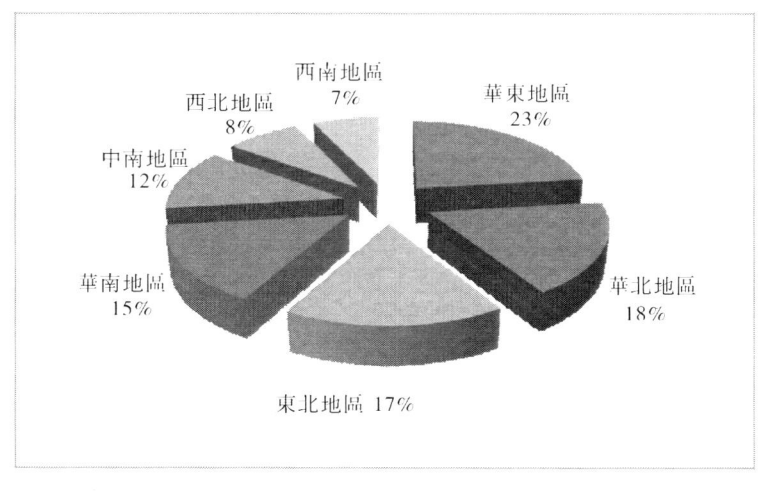

圖1　樣本地域分佈

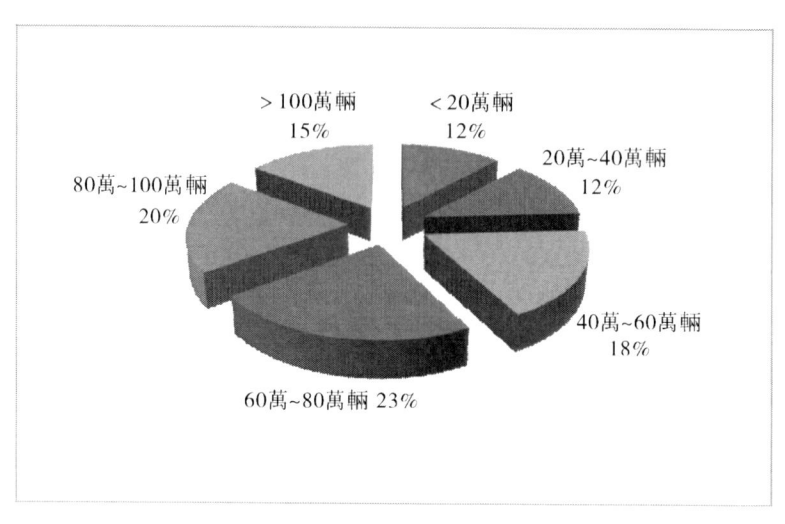

圖2　樣本產量分佈

驗證性因子分析是結構方程模型（SEM）的一種特殊形式。結構方程模型是基於變量的協方差矩陣來分析變量之間關係的一種統計方法，是一個包含面很廣的數學模型，用以分析一些涉及潛變量的複雜關係。當 SEM 用於驗證某一因子模型是否與數據吻合時，稱為驗證性因子分析。

採用 SPSS11.5 和 LISREL8.7 進行驗證性因子分析，得因子負荷列表如表2所示。

表2　　　　　　　　　　因子負荷列表

	X_1	X_2	X_3	X_4	X_5	X_6
負荷	0.37	0.40	0.18	0.35	0.28	0.18
SE	0.11	0.14	0.11	0.09	0.10	0.12
t	3.34	2.78	1.71	3.91	2.86	1.50
	X_7	X_8	X_9	X_{10}	X_{11}	X_{12}
負荷	0.32	0.19	0.28	0.27	0.35	0.11
SE	0.14	0.06	0.07	0.09	0.07	0.07
t	2.22	3.15	4.00	3.00	5.00	1.41

根據因子負荷列表可知，指標 X_3、X_6 與 X_{12} 的因子負荷缺乏顯著性，而其餘指標的因子負荷均具有較高的顯著性。同時，得模型擬合指數列表如表3所示。

表3　　　　　　　　　　擬合指數列表

Df	CHI-square	RMSEA	NNFI	CFI
36	37	0.091	0.922	0.935

四、結論

根據檢驗結果可知，模型的擬合效果較好，因此，本研究所構建的中國汽車企業核心能力體系具有較高的實踐價值。同時，根據檢驗結果可知，中國汽車企業核心能力的培育處於良性發展狀態，大部分培育要素對核心能力的成長產生了積極的促進作用。但是，由於受到各種不利因素的影響，創意設計、品牌推廣與規模化生產等要素在核心能力培育過程中尚未發揮實質性的作用，有待進一步改進和完善。

與歐美、日本等世界汽車強國相比，中國汽車企業的核心能力處於相對較弱的位置，但是，如果按照目前的發展態勢來估測，中國汽車企業完全有可能在20年內實現對汽車強國的超越。中國汽車企業核心能力的研究大多限於理論探討，而本研究結論的獲取是基於中國汽車企業核心能力培育的數據檢驗，因而具有較強的可靠性，對於汽車企業核心能力培育戰略的深入開展具有一定的理論借鑑。

參考文獻：

[1] 王愛英，張同建. 全視角的核心競爭力研究綜述 [J]. 商場現代化，2007 (28)：122-124.

[2] 張同建，簡傳紅. 中國企業核心競爭力成長性實證研究 [J]. 綿陽師範學院學報，2008 (3)：22-28.

[3] 廖曉莉，李迅，張同建. 基於系統視角的核心能力研究評述 [J]. 蘭州石化職業技術學院學報，2010 (2)：43-48.

[4] 沈劍平，朱盛鎔. 汽車大集團應培育知識管理的核心競爭力 [J]. 汽車工業研究，2004 (4)：3-7.

[5] 江童林. 中國汽車企業核心競爭力現狀及提升對策 [J]. 經濟研究導刊，2008 (10)：54-56.

[6] 趙曉霞. 中國汽車製造業核心競爭力與人才培養途徑 [J]. 改革與戰略，2009 (10)：127-129，137.

[7] 胡波. 中國汽車業持久競爭力的核心：自主創新 [J]. 科技管理研究，2010 (11)：13-15.

[8] 張翔. 新能源汽車知識產權的研究 [J]. 汽車工程師，2010 (10)：15-18.

中國商業銀行知識管理與核心能力形成相關性分析

蘇 虹 葉 紅 張同建

摘要：核心競爭力的培育是中國商業銀行的基本目標，而知識管理是核心競爭力培育的動力源。知識管理和核心競爭力相關性的分析揭示了知識管理的內部機理，指出了核心競爭力的培育方向，有效地促進了中國銀行業知識管理功能的增強和核心競爭力水準的提高。

關鍵詞：商業銀行；知識管理；知識轉化；核心競爭力

一、引言

人類社會已進入知識經濟時代，知識資本成為最具有創造力的資本，在功能上已超越實物資本，成為企業市場競爭力的主要源泉。知識管理是對知識資本價值的挖掘，是實現知識資本價值的過程、方法和機制。知識管理在現代社會中已上升到無與倫比的高度，超越了一切管理模式，成為管理理論的導向。

知識管理包括兩個層次，第一層次是對知識資本的基礎性管理，包括知識識別、知識收集、知識過濾、知識分類、知識儲存等，而第二層次是對知識資本的高級管理，是在初級管理層次上的提升，主要包括知識轉移、知識轉化和知識共享三種形式。對於一個地區、組織、行業而言，需要先經歷知識資本的第一層次管理，然後才能達到知識資本的第二層次管理，這是一個自然的演化過程。

知識管理首先在知識型企業內部展開，因為知識型企業是知識資本密集的企業。根據西方知識管理者的研究，知識資本分為人力資本、結構資本、市場資本、客戶資本等多種形式，在不同類型的組織中，知識資本的結構體系是存在著差異的。知識資本蘊含於組織的結構、人員、規章、文化、機制等要素之中，對組織的發展具有內在的促進功能，但很難在會計報表中得到精確的反應。

銀行業是典型的知識型行業，知識管理是銀行管理的本質。銀行業是風險管理的行業，也是數字管理的行業，不存在具體的實物產品，因而必然是知識管理的行業[1]。在中國銀行機構中，並不存在專門的知識管理部門，也沒有設置專職知識管理的崗位，但是，知識管理是真真切切地存在的，因為知識管理已融合於

銀行的職能管理之中。銀行機構的業務操作、管理協調和信息溝通都是知識管理的載體，體現了知識資本的價值。

銀行業的知識管理是核心競爭力的來源，是促進核心競爭力成長的關鍵因素。在現代經濟體系中，銀行業的競爭取決於核心競爭力的競爭，而核心競爭力的競爭取決於知識管理的競爭。銀行業的知識管理行為超前於其他行業，高級知識管理對銀行業的核心能力培育更具有現實意義。

中國商業銀行正面臨著產業轉型的困境，由半行政性的機構向完全市場化的實體轉變，因而核心競爭力的培育是當務之急[2]。中國銀行機構不僅面臨著國外銀行機構的競爭，也面臨著大量的各類國內金融機構的競爭。中國銀行體系包括四大商業銀行、股份制商業銀行、城市商業銀行，還有政策性銀行和跨國銀行的分支機構，因此，未來的兩極分化是必然之事。由於受到傳統的歷史因素的影響，中國銀行機構的市場競爭力普遍不強，只能在國內金融市場上勉力而行，很難衝出國門在國際金融市場上扎根立足。儘管中國工商銀行和中國建設銀行已躍入世界五大銀行之列，但僅體現在人員機構的臃腫和交易規模的龐大上。如果以人均利潤來衡量，理所當然地墜入世界銀行體系的最底端[3]。

因此，對於中國銀行業而言，基於知識管理視角的核心能力培育策略的研究具有現實的價值，可以為銀行機構指明知識管理的方向，有針對性地發揮知識資源的優勢，大力打造核心競爭力，在保存自身的前提下衝出國門，在國際金融市場上與跨國銀行一決雌雄，使國際性大銀行的聲譽名副其實。

二、研究模型的設計

（一）研究假設的提出

核心競爭力又名核心能力，是20世紀90年代初期由普拉哈拉德和哈默爾提出的一種戰略管理思想，是對波特的企業五力模型的超越。波特將企業的競爭力歸結於企業內部要素的協調、孵化和激變，而忽略了企業外部要素對企業競爭力的影響。核心競爭力理論認為，企業的市場競爭力的形成和發展不僅受到企業內部要素的影響，還受到企業外部環境的制約。只有將企業內部和外部因素結合起來，才能尋找到企業競爭力的根源。

普拉哈拉德和哈默爾特別強調，企業的核心能力是知識累積的結果，是知識活動的歸宿，是知識行為的目標，核心能力的形成具有獨特的知識路徑，所以很難被其他企業所模仿或剽竊。在知識資本體系中，人力資本和結構資本是組織內部知識累積的結果，而市場資本和客戶資本是企業外部知識累積的結果，可見，核心能力源於企業內部和外部，受到內部機制和外部環境的雙重影響，而不僅僅是如波特所說的內部因素。

中國銀行業的知識管理包括知識轉移、知識轉化和知識共享三種形式。知識轉移是指知識資本從一個知識主體向另一個知識主體的移動，可以是單向的，也可以是雙向的。在知識轉移中，知識主體可以是銀行機構中的員工、管理人員、職能單位或業務單位。知識轉化是指知識資本從一種形態向另一種形態的變遷，

或者在某一種形態內部自我釀化或昇華。根據波蘭學者 Polany 的知識分類，知識資本分為顯性知識和隱性知識兩種類型。根據日本學者 Nonaka 的 SECI 模型，知識轉化分為社會化、組合化、顯性化和隱性化四種形態。知識共享是指銀行的組織和個人對某類知識資本的共同占用，以某類知識資本為平臺進行深度的思想和業務交流。

銀行的核心競爭力是一個複雜的體系，包括多種要素，是多種能力的動態集成。對於現階段的中國銀行業而言，核心競爭力主要體現在內部控制能力、風險控制能力和產品開發能力三個要素上[4]。內部控制能力是指內部規章制度的制定、執行和反饋能力，風險控制能力是指對各類銀行風險的防範能力，而產品開發能力是指對新產品的設計能力[5]。

根據以上的分析，本研究可以提出如下假設：
H1a：中國商業銀行的知識轉移顯著地促進了內部控制能力。
H1b：中國商業銀行的知識轉移顯著地促進了風險控制能力。
H1c：中國商業銀行的知識轉移顯著地促進了產品開發能力。
H2a：中國商業銀行的知識轉化顯著地促進了內部控制能力。
H2b：中國商業銀行的知識轉化顯著地促進了風險控制能力。
H2c：中國商業銀行的知識轉化顯著地促進了產品開發能力。
H3a：中國商業銀行的知識共享顯著地促進了內部控制能力。
H3b：中國商業銀行的知識共享顯著地促進了風險控制能力。
H3c：中國商業銀行的知識共享顯著地促進了產品開發能力。

（二）要素分解

知識轉移要素可分為如下四個指標：(X_1) 知識轉移主體的主動性；(X_2) 知識轉移的便捷性；(X_3) 知識轉移的合理性；(X_4) 知識轉移的激勵性。

知識轉化要素可分為四個指標：(X_5) 知識社會化的有效性；(X_6) 知識內隱化的有效性；(X_7) 知識外顯化的有效性；(X_8) 知識組合化的有效性。

知識共享要素可分為四個指標：(X_9) 知識共享平臺的有效性；(X_{10}) 知識共享的必要性；(X_{11}) 知識共享的可靠性；(X_{12}) 知識共享的持續性。

內部控制要素分為四個指標：(Y_1) 內部控制環境的整潔性；(Y_2) 風險評估的有效性；(Y_3) 信息溝通的實現性；(Y_4) 制度執行的有效性[6-7]。

風險防範要素分為四個指標：(Y_5) 市場風險防範的有效性；(Y_6) 操作風險防範的有效性；(Y_7) 信用風險防範的有效性；(Y_8) 風險認識的深入性[8-9]。

產品開發要素分為四個指標：(Y_9) 產品性能的獨特性；(Y_{10}) 產品的市場需求性；(Y_{11}) 產品的市場適應性；(Y_{12}) 產品收益的持續性[10]。

（三）研究模型的確立

設知識轉移為 ξ_1、知識轉化為 ξ_2、知識共享為 ξ_3、內部控制能力為 η_1、風險控制能力為 η_2、產品開發能力為 η_3，根據以上分析，可以構建如下研究模型，因而可以採用結構方程模型（SEM）方法進行檢驗，具體內容如圖 1 所示。

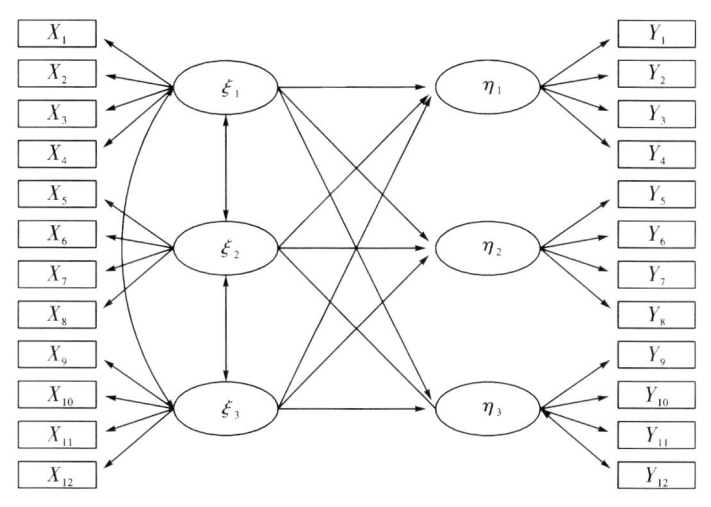

圖 1　研究模型

三、樣本調查和模型檢驗

(一) 樣本調查

本研究根據指標內容設計調查問卷，以李克特 7 點量表進行數據調查，樣本對象為中國商業銀行的市級分行，包括四大商業銀行、股份制商業銀行和城市商業銀行。數據調查自 2012 年 7 月 1 日起，至 2012 年 9 月 30 日止，共 92 天，獲取有效問卷 192 份，樣本數和指標數的比值為 6，滿足結構方程檢驗的一般性數據要求。樣本的地域分佈特徵和行屬分佈特徵如圖 2 和圖 3 所示。

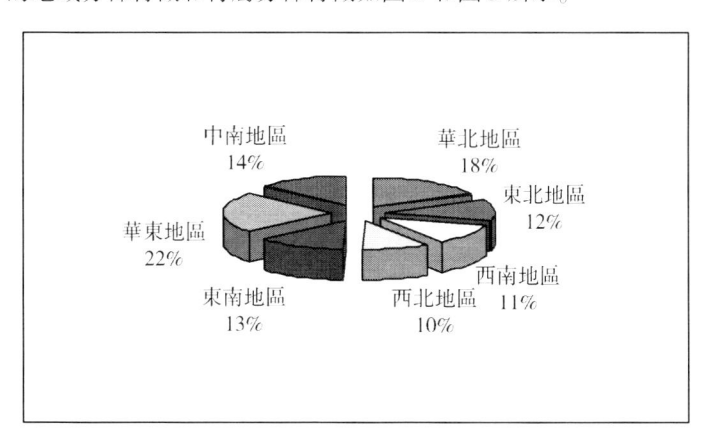

圖 2　樣本地域分佈

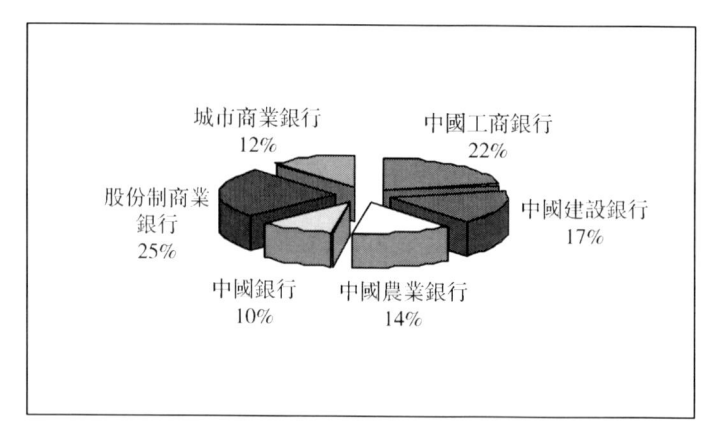

圖3　樣本行屬分佈

(二) 數據檢驗

本研究基於現有的樣本數據，採用了 SPSS11.5 和 LISREL8.7 對結構方程模型進行全模型檢驗，得外源變量對內生變量的效應矩陣（ε）和內生變量對內生變量的效應矩陣（β）的綜合結果如表1所示。

表1　效應矩陣

假設	首因子	尾因子	路徑假設	系數負荷	標準誤 se	T 值
H1a	知識轉移	內部控制能力	$\xi_1 \to \eta_1$	0.38	0.08	3.87
H1b	知識轉移	風險防範能力	$\xi_1 \to \eta_2$	0.34	0.09	3.78
H1c	知識轉移	產品開發能力	$\xi_1 \to \eta_3$	0.17	0.11	1.67
H2a	知識轉化	內部控制能力	$\xi_2 \to \eta_1$	0.27	0.08	3.45
H2b	知識轉化	風險防範能力	$\xi_2 \to \eta_2$	0.12	0.09	1.34
H2c	知識轉化	產品開發能力	$\xi_2 \to \eta_3$	0.09	0.08	1.10
H3a	知識共享	內部控制能力	$\xi_3 \to \eta_1$	0.21	0.07	3.00
H3b	知識共享	風險防範能力	$\xi_3 \to \eta_2$	0.33	0.11	3.00
H3c	知識共享	產品開發能力	$\xi_3 \to \eta_3$	0.27	0.08	3.36

可見，假設 H1a、H1b、H2a、H3a、H3b、H3c 通過了檢驗，而假設 H1c、H2b 與 H2c 沒有通過檢驗。同時，得擬合指數列表如表2所示。

表 2　　　　　　　　　　　擬合指數列表

擬合指標	X2/d.f.	RMSEA	RMR	CFI	NFI	IFI	CFI	AGFI
指標現值	2.01	0.062	0.055	0.900	0.943	0.918	0.917	0.854
最優值	<3	<0.08	<0.1	>0.9	>0.9	>0.9	>0.9	>0.8

所以，模型擬合效果較好，無須繼續進行模型修正。

四、結論

根據檢驗結果可知，在中國商業銀行內部，知識管理對核心競爭力的培育產生了現實性的促進作用，但也存在著不足之處，具體表現為以下幾點：知識轉移對內部控制能力和風險防範能力產生了顯著的促進作用，而對產品開發能力缺乏有效的作用；知識轉化對內部控制能力產生了現實性的促進作用，而對風險防範能力和產品開發能力缺乏有效的作用；知識共享對內部控制能力、風險防範能力和產品開發能力均存在著顯著的促進作用。

知識管理是中國銀行業未來的管理目標和方向，是在職能管理和業務管理的基礎上的管理機制的深化，對中國銀行業存在著巨大的挑戰。對於知識管理機制內部機理的解析是銀行機構實施知識管理的基礎，可以有針對性地實施知識管理策略，來促進核心競爭力的持續成長。具體表現為以下幾點：中國商業銀行需要加強知識轉化，以提高銀行機構的風險防範能力和產品開發能力；維持知識共享的優勢，確保知識共享功能的堅挺；有針對性地實施知識轉移，以提高相應的產品開發能力。

參考文獻：

［1］嚴明燕，張同建. 基於平衡記分卡構建國有商業銀行核心能力 KPI 體系［J］. 財會月刊，2009（11）：46-47.

［2］趙健，張同建. 中國銀行業信息化創新路徑解析［J］. 山東商業職業技術學院學報，2010（2）：18-22.

［3］劉良燦，張同建. 互惠性戰略下能力培育機制研究——基於知識型企業的數據檢驗［J］. 技術經濟與管理研究，2011（3）：47-51.

［4］嚴明燕，張同建. 國有商業銀行業務流程再造研究綜述［J］. 財會通訊，2010（4）：92-93.

［5］邱志珊，張同建. 國有商業銀行流程操作風險控制差異性研究［J］. 會計之友，2010（8）：48-50.

［6］劉良燦，張同建. 組織隱性知識轉移的演化博弈——基於互惠性企業環境［J］. 技術經濟與管理研究，2011（2）：38-41.

［7］趙健，張同建. 中國商業銀行知識管理對風險控制能力的激勵效應分析［J］. 內蒙古統計，2010（2）：13-15.

［8］張同建.中國商業銀行客戶關係管理戰略結構模型實證研究［J］.技術經濟與管理研究，2009（6）：106-108，112.

［9］胡亞會，蘇虹，張同建.國有商業銀行客戶關係管理解析［J］.會計之友，2009（12）：47-49.

［10］蘇虹，胡亞會，張同建.基於 COSO 模式的國有商業銀行內部控制評價模型研究［J］.福建金融管理幹部學院學報，2009（12）：3-10.

國家圖書館出版品預行編目（CIP）資料

企業管理研究與創新 / 胡亞會, 李光緒 主編. -- 第一版.
-- 臺北市：崧博出版：財經錢線文化發行, 2019.05
　　面；　　公分
POD版

ISBN 978-957-735-846-2(平裝)

1.企業管理

494　　　　　　　　　　　　　　108006475

書　　名：企業管理研究與創新
作　　者：胡亞會、李光緒 主編
發 行 人：黃振庭
出 版 者：崧博出版事業有限公司
發 行 者：財經錢線文化事業有限公司
E - m a i l：sonbookservice@gmail.com
粉 絲 頁：　　　　　網　址：
地　　址：台北市中正區重慶南路一段六十一號八樓 815 室
8F.-815, No.61, Sec. 1, Chongqing S. Rd., Zhongzheng
Dist., Taipei City 100, Taiwan (R.O.C.)
電　　話：(02)2370-3310　傳　真：(02) 2370-3210
總 經 銷：紅螞蟻圖書有限公司
地　　址：台北市內湖區舊宗路二段 121 巷 19 號
電　　話:02-2795-3656 傳真:02-2795-4100　　網址：
印　　刷：京峯彩色印刷有限公司（京峰數位）

　　本書版權為西南財經大學出版社所有授權崧博出版事業股份有限公司獨家發行電子
　　書及繁體書繁體字版。若有其他相關權利及授權需求請與本公司聯繫。

定　　價：550元
發行日期：2019 年 05 月第一版
◎ 本書以 POD 印製發行